ノンフィクション

爆撃機入門

大空の決戦兵器徹底研究

碇 義朗

潮書房光人新社

はじめに

人生のもっとも多感な一時期、それも戦時という非常な時代に飛行機と向き合って過ごした筆者にとって、飛行機は青春のすべてであり、ロマンそのものであった。陸軍の立川飛行場に沿って建っていた設計室で過ごした日々は、机に向かえば飛行機の図面ひき、外に出れば飛行場には各種取り混ぜた飛行機のオンパレード、空には爆音と機影の絶えることが無く、まさに飛行機一色に染まっていたといっていい。

昭和十八年一月初め、勤務先の陸軍航空技術研究所に出勤した筆者がまず狂喜したのは、設計室と道路をはさんで建つ、大型格納庫前のエプロンに駐機していた、ボーイングB17E型四発爆撃機を発見したときだ。

「空飛ぶ要塞」と呼ばれたボーイングB17は、E型とD型が南方の戦線で鹵獲されて、内地に運ばれてきていたことは航空雑誌などで知っていたが、まさかそれが自分の職場のすぐ近くで見られるとは予想もしなかっただけに、その嬉しさは格別だった。

その後は何かと理由をつけてはB17を見に行ったが、繊細な構造の日本の九七式重爆撃機あたりにくらべると、まるで橋桁を思わせるようないかつい作りのB17に言葉もなく〝これぞ爆撃機！〟の思いを強くしたことを覚えている。

爆撃機といえば当時キ67の記号で呼ばれていた四式重爆撃機「飛龍」は、筆者にとってB17以上に印象に残る機体だが、それはこの飛行機にまつわる強烈なある一つの体験によるものだ。

忘れもしない昭和二十年四月八日、筆者が属していた第一陸軍航空技術研究所設計班が、航空工廠と共同で開発を進めていた、キ93襲撃機の初飛行の日の出来事だ。定刻どおり飛び上がったわがキ93は、慎重な初飛行を無事終えて飛行場に帰ってきた。まずは成功と、安堵《あんど》して着陸を見守っていると、やや失速気味に降りた飛行機が接地した瞬間、片脚が折れたらしく大きく左に傾いて、地上で一回転して停止した。

すわこそと待機していた消防車や救急車が、サイレンを鳴らして走り出す。それにつられるように、筆者たちもいっせいに愛機目がけて走り出した。滑走路の手前まで来ると、警備の兵隊が声をからして「止まれ！　止まれ！」と叫んでいる。だがその制止も聞かばこそ、滑走路を横切りながらチラッと上を向いた筆者は胆をつぶした。フラップを下げたキ67が覆いかぶさるように降りてくるのが目に入ったからだ。

思わず首を縮めて走り抜けたとたん、頭上をかすめてキ67はすぐ先に着地したが、すんでのところで飛行機にひき殺されるところだった。このときほど飛行機が巨大で恐ろしいと思ったことはなく、それ以来キ67は筆者にとって忘れがたい飛行機になった。

爆撃機についての思い出はまだたくさんあるが、あとひとつだけ紹介しておきたい。

おそらく戦争を体験した日本国民の多くがそうであったように、ボーイングB29「超空の要塞」には筆者にも幾つかの忘れられない記憶がある。中でも、頭上で展開されたわが戦闘機の体当たりによるB29撃墜のシーンは、今でも記憶に鮮明に残っている。

それは昭和十九年十一月末か十二月初め頃、中部太平洋マリアナ諸島の基地から、B29が本土空襲にやって来るようになって何回目かの出来事だった。いつものように高空を飛んでやって来たB29の大編隊が、筆者たちの頭上を通過しようとしていた時、キラリと光る機体の反射でかすかに存在がわかる味方の戦闘機が三機、単縦陣でB29先頭編隊の前側方から攻撃に入るのが見えた。最後の一機の姿が消えたと思った瞬間、編隊に異変が起きた。

大きなB29が一機、まるでスローモーション画面のようにゆっくり傾いて編隊から離れ、やがて錐揉みに入ると翼と胴体がバラバラになり、鮮紅色のガソリンの焔を曳きながら落下し始めた。それは身がふるえるような感動的なシーンだった。もちろんそのあとの爆撃によるこちらの被害の方がはるかに大きいのだが、飛行機の撃墜はよく見える空の上で行なわれるだけにその印象は強かった。

B29は、われわれ日本人にとっては多くの人命を家族や財産とともに奪い、広島、長崎に原爆を落とした悪魔の翼ではあったが、青空をバックに高空を飛ぶそのシルエットの美しさは、一瞬それが憎むべき敵であることを忘れさせるほどに魅惑的であった。そしていつの日かその麗姿を間近で見たいものと思った。

戦後、朝鮮戦争のとき、筆者はアメリカ極東空軍兵站司令部の技術部に勤務した際、奇しくもB29の爆弾倉扉開閉装置の改造設計をやらされる羽目になったが、夜間爆撃のために下面を黒く塗り、被弾の傷あとも痛々しい機体は往年のあで姿からは程遠く、やはり昔の恋人(?)には会わない方が良かったとの思いを深くした。

すでにアメリカ本国ではボーイングB47「ストラトジェット」が飛んでおり、世はジェットの時代に突入していたから無理もなかったが。

思わず前口上が長くなってしまったが、俊敏でどちらかといえばやんちゃ坊主といった感じの戦闘機にくらべると、爆撃機は律儀で働き者の苦労人といったおもむきが強い。戦闘機のような華やかさはないが、都市をまるごと破壊させたり、一国の息の根を止めたりする恐ろしい力を秘めた空の王者なのである。ではその爆撃機の世界へどうぞ。

平成十二年春

著者

爆撃機入門——目次

3　高速と電子戦

写真提供／雑誌「丸」編集部・防衛庁・アメリカ空軍
図版／碇佳彦・小川利彦・鴨下示佳・野原茂・渡部利久

爆撃機入門

大空の決戦兵器徹底研究

ハンドレページO／400重爆撃機（イギリス） 1917年4月、北海の哨戒に初出動し、後に独占領下のベルギー爆撃を行なった。初期型は主翼が折り畳み式になっていた。

爆撃機の始まり

●ゴータG3——ドイツ

むかしから文明の発達は戦争によって加速される。特に兵器の発達にそれが著しく、戦争が終わるとその技術が民用に転化されて平時の生活に利便さを増大させる。過去の人類の歴史はその繰り返しであるが、飛行機なんかはまったくその典型であるといっていい。

アメリカのライト兄弟による飛行機の歴史的初飛行からわずか一二年目の一九一四年、第一次世界大戦が勃発した。戦争ではつねに新しく、かつ性能の優れた兵器を持った方が勝つ。空を飛ぶ新しい道具——飛行機が注目されたのは当然である。

それまで大きな凧か気球に乗る以外は地上や海面から離れることができなかったのが、飛行機で空に上がって見ると実に敵陣がよく見える。そこで飛行機はまず偵察用に使われるようになったが、敵味方の偵察機同士が空中で出会う機会が増えるにしたがい、飛行機に武器を持ち込んでの空中戦闘が始まった。それならいっそ敵機の撃墜専門の飛行機を作ってはというところから戦闘機あるいは駆逐機と呼ばれる機種が生まれたことは、拙著『戦闘機入

ゴータG3爆撃機(ドイツ)

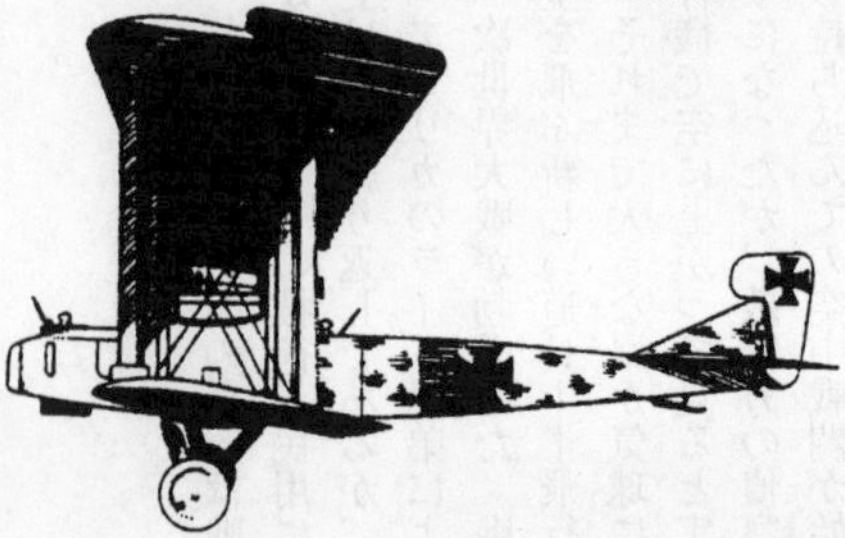

門』(光人社NF文庫)でも述べた。
敵機を見れば撃ち落としたくなるのと同様、空から敵陣を眺めていると何か落としたくなるのは自然のいきおいで、砲兵が使う大砲の弾なんかを空から手でまいているうちに爆撃機の思想が芽生えた。といってもはじめの頃は航続力と搭載量がほかの飛行機より少しましな程度の機体が使われていたが、開戦の三年目には早くも爆撃専用の機体が現われた。
その代表的なのがドイツのAEG-G2で、その改良型のG4は二六〇馬力のエンジン二台を装備し、短距離作戦なら最大一トンまでの爆弾が積めたというから驚きだが、この頃からすでに重爆撃機と軽爆撃機に分化する兆しが始まっている。なぜなら爆撃機が大型化し、燃料や爆弾を積んで重くなると当然ながらスピードが鈍くなり、敵戦闘機に狙われやすくなって昼間の行動は危険だから、いきおい見つかりにくい夜を選んで行動するようになった。
もとよりレーダーなんかなかった時代だから、敵に見つかりにくい代わりにこちらも目標を見つけにくく、爆弾の命中率はきわめて悪かった。そこで昼間専門に行動し、敵戦闘機が出現しても何とかかわして逃げられるよう、爆弾搭載量や航続性能は少ないけれども軽快で俊足な小型爆撃機が出現した。

重爆撃機と軽爆撃機への二分化の始まりであるが、そう呼ぶようになったのはもっと後の話で、当時は夜間爆撃機と昼間爆撃機という分類が一般的だったようだ。

その頃の重爆撃機と軽爆撃機を代表するのがドイツのゴータG3と、イギリスのデハビランドD・H・4系列で、どちらも大戦四年目の一九一七年前後に出現し、かなりの活躍をした。

一九一七年六月十三日、ドイツ占領下のベルギー海岸に近い基地を飛び立った一四機の大型爆撃機があった。それがゴータG3の初出撃で、しかも目標は敵の陣地ではなくイギリスの首都ロンドンであった。

ゴータ重爆は双発でトータル出力は五二〇馬力。これで総重量四トンの機体を引っ張るのだから最高速度も時速一一五キロで、携行する爆弾もたった四〇〇キロとあっては爆撃の効果も知れていたが、それでも死者一六二人、負傷四三二人の損害を与えたので、激しい世論の非難を浴びた軍当局は西部戦線から貴重な戦闘機二

デハビランドD・H・9A（イギリス）

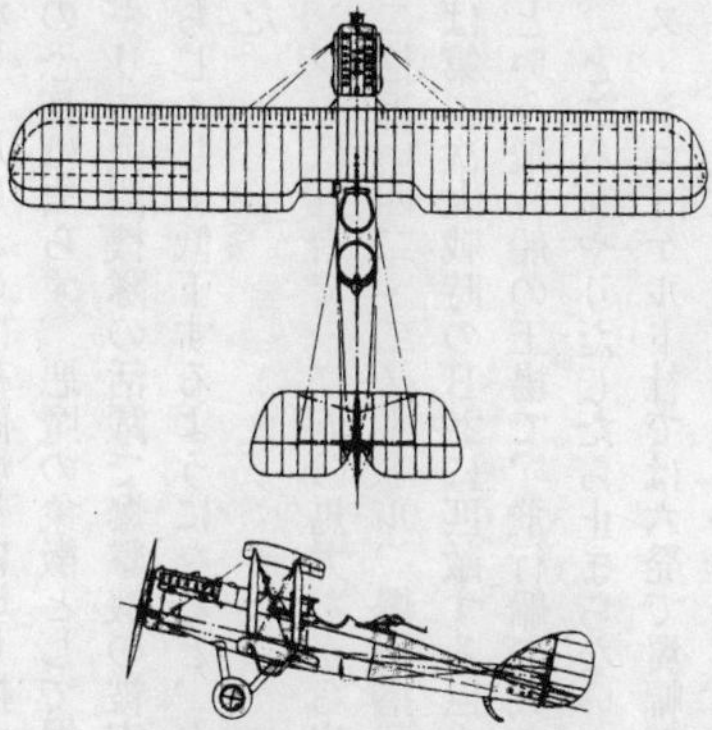

個中隊を引き上げて首都防衛にまわした。防空戦闘機の出現でドイツ爆撃隊に被害が出るようになり、八月からは夜間爆撃に切り換えたので爆撃による被害は減ったものの、ロンドン市民の恐怖は去らず、悪魔の象徴として爆撃機といえばゴータの名が挙がるほどになった。イギリス戦闘機隊の活躍で爆撃機の被害が増え、夜間に行動が制限されるなど爆撃の効果がいちじるしく低下するようになると、ドイツはより大きくて強力な重爆撃機の開発に乗り出した。

エンジンは五台で一二五〇馬力だから出力は二倍半、翼幅はゴータG3の二三・七メートルの二倍近い四二・二メートル、爆弾搭載量はいっきょに五倍増の二トンという、寸法から見れば第二次大戦時のB29に匹敵する巨人爆撃機だ。つくったのはツェッペリン・シュターケンという飛行船の工場で、飛行船の大きさを思えばどうということはなかったのかもしれない。ところがやりだしたら止まらないのが技術王国ドイツの悲しい(?)性で、別のジーメンス・シュッケルト社では六発で翼幅五〇メートルのものまでつくったが、戦争が終わってしまい実戦には間に合わなかった。

なお連合軍側の重爆といえばイタリアのカプロニ三発機かイギリスのハンドレページ双発機ぐらいで、ドイツの四発とか六発には及びもつかなかった。

さて、もう一方のデハビランドD・H・4軽爆はどうか。単発二人乗りでデー・ボンバーすなわち昼間爆撃機だが、双発大型で鈍重だったゴータにたいし、かなりの高速で運動性も良かったからファイター・ボンバー(戦闘爆撃機)とも呼ばれた。後席の旋回銃の威力を生かすために敵戦闘機に襲われると密集編隊を組んで対抗し、ドイツ戦闘機隊にとって手強い相手となった。もっとも戦闘爆撃機とはいっても、戦闘機に爆弾を積むようにして軽爆撃機の代用とした後年のそれとは違い、戦闘機にちかい軽快な運動性を持った爆撃機という意味で、第二次大戦のデハビランド「モスキート」がまさにそれであった。同じデハビランドだから血は争えないものだ。

D・H・4は改良を加えられてD・H・9、同9Aへと発展するが、この頃になると戦闘機、爆撃機、偵察機などそれぞれの機種が任務に応じた急速な進化を遂げ、第一次大戦中に飛行機は兵器としての地歩を不動のものとしたのである。

日本航空部隊の初爆撃

●モーリス・ファルマン機――フランス

大戦の主戦場であり、互いの国土を戦場として爆撃合戦をくりひろげたヨーロッパの交戦諸国にくらべると、日本のそれは比較にならないほどチャチなものだった。

ヨーロッパで戦争が始まって間もなく、日本も日英同盟のよしみでドイツに宣戦を布告し、ドイツ軍のアジアでの重要な基地になっていた中国大陸の山東省青島攻撃のため軍隊を出動させた。この作戦にはできて間もないわが陸海軍の航空兵力も参加した。

とはいっても、陸軍がモーリス・ファルマン式陸上機四機とニューポール式一機の合わせて五機、海軍がモーリス・ファルマンの水上機型二機（ほかに補用機二機）というささやかなもので、かなりの数を繰り出したヨーロッパの航空戦から見れば子供だましみたいなものだった。日本で初めて輸入されたアンリー・ファルマン機で徳川将軍家の末裔にあたる徳川好敏工兵大尉と、日野熊蔵歩兵大尉がそれぞれ四分約三〇〇〇メートル、一分二〇秒約七〇〇メートルの初飛行に成功してからわずか四年足らずとあっては無理もなかった。

海軍は運送船若宮丸を改造した水上機母艦に飛行機四機（うち補用機二機）をつんで大正三（一九一四）年九月一日に青島沖に到着した。

主用するファルマン二機のうち一機は新鋭のルノー一〇〇馬力エンジン付き三人乗りの大型で、最大速度一一〇キロ、航続四時間の優秀機で、もう一機の七〇馬力付きが二〇〇〇メートルまで上がるのに苦労したのにくらべ、三〇〇〇メートルまで楽に上がることができた。

機材人員の一切を水上機母艦につんでいち早く進出した海軍にくらべると、輸送に手間取った陸軍航空隊は一ヵ月遅れて到着したが、何かにつけて海軍の方が先行していたようだ。

これら航空機の主任務は偵察だったが、爆弾を積んで爆撃もできるよう準備された。爆弾は八センチおよび一二センチ砲弾の内側を削って薬量を多くし、尾部に矢羽根、頭部に信管をつけたもので、かなり爆発威力があり、一〇〇馬力の大型ファルマンなら八センチ一〇発か一二センチ六発を搭載できた。

問題はその投下法だった。最初、追浜の実験隊で試験した時は、座席の両側に五発ずつ麻紐でつるし、ナイフで一個ずつ切って投下していたが、これでは実用にならないので、一発ずつ収納する投下筒をつくって座席の両側に装着し、一発ずつでも全弾同時でも投下できるようにした。しかし、まだ爆撃照準器はなかったので、応急の方法が考えられた。

操縦席の前方にワイヤーを一本左右に張り、操縦席下方に置いたセルロイドの板に数本の縦横線を書き、この上下両線を通じて操縦者が目標を照準し、その合図で同乗者が爆弾投下するようにした。しかし、操縦者が飛行機を操縦しながら照準するので、気流の悪い時など

モーリス・ファルマン式陸上機（フランス）

は照準が狂ってとんでもないところに爆弾が落ちることもあった。

さいわい技術的才能に富み、研究熱心な難波暉雄中尉がいろいろ工夫して改良型を開発したが、カンで落とすよりましといった程度を出なかった。

海軍航空部隊の初出撃は進出五日目の九月一日で、ファルマン二号機（一〇〇馬力）と同七号機（七〇馬力）の二機が出動し、三人が搭乗した二号機は膠州湾と青島付近上空を反復飛行して綿密な偵察を行なうとともに、砲台などの軍事施設に爆弾を投下した。この間、敵の機銃弾が二発命中し、一発は二号機の翼の小骨を折って翼の羽布がかなり裂けたので、海上に出ると高度を下げ、翼が万一折れてもすぐ着水できるよう水面すれすれに飛んで帰着した。

この出動にたいし、艦隊司令長官は中央にたいする報告の末尾に、「……とくに敵弾をおかして爆弾投下を決行し、敵の心胆を寒からしめたる三勇士の動作を壮とするものなり」と付記して賞賛している。

もっとも爆弾の炸裂威力は相当なもので、のちに無線電信所や発電所などに命中して火災を起こさせた時は機上で思わず手をたたいて喜んだというから、まんざら嘘でもなかったらしい。

青島港内の最大の爆撃目標は水雷艇S－90号だった。

九月十六日、二号機が八センチ爆弾一〇発を搭載してS－90号の爆撃に向かったが、投下した爆弾はS－90号には当たらずに、すぐ近くに停泊していた敷設艇に命中して見事（？）に撃沈し、思わぬまぐれ当たりに機上で苦笑するというハプニングが起きた。その後も執拗にこのS－90号を狙ったが、ついに爆弾を命中させることはできなかった。なぜなら敵は飛行機が来るという情報があると錨を抜いて膠州湾内を走りまわり、爆弾が飛行機から離れるのを見ると大角度の変針をしたり後進全速で弾着をかわすなどの退避行動をとったからだが、逆に敵側で時限信管付きの榴弾を使った応急高射砲を使い出してからはこちらが危なくなった。しかもそれから数日後、敵方から入った情報がわが航空隊の勇士たちをがっかりさせた。

それはわが軍の飛行機をおびやかした応急高射砲に関するもので、「日本機の爆撃はそんなに恐くないが、味方の高射砲から撃ち出す砲弾の破片はどこに落ちるか分からず、危険きわまりないから敵機がきても射つのをやめて欲しいと、青島市民から苦情が出ている」という内容だった。

陸軍航空部隊も、海軍に負けじと闘志を燃やして軍艦爆撃に出動したが、八〇馬力そこそこのエンジンでは一〇〇〇メートルまで上がるのに一時間近くもかかるので、その間に敵地上空をゆっくり飛ばなければならない日本機は格好の目標となり、撃墜こそ免れたものの地上砲火を機体に受けることが多かった。

九月二十七日、膠州湾内にいたドイツ同盟側のオーストリア巡洋艦「カイザー・エリザベス」の爆撃に、陸軍のニューポールおよび「モ」式二機の三機が出動した。

この日の攻撃は一二〇〇メートルで接近して六〇〇メートルに降下し、各機三発ずつ爆弾を見舞うという大たんなものだったが、一発も命中しなかった。それどころか全機被弾したが、機体が羽布張りだったので弾丸がすべて突き抜けてしまい、撃墜を免れることができた。

なお陸軍も急造の爆弾を持ってきていたが、はじめのころは不発弾が多く、海軍のを譲り受けて使うことが多かった。爆弾の弾道性も、海軍の方がいくらか良かったようだ。

爆撃照準器のメカニズム

●九〇式爆撃照準器とノルデン式照準器

第一次大戦のころは人間のカンか原始的な装置に頼らざるを得なかった爆撃の照準法も、だんだん進歩して、戦闘機の固定機関銃に眼鏡式照準器が使われたように、爆撃にもこの方法が使われるようになった。といっても、機体の進行方向と射線の方向が同じ戦闘機の照準と違って、爆撃機の方は前方に移動しながら下方に爆弾を落とすので、かなり厄介なことになる。

飛行機から投下された爆弾は、目標に到達するまでに飛行機の高度、速度、風向き、および気流の状態など、いろいろな条件の影響を受ける。しかし、飛行機や爆弾の空気にたいする相対的な運動は、風向きや風速のいかんにかかわらず変わらない。したがって飛行機と爆弾の関係運動もまた風にたいして無関係で、爆弾の弾着点とその時の飛行機の位置との関係は、爆弾の種類や高度、飛行機の固有速度により、つねに飛行機の機軸を含む垂直面の中にあり、これを〝対機弾道不変の法則〟という。

飛行機はいつも風に正対して飛んでいるわけではなく、風に流されて飛んでいる。だから爆撃の際は風に流されながら、ちょうど目標の上を通過するように飛ばなければならない。

このため爆撃手は照準眼鏡をのぞき、目標の流れ方を見てパイロットに合図し、左右に角度を修正して目標上空に向かう線上を通過するようにする。これを左右照準といい、一度でだめなら、旋回してもう一度やり直さなければならないが、敵戦闘機の攻撃と激しい対空砲火の中でこれをやるのはたいへんに勇気がいることだ。

さて、正しいコースに飛行機が乗ったら、今度はそのコース上のどこで爆弾を落としたらいいかを決めるのを遠近照準という。爆撃手は照準眼鏡をのぞきながら、飛行機の対地速度と高度に合わせ、照準投下角度を決める。爆弾は飛行機の速度による慣性の影響によりある角度で斜め前方に落ちるが、機体を離れると空気抵抗で速度が落ち、かつ重力のため落下角度が減少する。

この角度を日本海軍では追従角と言っていたが、このぶんをあらかじめ見込んだ角度が投下照準角となる。したがって、照準器の目盛りをあらかじめ表にされている爆弾の落下時間(秒)と追従角にセットし、適当な照準開始角に目標が来たときに時計装置が働いて回転プリズムを回し、目標がいったん視野から消えて何秒かあとに再び照準器の中心に来たとき、電鍵を握って爆弾を投下すればいいようになっていた。

日本では昭和のはじめ頃、ドイツのゲルツ社から輸入したゲルツ「ボイコフ」式爆撃照準器を日本光学(ニコン)で国産化し、九〇式爆撃照準器として海軍が昭和五年に制式採用、その後太平洋戦争まで使われた。戦争末期に陸軍もこれと同じものを生産しようとしたが間に合わなかったので、海軍から相当数の在庫品を譲り受けて使ったという。しかし左右照準の修正は、爆弾手の指示どおりパイロットが操縦することが必要で、パイロットと爆撃手の気持が一致しないと難しかった。編隊爆撃の場合は嚮導機にならっていっせいに爆弾投下するからその責任は重大だ。だから爆撃手とパイロットの二人は、訓練も一緒なら転勤も一緒といった具合に、ペアをくずさないよう特別な配慮をされたこともあったようだ。

それでも爆撃手とパイロットの連携動作による目標補足のための操縦の難しさは、いぜんとして残った。これを除くには照準器と操縦装置を結びつけ、爆撃コースに入ったら照準と操縦を爆撃手が一人でやれるようにすればいい。太平洋戦争のはじめごろ、日本軍が南方で手に入れたアメリカのボーイングB17爆撃機につまれていたノルデン式照準器は、すでにこの方式をとっていた。

この装置は照準眼鏡部と自動操縦装置とから成り、機体の最前部にある眼鏡照準部は自動操縦装置の方向安定装置と索によって結ばれ、照準眼鏡部はジャイロによってつねに水平を保つようになっている。

パイロットは目標にある程度接近したあとは、操縦を自動に切り換えて爆撃手にまかせてしまう。爆撃手は目標を捕らえるように眼鏡照準部を操作すると、その動きが自動操縦装置に伝わって飛行機を爆撃手の思う方向に誘導することができる。もちろん、眼鏡照準部は目標を拡大する望遠鏡になっており、夜間でも超低空でも使える。この方式は、レーダーや電子装置の時代になっても本質的には変わっていない。

このノルデン式照準器は極秘の兵器とされ、飛行機が撃墜された場合には、搭乗員は照準器を破壊してから脱出するよう命じられていたが、日本よりざっと一〇年も前にこんな精巧なものを考案したのだからりっぱだ。

戦略爆撃の元祖

●ツェッペリン飛行船――ドイツ

前述のように、飛行機が兵器として使われるようになったのは、今から一〇〇年以上前の第一次世界大戦からだが、はじめの頃はその活躍の場は戦場とせいぜいその背後の戦術的目標を攻撃する程度で、被害を受けるのは地上の軍隊やその陣地だけだった。ところがそんな常識を破ったのがドイツで、戦闘とは直接関係がないイギリスの首都ロンドンを爆撃するという暴挙をやってのけた。もちろんそれによって敵の戦意を喪失させ、戦争を有利に導こうというそれなりの目的があってのことだが、はじめのころは基地と航続距離の制約から飛行機を使うことができなかった。ところが、ドイツが持っていた特殊な航空機「飛行船」がそれを可能にした。

誇り高いプロシャ貴族のツェッペリン伯爵が開発した飛行船は、巨大な胴体内に空気より軽い水素ガスをつんで飛ぶ文字どおり空とぶ船であった。第一次大戦勃発の翌年三月に就役したツェッペリン飛行船の初期型であるＬＺ36は全長一七七メートル、直径一八・五メート

ツェッペリンL39硬式飛行船（ドイツ）

ル、全備重量三四トン、四基のマイバッハ二二〇馬力エンジンをつんで最大時速八八・五キロ、実用上昇限度三〇〇〇メートル、最大航続力が巡航速度で六〇時間だったから、飛行距離に関する限りイギリス本土爆撃は可能だった。

それにしてもこんな大きな構造物をつくって空を飛ばそうという発想と技術力は驚くべきもので、それは後の第二次大戦末期に現われたパルスジェットのV1号およびロケットのV2号に匹敵する革新的兵器と言っていいだろう。

そのツェッペリン飛行船が初めてイギリス本土を襲ったのは、開戦半年後の一九一五年一月十九日だったが、それが本当の脅威としてイギリス人たちに認識されるようになったのは、それから四ヵ月後、初めてロンドン上空に姿をあらわしてからだった。

銀色をした葉巻型の巨大な飛行物体は、V1号やV2号に劣らぬ恐怖をイギリス人たちに与えた。このツェッペリン飛行船が大戦中にイギリスに投下した爆弾は総計五八〇六発だった。それによる死者は五五七人だから、第二次大戦の都市爆撃にくらべれば被害としては小さいものだったが、戦場を交戦国の国土全体に拡大し、非戦闘員である一般国民に直接被害を及ぼすようになった点で、のちの大々的な戦略爆弾の元祖ともいえる壮挙だった。

しかし鈍足で悪天候に弱く、しかも爆発しやすい水素ガスを満載するという決定的な欠点がある上、イギリス戦闘機の性能向上とともにツェッペリン飛行船は次第に苦境に追いやられ、未帰還船が増えるようになったので重爆撃機のゴータと交替するようになったが、ドイツは敗戦で戦争が幕を閉じるまでに数十隻もの飛行船を作り、戦後もその開発を続けた。

こうして戦略爆撃の種をまいたのはドイツだが、実は間接的にではあるが、ツェッペリン飛行船とは日本も関係があるのだ。

一九一八（大正七）年十一月十一日にドイツの降伏で第一次大戦が終わり、翌一九一九年にパリのベルサイユ宮殿で平和会議が開かれ、賠償としてドイツからの戦利品を各国で分配したが、日本に割り当てられたものの中にツェッペリン飛行船用の格納庫があったのである。

この格納庫は面積一万五七〇〇平方メートル、東京駅がすっぽり二つ入るという巨大なもので、日本海軍が霞ヶ浦に創設を検討していた飛行船隊用に予定されたもので、鉄材だけで三万トン、工事には延べ人員六万三〇〇〇名、四六〇日を費やした。

ベルサイユ平和会議でこれが日本に割り当てられた時、受け取るべきかどうかについて日本代表団の間でも論議があったが、金はかかるが建築学上非常に参考になるからぜひ取っておこうということになったという。その思惑どおり完成後は建築学界や業界からの見学者があとを絶たなかったが、この格納庫に飛行船が入ったのはしばらくの間だけで、飛行機の発達とともに飛行船が使われなくなったため、せっかくの巨大格納庫も無用になってしまった。

しかしその後、この格納庫が二度だけ役に立ったことがあった。不屈のドイツ魂は敗戦後も飛行船の研究を止めず、旅客輸送用として全長二四〇メートル近い巨大な飛行船に発達させた。

ドイツはこの飛行船の一隻「グラーフツェッペリン」号で世界一周のデモンストレーション飛行を試み、シベリア経由で来日したが、高度六〇〇メートルで東京上空を通過したのち横浜で引き返し、夕方、霞ケ浦海軍航空隊に到着してツェッペリン格納庫に収容されて五日間滞在した。

もう一度はそれから一〇年後、海軍が十三試（昭和十三年試作）大型陸上攻撃機「深山」の設計参考用にアメリカから購入した四発大型旅客機ダグラスＤＣ４を分解研究した際、そのカムフラージュの場所として使われた。しかしドイツで分解した格納庫を日本に持って来る運送費だけでも五〇万円という金は、一〇〇年前であることを考えると壮大な無駄遣いであったと言わざるを得ない。

巨大飛行船に終焉が訪れたのは、第二次大戦が始まる二年前の一九三七（昭和十二）年五月六日に起きた「ヒンデンブルグ」号の事故だった。

第一次大戦後、新興ナチスドイツが科学技術のすべてを結集して作り上げた全長二四六・七メートル、「空飛ぶホテル」と呼ばれた豪華客船「ヒンデンブルグ」号は、世界の人々の夢を乗せてヨーロッパ大陸から大西洋を超えてアメリカ大陸に姿を現わしたが、ニュージャージー州のレイクハースト上空で突然、大爆発を起こして墜落炎上してしまった。船体内につめる燃えにくいガスとしてはヘリウムガスがあったが、アメリカでしか生産されておらず、やむなく引火しやすい水素ガスを使ったための悲劇であったが、さすがのドイツもこれに懲りて、以後飛行船の開発を止めてしまった。

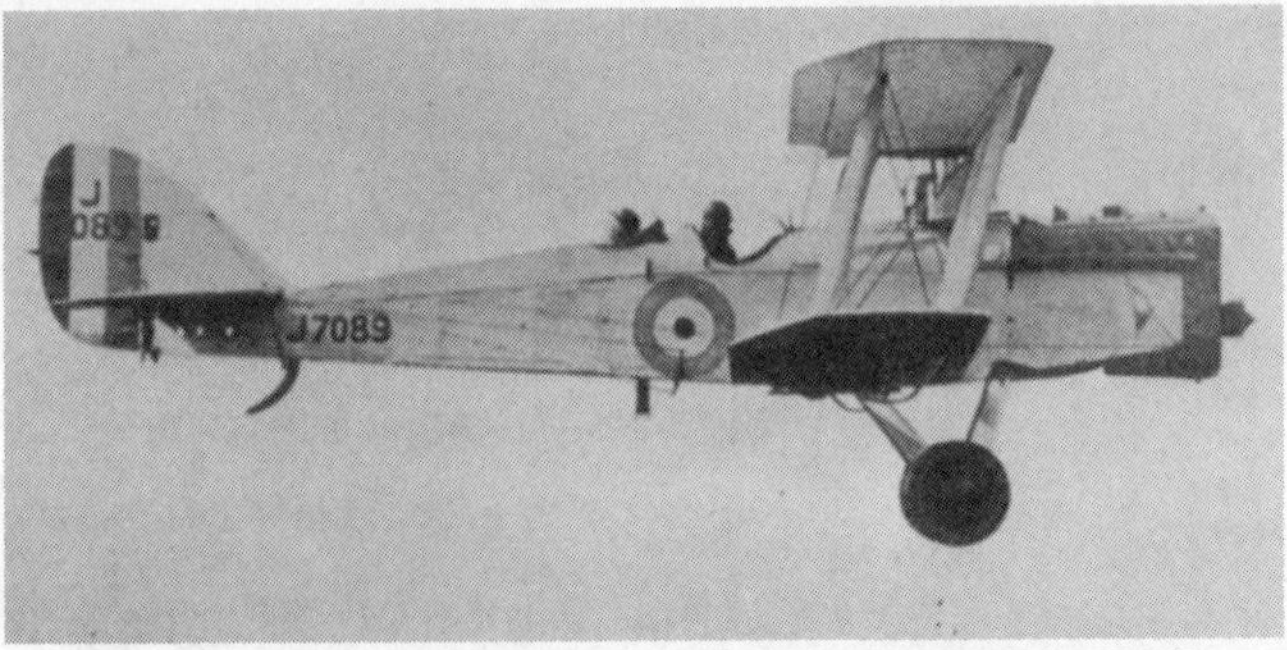

デハビランドD・H・4（イギリス）　第1次大戦中の代表的な機体。昼間爆撃機という分類に入っていたが、その軽快性から戦闘爆撃機とも呼ばれた。

ファルマンF50（フランス）　日本陸軍はF50、F60を購入、それぞれ丁式一型、二型の名称を与えた。また、中古の同機を訓練用機としても使用した。

ツェッペリン飛行船（ドイツ）　第1次大戦中に行なわれたロンドンへの爆撃は、非戦闘員の一般市民にも被害を与える戦略爆撃のさきがけとなった。

ホーカー「ハート」（イギリス） 1930年に行なわれた防空演習で、邀撃側にまわった戦闘機の追撃を振り切って、小型軽爆の高速性、運動性を示した。

フェアリー「バトル」（イギリス） 1936年に初飛行するも、第２次大戦開戦時には時代遅れとなってドイツ機に抵抗できず、大きな犠牲を強いられた。

ブリストル「ブレニム」（イギリス） 〝戦闘機より速い爆撃機〟として第２次大戦初期に活躍、1942年には、デハビランド「モスキート」と交替した。

空軍独立を促した戦略爆撃の思想

●イギリスのスマッツ将軍、アメリカのミッチェル大佐、イタリアのドウエ元帥

「現在の時点で予想できることは、将来、航空兵力は独立して使用され、その規模は広範囲なものになっていくだろう。そして航空作戦が、敵の大規模な産業中心地および人口の多い都市を破壊して、国土を荒廃させることによって戦争の主役を演じる日もそう遠くないだろう。これまでの古い形式の陸軍や海軍の作戦は二次的、あるいは補助的なものになり下がってしまうに違いない」

こういって、新しい兵器である飛行機を「遠方から、しかも陸海兵力のいずれからも独立して、広い地域にわたる作戦を遂行できる」一つの独立した戦争の手段として使うことを予言したのは、イギリスのヤン・クリスチャン・スマッツ将軍だった。

今からざっと一〇〇年も前のことだが、軍隊同士が対決する戦線ではなく、戦場を超えた後方の都市を無差別に攻撃するという、帝政ドイツが始めた新しい戦法は、イギリス人たちを目覚めさせた。そして空軍独立の気運がにわかに高まり、第一次大戦末期の一九一八年四

月一日の空軍省および空軍総司令部の設置となってあらわれた。これがロイヤル・エア・フォース（RAF）の始まりで、世界最初の独立空軍の創設となった。

RAFの当面の主任務は、ドイツのイギリス本土にたいする空襲への報復だった。大戦末期の数ヵ月間、フランスを基地としたRAFのデハビランドおよびハンドレページ両爆撃機隊は、マンハイム、フランクフルト、コブレンツ、シュツットガルト、カールスルーエなどのドイツ工業中心地を空襲し、合計五四〇トンの爆弾を投下した。

このあとさらに首都ベルリン空襲の準備中に停戦となったが、独英両軍による戦略爆撃合戦の教訓の受け取りかたの差が、それから二〇年後におきた第二次大戦の勝敗の明暗を分けることになろうとは、当時の誰もが思ってもみなかったに違いない。


戦略爆撃について強烈な印象を受けた当事国の独英両国を除くと、空軍を陸海軍と同等、あるいはそれ以上の軍事パワーと認めるには強い抵抗があった。後方で空襲を受ける恐怖を直接味わったことのない他の国々では当然のことだが、ここに一人の例外がいた。アメリカ陸軍航空隊のウイリアム・ミッチェル大佐で、ヨーロッパ戦線ではフランス駐留アメリカ航空隊司令として活躍したミッチェルは、マーチン社に作らせた双発重爆撃機で、戦後廃棄される旧式戦艦や戦利品のドイツ戦艦を標的として爆撃実験を行ない、撃沈させてその威力と効果の大きさを実証して見せた。

この実験結果にもとづいてミッチェルは「戦艦無用論」を新聞に発表し、内外に大きな波紋を巻き起こした。あわてたのはアメリカ海軍当局で、次のような反駁文を公表して、戦艦が依然として国防のバックボーンであることを強調した。

「最近行なわれた戦艦にたいする爆撃実験は、まったく乗員のいない、しかも静止している旧式戦艦を標的とし、それが沈没するまでくり返し爆撃したもので、その目的は軍艦用の各種鋼板の対爆弾防御力を調べることだった。

実際には高速と適切な大角度転舵によって爆弾の多くは避けられるだけでなく、損傷を受けても大勢の訓練された乗員によって応急修理をおこない、防水防火にあたるから先の実験のように簡単に沈むことはない。ましてこの実験結果に基づいて今後船体の弱点は補強され、軍艦の対爆弾防御力はかなり向上する。だから戦艦がいぜんとして国家防衛の主力であることに変わりはない」

日本海軍もこれとほぼ同じ意見だったが、それから十数年後に航空部内で「戦艦無用論」が叫ばれたことがある。

ミッチェルが「戦艦無用論」をとなえ、空軍独立を叫んだのは戦後三年目の一九二一年のことで、飛行機そのものが未発達の時代だったから、かれは〝誇大妄想狂〟とそしられたが

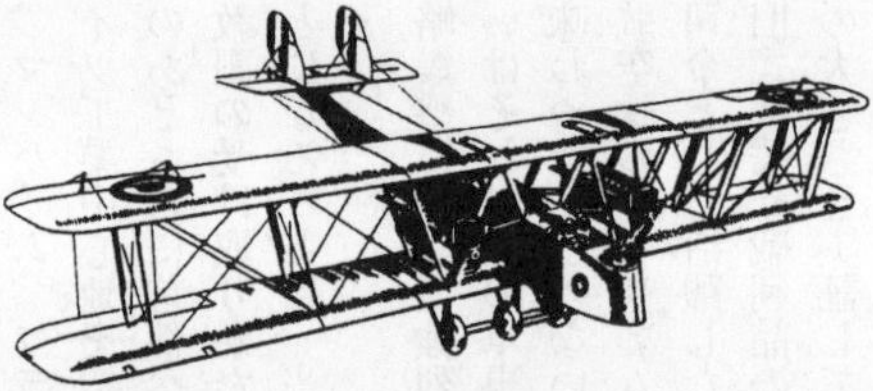

マーチンMB-1双発重爆撃機（アメリカ）

屈することなく、それから四年後におきたアメリカ海軍の飛行船「シェナンドア」の墜落事故の際、「アメリカ陸海軍の首脳は無能力者の集まりであり、国防への怠慢をおかしている」と、過激な表現で糾弾した。これに腹を立てた軍首脳部はミッチェルを軍法会議にかけて、軍律に違反したかどで有罪にしてしまった。

どこまでも硬骨なミッチェルは、この処置を不服として翌一九二六年に陸軍を辞めてしまったが、それから一三年後におきた第二次大戦では飛行機が戦争の行方を決め、彼の予言の正しかったことが証明された。この事に政府も改めて敬意を表し、一九四五年になってミッチェルを少将に進級させるとともに議会名誉賞を贈ったが、そのミッチェルはすでに九年前、不遇のうちに世を去っていた。

いつの世にも異端視される先覚者のたどる不遇な運命であるが、世界中でミッチェルの説に共感した軍人も少なからずいた。

イタリアのドウエ元帥もその一人であり、ずっとあとになるが日本海軍の山本五十六元帥などもすくなからぬ影響を受けたと見られるが、お膝元のアメリカでも若く進歩的な一部の少壮士官たちによって熱烈に支持された。

その第一人者は、のちに第二次大戦でアメリカ陸軍総司令官となり、戦後、空軍省が新設されると最初の空軍元帥になったヘンリー・アーノルド陸軍中佐で、彼らの努力によってアメリカは戦略爆撃機の開発に力を入れるようになり、やがて起きた第二次大戦でその真価が発揮され、連合軍を勝利に導く大きな役割を果たした。

カプロニ3発重爆撃機（イタリア）

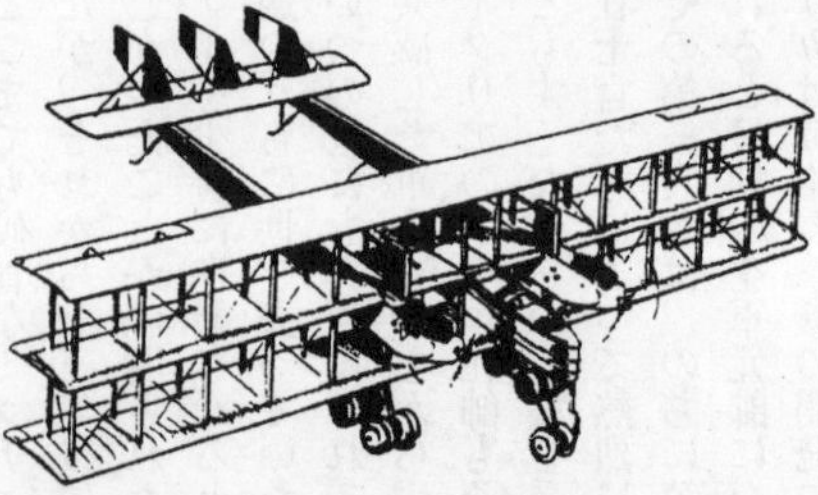

これにたいして第一次大戦で戦略爆撃作戦を創始したドイツは、戦後の空軍創設にあたって、せっかくのパイオニアとしての経験を生かすことを怠った。
当面の敵が陸軍国のフランスだったことのほか、陸軍伍長出身のヒトラーと元戦闘機パイロット出身のゲーリング空軍元帥の頭の中には、戦略爆撃の思想を受け入れる余地はなかったのではないかと思われる。
ともあれ戦略爆撃の思想は最初一九二〇年代のヨーロッパに根づき、二五年にフランスのファルマン「ゴリアット」、二九年にイタリアのカプロニPB90などの戦略爆撃機が生まれたが、いずれも複葉の古い形を引きずっており、より本格的な四発単葉の全金属製機が生まれるまでには、もう少し技術の進歩の為の時間を必要とした。
奇妙なことであるが、はじめに戦略爆撃を思いついて実行に移したドイツよりも、その被害を受けたイギリスや、爆撃の被害経験のないアメリカがのちに戦略爆撃機の開発に力を入れ、それを有効に駆使したのは、航空母艦を中心とした機動部隊による航空兵力の集中使用という新しい戦法を生み出した日本海軍が、戦争後半になってから同じ思想の、より大規模な機動部隊をくり出したアメリカ海軍によって手痛い報復を受けたのに似ている。

加害者よりも被害者の方が強烈な印象を受けた結果、いただいた相手の戦法を研究してより強力なものに作り上げようと努力するせいであろうか。

日本爆撃機の歴史

●丁式一型、二型機――日本

第一次大戦が終わると、不要になった兵器や軍事技術の民用への転換が始まったが、もっとも手近な方法として大型軍用機の転用による民間航空路の開設があった。パリ～ロンドン間約三五〇キロを一時間二〇分で飛んだフランスのファルマン「ゴリアット」双発旅客機もその一つで、ゴリアットは本来は爆撃機となるべき機体だったが、戦争直後の軍備縮小の時期とあってフランス政府も軍用化をためらっていた機体だった。たまたま爆撃研究および講和条約実施委員としてきていた日本陸軍の担当者がこれに目をつけ、ファルマン社と交渉して爆撃機に改造した。

のちにドイツのユンカースG38大型旅客機を爆撃機にした陸軍九二式超重爆や、アメリカのダグラスDC4型旅客機を陸上攻撃機にした海軍の「深山」などの先例となったものだが、爆撃機の素材としてこの選択は当を得ていた。すなわち、二〇人ぶんの座席を取り払った広い空間に五〇キロ爆弾を二列に並べ、機体の下には一〇〇キロ爆弾を吊るようにし、爆弾搭載量は全部で八〇〇キロだった。この機体はファルマンF60と呼ばれたが、訓練用に大戦末期にファルマン社が生産した中古のF50爆撃機も購入することになり、F50は丁式一型、F60は丁式二型の名称が与えられた。

フランスから輸入された丁式二型六機による日本で最初の爆撃隊が編成され、立川から新しい浜松飛行場に移って飛行第七連隊となったが、総重量五・五トンの機体に四〇〇馬力の双発エンジンだから非力もいいところで、爆弾六〇〇キロをつんで飛び上がったのはいいが六〇〇メートルしか上がれず、この高度から一〇〇キロ爆弾を落とすと破片で自機がやられるおそれがあるので、爆弾を落とさずに帰ってきて、こわごわ着陸したというエピソードがある。

大正十三年秋には訓練とデモを兼ねて朝鮮に四機編隊で飛んだが、三機は途中で不時着、一機だけがやっと目的地の京城にたどり着くという散々な結果に終わった。

とにかく最高時速一二〇キロと遅い上に、大きな主翼のせいで空気抵抗が大きく、しかも強い向かい風の季節風が吹いていたので、わずか二〇〇キロそこその朝鮮海峡の横断に四時間もかかってしまったというから無理もなかった。

こんな有様ではとても実戦に使えそうもなかったが、日本爆撃機および爆撃隊のルーツとしてその存在を忘れることはできない機体だ。

それまで甲式四型（ニューポール戦闘機）、乙式一型（サルムソン偵察機）、丙式二型（スパッド・エルブモン複座戦闘機）そして前述したファルマン「ゴリアット」の丁式一型、同二型のような甲、乙、丙といった呼称から日本紀元の下二桁に代わったのは昭和二（一九二七）年の八七式重爆および軽爆からで、この呼称は終戦まで続けられた。

日本紀元は西暦より六六〇年多いので、昭和二年にあたる西暦一九二七年は皇紀二五八七年だから下二桁をとって八七式で、八七式には後の九三式と同様に重爆と軽爆があった。もっともこのころはまだ機体番号はつかず、「キ」番号がつくようになったのは九三式重軽爆からである。

重爆の方はドイツのドルニエ社に設計だけを頼み、あと試作一号機を含めてすべて日本の川崎航空機で作られたもので、陸軍で最初の全金属（ジュラルミン）製機だった。定評のあるドルニエ「ワール」飛行艇を陸上機化したような設計だったから、すんなり陸軍の審査をパスして制式採用になったが、当時の飛行機の常で操縦席をはじめ乗員の席はすべてむき出しだったから、飛行中は難行苦行の連続だった。とくにひどかったのは、主翼中央上面に二基が前後に並んだエンジン配置の影響で、左右に並んだ操縦席のすぐ上方に前部エンジンが回っているのでその爆音がひどく、パイロットは耳栓なしでは耐えられなかったらしい。

もっと悲惨だったのは後部エンジンより後ろに席があった後方射手で、エンジンの轟音に加え、プロペラ後流による風圧で機銃の操作もままならず、しかも飛行中は一人離れた射手席で会話も無く、ひたすら孤独に耐えるしかなかったのである。昔の飛行機乗員はえらかったと思う。

特異なエンジン配置のせいで乗員にとんだ苦労を強いた重爆にくらべると、同じ八七式でも軽爆の方はイギリス人設計の海軍一三式攻撃機を陸軍仕様に直した堅実設計で、使いやすい機体だった。

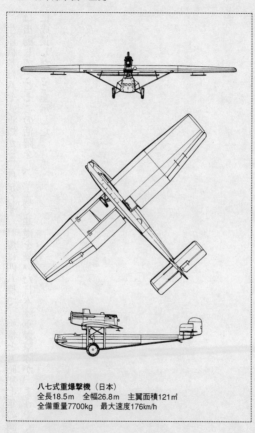

八七式重爆撃機（日本）
全長18.5m　全幅26.8m　主翼面積121㎡
全備重量7700kg　最大速度176㎞/h

生産機数は八七式重爆が三〇機足らず、軽爆は四八機で、両機とも昭和七年の満州事変には出動してそこそこの活躍をし、丁式で基礎を築いた日本陸軍爆撃隊が、ようやく実戦部隊に成長したことを示した。

軽爆撃機の時代

●ホーカー「ハート」――イギリス

第一次大戦の代表的な軽爆撃機デハビランドD・H・4やD・H・9は戦闘機に劣らぬスピードと軽快な運動性を持っていたから、戦闘機並みの前方固定機銃と自由に動く後部機銃を持った戦闘機兼爆撃機だった。後部の銃座ははじめ固定された銃架に取り付けられていたが、やがてドイツが旋回式銃座を開発し、重爆撃機のゴータだけでなく軽爆撃機にも取り付けるようになって射撃の自由度が増し、以後二人乗り以上の軍用機の標準装備となった。

第一次大戦で爆撃機が重（夜間）と軽（昼間）に二分化をはじめたことは先に述べたとおりだが、大戦が終わると各国とも軍事予算が大幅に削減され、平時にあっては費用のかかる重爆撃機への関心は薄れ、一九三〇年代は軽爆撃機の発達が目立った時代だった。

もともとお互いが地理的に接近しているヨーロッパにあっては高価な大型の重爆撃機を使わなくても、小型の軽爆撃機を数多く飛ばせば事足りる。その代表選手がイギリス空軍のホーカー「ハート」軽爆撃機で、一九三〇（昭和五）年にイギリスで行なわれた防空演習で、

ホーカー「ハート」軽爆撃機（イギリス）

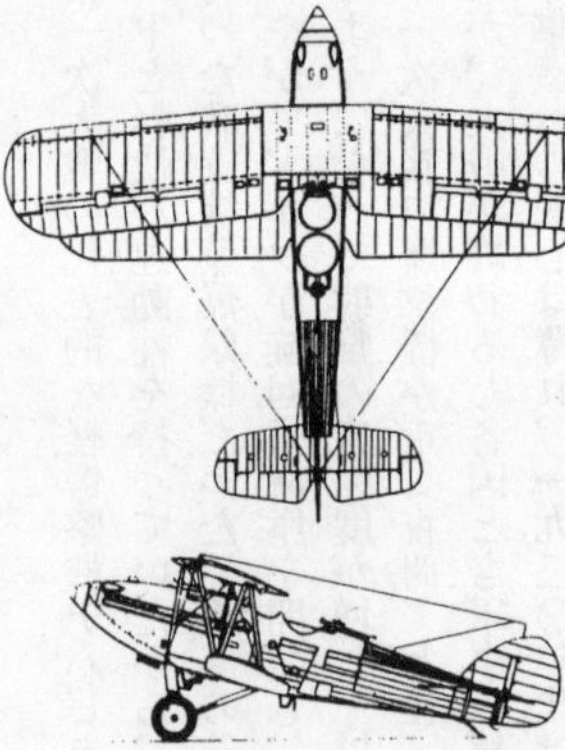

邀撃側にまわった戦闘機群を寄せつけない快速ぶりを示し、軽快な小型軽爆が空軍の主流になるかのような印象を与えた。

昭和五年といえば日本では時速三〇〇キロの陸軍九一式戦闘機の増加試作機が飛んだばかりの時代であり、時速二八五キロを出すホーカー「ハート」は、後席の旋回機銃とともに防空戦闘機にとっては手強い敵であった。ちなみに同じイギリス空軍の軽爆でも双発のボールトンポール「サイドストランド」は、爆弾搭載量はホーカー「ハート」の倍近かったが、最高速度は時速五〇キロ近くも遅かった。この快足を誇ったホーカー「ハート」に始まる一九三〇年代のはじめから中頃にかけての数年間は、イギリスにとって軽爆の全盛時代だった。すなわち、単発単葉全金属製のフェアリー「バトル」、双発のハンドレページ「ハンプデン」、ブリストル「ブレニム」などの高速爆撃機がぞくぞく誕生している。とくに「ブレニム」の原型となった五人乗りの小型旅客機ブリストル142は、三五年のテスト飛行で最大時速四九四キロを出してイギリス空軍当局を喜ばせ、空軍は試作

ブリストル「ブレニム」1型（イギリス）

機無しでいきなり一五〇機の爆撃機型を発注した。

これがブリストル「ブレニム」1型で、最高時速四一八キロ、爆弾搭載量は四五〇キロだったが、〝戦闘機より早い爆撃機〟として第二次大戦初期にはドイツ本土の偵察や昼間低空爆撃に活躍した。四二年夏には新鋭のデハビランド「モスキート」と交替したが、太平洋戦線では四三年末まで使われた。

筆者の戦時中の日記の昭和十八年八月二十五日の項に、「強度試験場のわきにブリストル・『ブレンハイム』（当時はそう呼んでいた）の胴体が転がっていた。双発にしては小型で内部もせまく、とくにガラス張りの爆撃照準席は窮屈そうだった」と書かれてあり、綿密な調査が行なわれた様子がうかがえる。かの有名な「隼」戦闘隊長加藤建夫中佐が戦死したのはこの「ブレニム」1型との戦闘で、われわれ日本人にとって忘れられない機体の一つとなった。

軽爆を重視したイギリス空軍のこうした動きは同じヨーロッパ諸国の軍備にも影響を与え、やがて再軍備をはじめたナチスドイツの空軍も、軽爆撃機主体の戦術空軍として発足している。

かの有名な急降下爆撃機のユンカースJu87をはじめ、双発のハインケルHe111、ドルニエDo17などいずれも航続距離の短い戦術爆撃機で、第二次大戦初期の電撃作戦と呼ばれたドイツ軍の快進撃では圧倒的な強みを発揮した。しかし、このことがドイツをして戦略爆撃機の開発をないがしろにさせ、イギリス本土の爆撃をロンドンとその周辺のみに限定させてしまったことが、大きく敗因につながった。もっとも爆弾搭載量が一トンから二トン程度のＨｅ111やＤｏ17は当時の基準でいえば重爆撃機あるいは中型爆撃機の分類に入る。

日本で本格的な軽爆撃機が誕生したのは、昭和八年に制式になった九三式軽爆撃機（キ2）だった。昭和六年に輸入したドイツのユンカースＫ37双発万能機をベースに、先に九二式超重爆を手がけた三菱で設計試作したもので、低翼単葉全金属製の近代的なスタイルの機体は最高時速二八三キロを出し、正規状態で三〇〇キロ、最大で五〇〇キロの爆弾を運ぶことができた。

九三式を名乗る日本陸軍の爆撃機には、他に重爆撃機（キ1）と単発軽爆撃機（キ3）があり、二種の軽爆撃機はそれぞれキ2を双軽、キ3を単軽と呼んで区別していた。もともとはキ2だけで良かったものを、予算の都合でより安くできる単発のキ3を作り、双軽一機と単軽二機を組み合わせ、双軽を編隊長機とした変則的な三機編隊が組まれた。少ない予算でできるだけ多くの爆撃隊を整備しようという苦肉の策だったが、エンジンや装備などまったく共通点のない両機の、単なる数の水増しにすぎない併用は、当然ながら運用にあたる爆撃隊ではひどく不評だった。

ユンカース Ju290A-7（ドイツ） 旅客機Ju90を原型として開発された長距離偵察機で、3トンの爆弾を積むことができた。1号機であるA-1は、1941年に初飛行。

第二次大戦の最優秀軽爆

●デハビランド「モスキート」――イギリス

日本陸軍の名パイロットだった黒江保彦少佐の遺稿『あゝ隼戦闘隊』（光人社）を読むと、ビルマ戦線で偵察にやってくる高速のデハビランド「モスキート」の撃墜に手を焼いたくだりがくわしく書かれている。それによると最大時速五二〇キロていどの「隼」ではとても追いつけないので、気づかれないように辛抱強く追跡し、相手が油断してスピードを落としたところで後ろから追いすがって撃墜したとある。

黒江少佐はこの功績により飛行師団長から清酒五本の特別賞を受けているが、〝戦闘機を寄せつけない高速軽爆〟として枢軸国日本およびドイツを悩ませた「モスキート」は、軽爆王国イギリスが生んだ第二次大戦中の最優秀軽爆といっていいだろう。

「モスキート」の原型の初飛行は一九四〇年秋で、最高時速六四〇キロを記録して空軍当局を狂喜させ、その高速性を生かしてまず戦闘機型に始まり、偵察機型、そして本来の爆撃機型などが次々に作られ、最初はあまり期待されなかったのが、一躍イギリス空軍の虎の子的存在になった。

その高速と軽快な運動性を生かして戦闘・偵察・爆撃など多用途に使われた「モスキート」が、本来の開発目的だった爆撃機として部隊配備になったのは一九四一年秋で、B4（「モスキート」4型シリーズの爆撃機型）が先代の高速爆撃機ブリストル「ブレニム」に代わって就役した。

爆撃機としての防御火器はいっさい持たず、高速にものをいわせて敵戦闘機を振り切ろうという構想そのままに、「モスキート」は戦闘機の護衛無しに堂々と昼間爆撃に出動した。その戦法は高速を生かした超低空飛行と遅延信管爆弾による編隊爆撃、これに緩降下爆弾を組み合わせたピンポイント爆撃法で、精度の高い目標破壊をやってのけただけでなく、「モスキート」の損害は驚くほど少なかった。

「モスキート」が昼間および夜間戦闘機としてもすばらしい活躍を示したことから、一九四三年に入ると戦闘爆撃機型のFB6が登場し、約二五〇〇機つくられたが、FB6は「モスキート」シリーズのうちでも一番活躍した型で、高速を利しての疾風のような低空攻撃には、メッサーシュミットMe109のスピードを上回る新鋭のフォッケウルフFw190もお手上げだった。そして全面的に改良を加えて最高時速を七〇〇キロ近くにあげたFw190D1（いわゆる長鼻フォッケウルフ）の出現で、やっと捕まえられるようになった。

東洋のビルマ戦線に現われたのもこのFB6で、黒江少佐が告白しているようにその高速には日本軍の戦闘機も手を焼いていたのである。

その後、戦爆型のＦＢ６を改造して五七ミリのモリンズ砲を搭載したＦＢ18、夜戦型のＮＦ15、ＮＦ17、実戦参加の最後の「モスキート」となったＮＦ30、爆撃機型ではＢ４に続いてＢ９など次々に改良型が作られた。

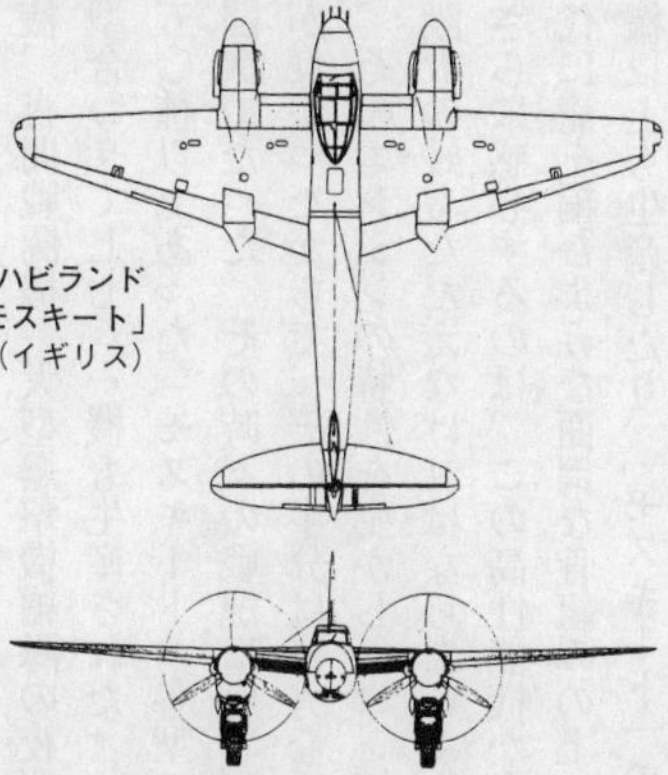

デハビランド
「モスキート」
（イギリス）

一九四三年三月からつくられたＢ９は四発爆撃機による夜間爆撃の誘導や単独の昼間爆撃機としても活躍した。

連合軍が完全に制空権を握ってからは、胴体下をふくらませて一八〇〇キロ爆弾を積むようにしたり、与圧キャビンをつけて一万二〇〇〇メートル以上の高空で空戦ができるＢ16などがつくられ、対ドイツ戦勝利に貢献した。

イギリス空軍の記録によると、「モスキート」が投下した爆弾の量は約二万七〇〇〇トンで、四発重爆群にくらべればはるかに少ないが、爆弾の命中率はけた違いに高かった。たとえばドイツの新兵器Ｖ１発射基地爆撃で、一ヵ所を破壊するのに使われた爆弾の量はＢ17約一六五トン、Ｂ25約一八二トン、Ｂ26約二一九トンにたいし、「モスキート」は四〇トン弱で命中率は抜群、しかも機体の損害率はきわめて低かった。

「モスキート」はその高性能を買われて当初の計画だった爆撃機としてだけでなく、戦闘爆撃機、夜間戦闘機、大型爆撃機編隊の夜間誘導機、写真偵察機などオールラウンドに使われ、各型合わせて七七八一機も生産された。

五〇種以上あった「モスキート」各型のうち爆撃機型は約一〇種で、残り半分以上は夜間戦闘機型だった。その時々の戦況に応じて容易に改造ができたのは「モスキート」の基本性能が良かったからで、その半分は優秀なロールスロイス「マーリン」エンジンに負うものだが、そのエンジンの特性を生かしたコンパクトでかつ空力的にすぐれたデハビランド社の機体設計の妙もたたえなければならないだろう。

さらに感心するのは、この高性能機が全木製構造を採用していることで、全金属製機全盛時代に籠を編むような面倒な骨組みの上に羽布を張ったヴィッカース「ウエリントン」を一万機以上も生産したり、「モスキート」のような全木製機を作ったり、イギリス人たちの個性的なのには驚かされる。

戦闘機のスーパーマリン「スピットファイア」、四発重爆のアブロ「ランカスター」とともに第二次世界大戦でイギリスの勝利にもっとも貢献した飛行機の一つにあげられている。

鋼鉄の箱に包まれた飛行機

●イリューシンIℓ2「シュトルモビク」――ソ連

前項の高速軽爆デハビランド「モスキート」が全木製だったのにたいし、胴体の前半分がスチールの厚板でできているというものすごい機体が、第二次大戦の中期から後期にかけて、ドイツ軍を相手に猛威を振るったソ連のイリューシンIℓ2「シュトルモビク」地上襲撃機だ。

陸軍国ソビエト連邦における飛行機の主な役割は空飛ぶ歩兵もしくは砲兵であり（この点では日本陸軍も同じだったが）、地上部隊や陣地攻撃など低空での行動が主だからどうしても下から撃たれることが多く、これにたいする強靱性が要求された。

飛行機がやられるのを防ぐにはまず乗員（とくに操縦者）、エンジン、燃料タンクを被弾から守ることで、そのために防弾鋼板を張ったり燃料タンクを防弾ゴムで覆ったりするが、それならいっそこれらをまとめて一体の厚鋼板製の箱のようなボディで包むようにしてしまえば、普通のボディにあらためて防弾鋼板を張ったりするより合理的だというのが、それま

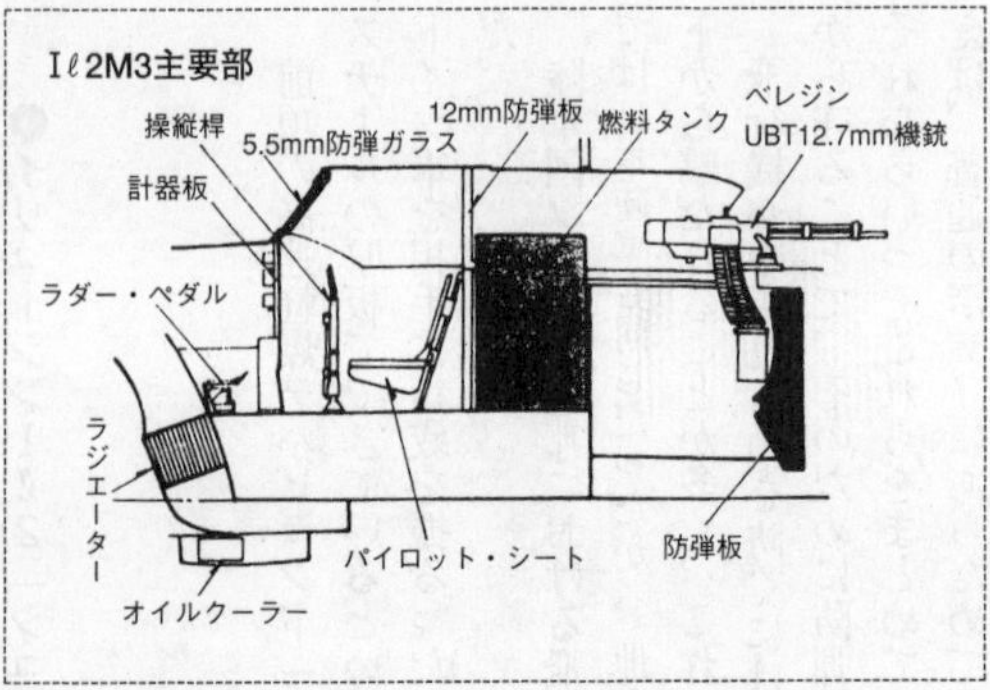

でのソ連襲撃機がいずれも重量過大で性能がよくなかったことへの、Iℓ2の設計者セルゲイ・イリューシンの結論だった。

イリューシンIℓ2は、簡単に言えば鋼鉄の箱である胴体前半部に、普通の胴体と尾翼、および主翼を取り付けたような機体なのである。その使用目的に忠実かつ大胆な発想にたいしては佐貫亦男（『ヒコーキの心』、光人社NF文庫）、木村秀政（『世界の軍用機・第二次世界大戦編』、平凡社カラー新書）両先生もそれぞれの著書に激賞しておられるが、操縦席、エンジン取り付け架、ラジエーター取り付け座などを内包する板厚五ミリから一三ミリの鋼板で整形された機体構造は装甲重量だけで七〇〇キロにも達し、五三四〇キロの総重量にたいして一三パーセントにもなったから、普通の設計者だったらとても耐えられない数値だ。まして、被害の多さから九六式陸上攻撃機の燃料タンクの防弾が問題になったとき、わずか三〇〇キロの重量増加を恐れて実施を見合わせたほど重量にたいして神経質だった日本では考えられないことだ。

使用目的に忠実という意味では後部の機銃座をなくして乗員を操縦者一名だけにしたこと

も挙げられるが、戦闘機の追撃を振り切れるほどの高速でなかったため（「モスキート」のような軽い機体でなかったから当然だが）、初のお目見えとなった一九四一年六月に始まった独ソ戦の緒戦ではドイツ空軍のメッサーシュミットMe109に大半が撃墜されてしまった。鋼鉄の箱に守られていたので下からの攻撃には強かったが、まだソ連の空軍力が劣勢だったのと、後上方銃座が無い弱点を突かれたせいだった。

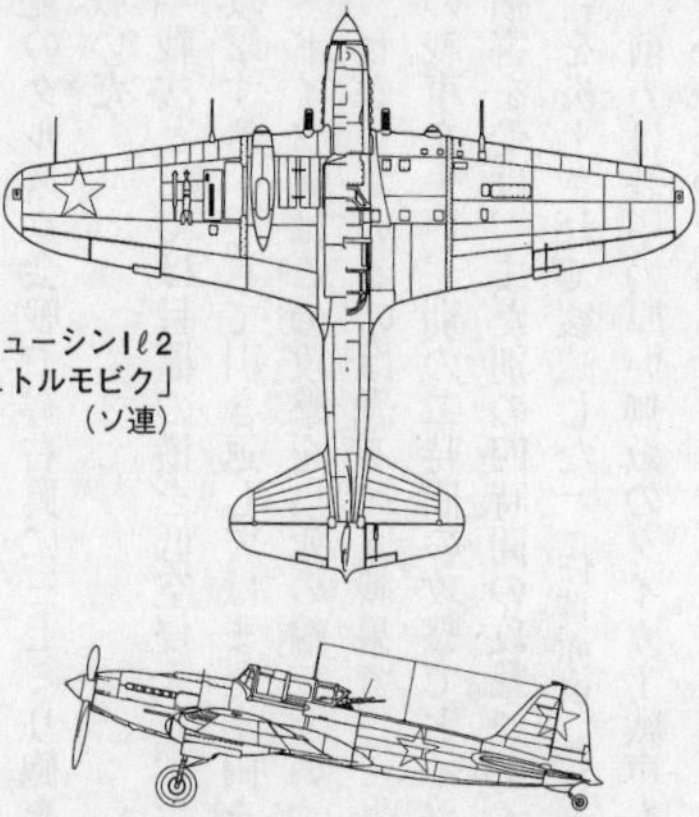

イリューシンIℓ2
「シュトルモビク」
（ソ連）

当然ながら早速、戦訓による改修がおこなわれた。複座にして後席に一二・七ミリ機銃を装備し、主翼の機銃も二〇ミリから二三ミリに変え、エンジンも一六〇〇馬力から一七七〇馬力に強化して攻撃力と性能向上をはかった。複座になったぶん装甲重量が一三パーセントから一七パーセントにふえたが、この改修の効果は大きく、一九四二年はじめ頃から出現したM3は数の優位とあいまってしだいに威力を発揮しはじめた。

厚い防御鋼板に守られたIℓ2は、広い平地では地上五～一〇メートルという超低空で戦車や兵員に水平攻撃を加え、市街地の建物のような特定された目標にたいしては、急降下によるピンポイント爆撃を行なうなど多彩な攻撃を展開した。とくに歴史に残るのは一九四三年夏のクルスク会戦で、右翼に三七ミリ砲を装備したＩℓ２Ｍ３がドイツ機甲師団を殲滅した戦いだ。

「戦法としては目標の横を低空侵入し、半円を描いて浅い降下で引き返して目標を後方から攻撃する。そして引き返してはまた半円を描き、弾丸の尽きるまで執念深い攻撃を止めない。ドイツ兵はこの攻撃を〝死の輪〟といったというが、真偽のほどはわからぬ。わかっているのは恐るべき戦果で、一九四三年にドイツ第九機甲師団は二〇分間に七〇台の戦車を失い、別の二時間の攻撃でドイツ第三機甲師団は戦車二七〇台と乗員二〇〇〇人の損害を受け、また別の四時間の攻撃でドイツ第一七機甲師団は三〇〇台の戦車のうち二四〇台を炎上されて壊滅した」（佐貫亦男『ヒコーキの心』、光人社ＮＦ文庫）

前方は装甲の厚い無敵のタイガー戦車も、上空から弱い後部を攻撃されてはひとたまりもなかったのである。

このあともＩℓ２はいよいよ猛威をふるい、空軍の最優先機として、戦略攻撃機を持たなかったドイツ空軍軍備の失敗のおかげで空襲による妨害も無く昼夜兼行で生産され、一九四四年に発達型のＩℓ10に切り替えられるまでに実に三万六一六三機も生産された。これは単一機種の生産機数としては二位のメッサーシュミットＭｅ109の三万四八〇機をはるかに引き離して一位であり、大戦中のソ連機の総生産機数約一〇万機の三機に一機はＩℓ２だったことになる。発達高のＩℓ10も含めると実に四万一〇〇〇機を超えたが、ドイツを敗北に追いやった第一の殊勲機の設計者として、セルゲイ・イリューシンが労働英雄の称号を与えられたのは当然だろう。

ヨーロッパ戦線軽爆の雄

●ユンカースJu88――ドイツ

先にイギリスのデハビランド「モスキート」を第二次大戦の最優秀軽爆としたが、もしドイツが勝っていればその栄誉はこの飛行機に与えられたかもしれないと思われるほどに活躍したのが、ドイツ空軍のユンカースJu88だ。寸法的には（カッコ内は「モスキート」B6）全幅二〇・〇八（一六・五二）メートル、全長一四・三六（一二・三四）メートル、総重量一四（一〇・四三）トンで、「モスキート」より一回り大きい機体で、むしろ中型爆撃機とするのが正解かもしれない。

戦闘機より速いスピードを武器に、前方固定銃のほかは武装を全廃した「モスキート」にたいして、しっかり後上方と後下方銃を持ち、乗員もモスキートのたった二名にたいし四名となっているので、最高速度も「モスキート」B6の時速六五六キロにくらべるとかなり落ちる。ユンカースJu88のそもそもの狙いはブリストル「ブレニム」などと同じ高速爆撃機で、初飛行もほぼ同時期だったから、「モスキート」より四年早かったことを考えれば当然だ。もっとも、のちに出現した夜間戦闘機型のJu88G7は最高時速六二六キロの快速機になったが、Ju88の最大の特徴はとかく奇抜さや新機軸が目立ったドイツ機の中にあって、平凡な機体ではあったが使いやすさ、そして戦時の飛行機にとって何よりも重要な作りやすさなどから重用されたことで、本来の任務だった爆撃機をはじめ昼間戦闘機、夜間戦闘機、襲撃機、雷撃機、機雷投下機、地上部隊支援の直協機から飛行爆弾子機まで、ありとあらゆる任務をこなした。

第二次大戦中の軍用機の中で改造が加えられた回数の多い点では「モスキート」を上回るJu88は、「モスキート」より約四年早い一九三六年三月に初飛行し、三九年には記録飛行用につくった試作五号機が、二トンの搭載物をつんで一〇〇〇キロのコースを平均時速五一七キロで飛んで世界記録をつくった。

このあとにつくられた六号機以降をベースにしたA型増加試作機は、スペイン内乱での単発急降下爆撃機ユンカースJu87の戦訓を取り入れて翼下にダイブブレーキを装着し、急降下爆撃機として（Ju87より降下角度は浅かったが）量産に入った。その後の目まぐるしい改造は前に述べたとおりだが、Ju88がもっとも活躍したのは本来の爆撃機としてではなく、ドイツ軍が守勢に入って米英軍の爆撃機群を邀撃する夜間戦闘機（C、G型）としてだった。

夜戦型Ju88のもっともはなばなしい活躍は「一九四四年三月二十四日／二十五日の英機によるベルリン爆撃と、三十日／三十一日の同じく英機のニュールンベルク爆撃がある。それぞれ、八一〇機中七二機、七九五機中九四機を撃墜」（佐貫亦男『続々・ヒコーキの心』、光人社NF文庫）という大戦果をあげ、もう少しでイギリス空軍は夜間爆撃を中止というところまで追い込んだ。

激しくなる一方の連合軍の爆撃に対応して、一時は第一線航空部隊の一五パーセントが夜戦型のJu88Cで占められ、やがてG型に代わった。G型の主武装は二〇ミリの前方機銃四梃だが、そのバリエーションの中には日本海軍の斜銃技術を取り入れて二〇ミリ二梃を胴体上部に追加したG6bがあった。

武装で変わったところでは、地上軍支援のための襲撃機として対戦車無反動砲、七五ミリ対戦車砲、二門の三七ミリ対戦車砲、五〇ミリ砲など大口径砲装備のPシリーズなどもあった。その後、連合軍のヨーロッパ上陸では無人機に改造され、爆弾をつけたJu88はFw190やMe109を母機として無線操縦による艦船攻撃に使われるなど、あらゆる手をつくして抵抗が試みられた。このあたりに有人機をそのまま突っ込ませた日本との違いが見られる。

ユンカースJu88（ドイツ）

この頃になると最高速度も一九四〇年のJu88Aの時代から時速二〇〇キロ近くも速くなって六二六キロ／時（G7）となり、はじめの狙いどおり高速爆撃機の名にふさわしいものとなった。

Ｊｕ88はドイツ空軍の双発機としてはもっとも多い一万五〇〇〇機が生産され、あらゆる用途向けに改造されただけでなく、さらにＪｕ188からＪｕ388へとその発展は終戦までとどまることを知らなかった。

ヨーロッパ戦線でのＪｕ87およびＪｕ88の活躍を知った日本海軍では、計画中の陸上爆撃機（Ｙ20、のちの「銀河」）設計の参考にするため三機購入することを決めたが、ヨーロッパでの大戦勃発の影響で昭和十五（一九四〇）年末に一機だけが船で日本に着いた。ところが、買った初期の爆撃機型Ａ４は、すでに旧式化してＹ20の設計にあまり役立たないことがわかり、海軍の熱もさめていた。

昭和十七年八月十八日、そのＪｕ88が機銃座の視界や操作性を検討するため飛び上がった直後に、ものすごい不連続線に遭遇して行方不明になってしまった。海域の捜索が一週間にわたって行なわれたが、何の痕跡も発見できなかった。Ｊｕ88は装備品に研究の価値ありとして、航法計器がコンパスに至るまで取り外してあったため、不連続線を避けて洋上を飛んでいるうちに方向がわからなくなって、不時着沈没したものと想像された。

それにしても一万五〇〇〇機も生産されてヨーロッパでは大活躍した万能機のＪｕ88を、旧式であまり参考にならないとした日本海軍の判定は、果たして正しかったのだろうかと疑問が残る。それともドイツは日本に不良品を売りつけたのだろうか。いずれにしても釈然としない。

●主役になれなかった名機

ハインケルHe111——ドイツ

第二次大戦中のドイツ爆撃機のナンバーワンはユンカースJu88で、一万五〇〇〇機もつくられたその実績から見て異存のないところだが、ドイツ空軍を代表する主力爆撃機となると、生産機数こそJu88の約三分の一（五六五六機）にすぎないけれども、ハインケルHe111を見逃すことはできない。

ほとんど直線的な線で構成されたJu88にたいして、He111は楕円を基本とするたいへん優美な線を持った飛行機で、その原型が飛んだのは一九三五（昭和十）年二月だった。

ドイツ航空輸送会社ルフトハンザ用の旅客機とを兼ねてつくられた試作機は、最大速度三四二キロ／時を出して空軍省に希望を抱かせた。これはそれから五ヵ月あとに飛んだ日本海軍の九六式陸攻の試作型である九試中攻の三一四キロ／時を三〇キロ近くも上回る数字で、このあとエンジンを新型のダイムラーベンツDB600に変えた初期量産型は、全備状態で三六〇キロ／時を出し、実戦部隊への配備が急がれた。そんな時、タイミングよくスペイン内乱が勃発した。当時の左翼人民戦線の共和政府にたいして軍部が反乱を起こしたもので、ファシスト反乱軍側を援助したドイツ、イタリア両国は、新兵器の絶好のテスト舞台として新鋭機を送り込んだ。その中にドイツ・コンドル軍団の主力機としてハインケルHe111の最初の量産型B1三〇機も含まれていた。

He111は旧式な人民政府側の戦闘機を上回る高速により、被害はきわめて少なく、ドイツ空軍首脳にその優秀性を強くアピールした。それは第二次大戦の端緒となったポーランド侵攻でも変わらず、ちょうど太平洋戦争半ばまでの日本海軍の「零戦」のような、He111絶対の信仰を植えつけてしまった。この結果、戦闘機の威力を過小評価し、七・九ミリ三梃の貧弱な武装を改めようとせず、のちに始まるイギリスの戦い（バトル・オブ・ブリテン）でその過ちを思い知らされるという、大きな代価を払うことになった。

イギリス空軍のホーカー「ハリケーン」やスーパーマリン「スピットファイア」は、スペイン内乱やポーランド戦のときの敵戦闘機とは比較にならないほど手ごわい相手であり、He111は早々に損害の大きい昼間爆撃から夜間爆撃に戦法を切りかえなければならず、それ以後は性能的にも生産機数でも上まわるJu88に主力爆撃機の座をゆずらなければならなかった。

旧式化にともない、重爆はHe177、中爆はユンカースJu288をもって後継機とし、He111は一九四四年はじめには生産を終えることになっていたが、どちらも開発に手間どって戦列化が遅れたため、一時的に生産が再開された。当然ながら武装は大幅に強化されはしたが、

メッサーシュミットMe321「ギガント」（ドイツ）

日本の九六式陸攻と同時代の古い機体でありながら、後継機に恵まれなかったために最後まで酷使を強いられた点でも「零戦」に運命が似ている。

ハインケルHe111は爆撃だけでなく、雷撃、偵察、ミサイル母機、グライダー曳航など広い用途に使われたが、なかでも一九四一年に計画された大型グライダー曳航機He111Zは奇想天外な飛行機だった。

二機のHe111H6型を外翼のところから片翼ずつ切り、新しい矩形の中央翼と五番めのエンジンでつなぎ合わせた五発機で、イギリス本土上陸作戦用に計画された巨大なグライダー、メッサーシュミットMe321「ギガント」を曳航する目的でつくられた。西部戦線ではじめてこの怪物を目撃した連合軍パイロットはわが目を疑い、彼が基地に帰って報告しても、彼の飛行機のガンカメラのフィルムが現像されるまではまったく信用されなかったというエピソードがある。

何の役にも立たなかったこのHe111Zにくらべると、He111の中でももっとも多く生産されたHシリーズの、その中でも最多生産の実績を持つH6は、大戦中期以降のあらゆるドイツ軍戦線に姿を見せていた。H6には標準の爆弾（二トン）以外に多くの武装パックが選べるようになっていたが、胴体下面に二本の七五〇キロ航空魚雷を搭載したH6部隊の、一九四二年に始まった、ソ連向けの英米連合輸送船団に与えた損害は、数多いＨｅ111の活躍の中でも特筆される。

なおハインケルＨｅ111の外観上の目立った特色となっている全面ガラス張りの胴体前部は、もともとは操縦席と機首の爆撃手席とが段つきとなったふつうの形だった。しかし、機首前

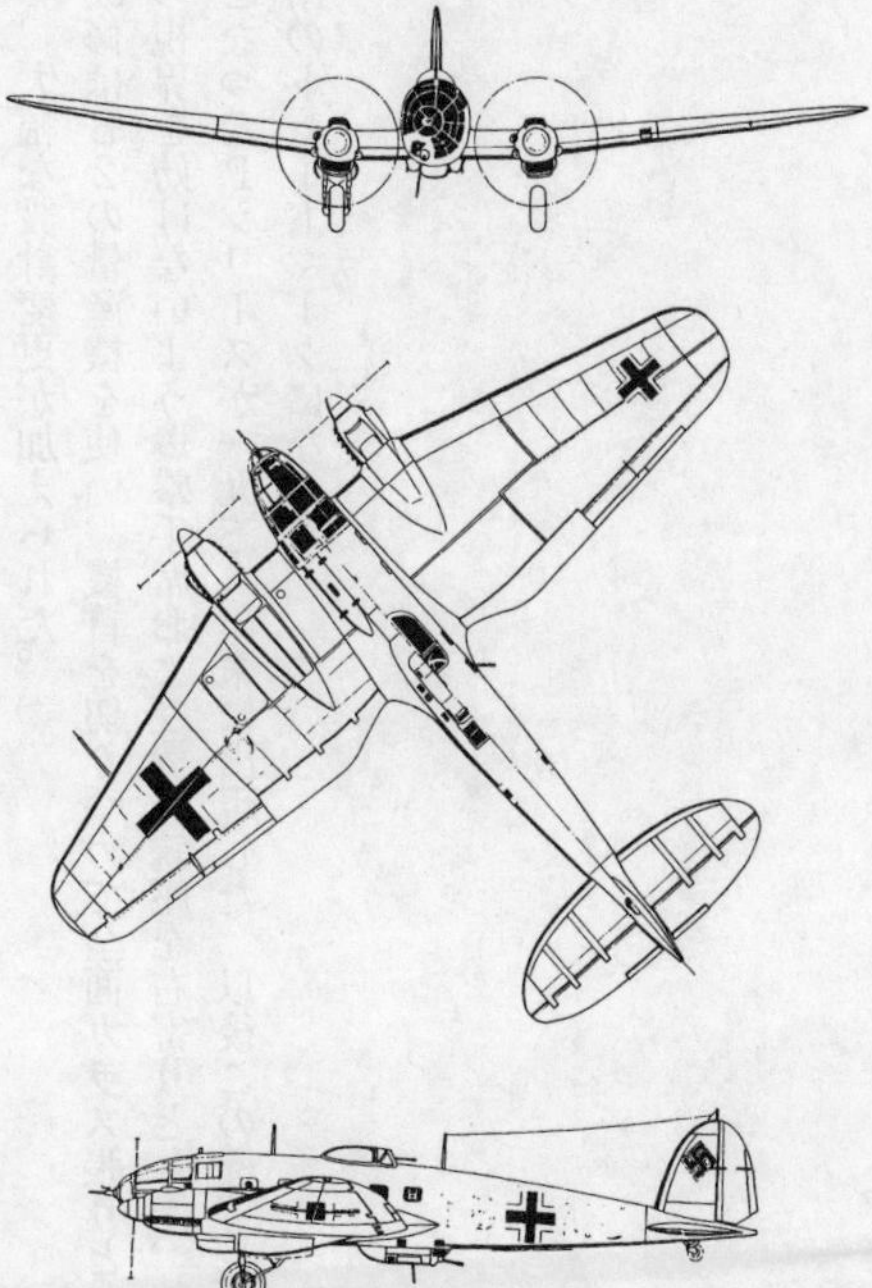

ハインケルHe111（ドイツ）
全長16.6m　全幅22.6m　主翼面積87.6㎡
全備重量1万2000kg　最大速度435㎞/h　上昇限度8400m

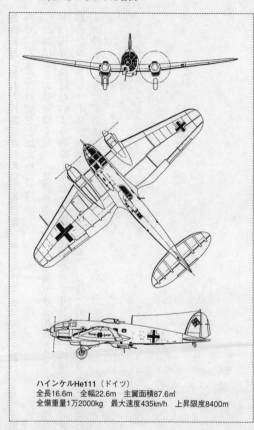

端から遠く離れた操縦席からの前方視界が、ユンカースＪｕ88のそれにくらべて劣っていたので、大幅な設計変更が加えられた。

改修はＢ２の量産機を使い、機首を切りつめて全面ガラス張りとし、左側に座るパイロットの視界を妨げないよう爆撃手席および機首銃座を右寄りとした、特徴のある非対称の平面形となったＰシリーズが一九三八年末に出現した。以後この機首レイアウトは変わらず、Ｈｅ111のトレードマークになった。

ユンカースＪｕ88の日本版

●海軍陸上爆撃機「銀河」――日本

ヨーロッパでのユンカースＪｕ87やＪｕ88の活躍がしきりに伝えられていた昭和十五年夏、これに刺激された日本海軍の中で、航続力が大きく、八〇〇キロ爆弾または魚雷を搭載し、急降下可能な陸上爆撃機の構想が持ち上がり、Ｙ20として身内の空技廠（海軍航空技術廠）で設計試作することが決まった。

当時審査中だった十二試陸攻（Ｇ４Ｍ１、総重量九・五トン）より重い機体で六〇度のダイブをするという、これまでに無いたいへんな飛行機なので、機体の具体的な仕様を決める計画要求審議の段階で大いにもめた。設計を担当する飛行機部が苦心の末に何とか要求を満たす飛行機ができそうだというと、いつもの悪いクセで、用兵者側からいろいろ欲張った要求が付け加えられたからだ。

Ｙ20のような長大な航続力を持った飛行機には、援護戦闘機はとても付けられないから（この頃やっと「零戦」が出現したばかり）、戦闘機並みの最高速が出せるようにしろ（この辺は「モスキート」やJu88と同じ）、活用する局面を広げるため、将来は大型空母から着艦は無理としても発進できるようにしたい、などと要求が拡大され、目標性能の数値がどんどん引き上げられた。

この結果、最高速度は「零戦」なみ（胴体の幅も「零戦」なみの細さだった）、航続距離は一式陸攻なみ、しかも一トン爆弾を積む急降下爆撃機で、魚雷も積んで雷撃機にも使えるという、いっそう実現の難しそうな計画要求となった。

難航した計画要求審議も終わり、Y20が十五試陸上爆撃機として正式に計画要求書が出されたのは昭和十五（一九四〇）年末のことだった。ちょうどイギリスでデハビランド「モスキート」の最初の型である爆撃機型B4が五〇機発注された年にあたり、こちらはやっと設計仕様がきまった段階というのだから、そもそもまともに戦争に間に合わせるのは無理な相談であった。

それからは文字どおり夜を日についで設計が進められ、設計図の最後の一枚を出し終わった頃に、日本は運命の太平洋戦争に突入した。

Y20にたいして空技廠は最優先政策をとったので、昭和十七年の初夏も間近いころに試作一号機が完成し、装備エンジン「誉」の不調に悩まされながらも試験飛行で最大速度二九五ノット（時速五四六キロ）、航続距離一九〇〇カイリ（五三七〇キロ、過荷重状態）という性能を示したので、「銀河」一一型（P1Y1）として制式採用され、昭和十八年八月から中島飛行機小泉製作所で大量生産に入り一〇〇〇機あまりがつくられた。ほかにB29邀撃用に二〇ミリ斜め銃二梃を装備した夜間戦闘機型「極光」（P1Y1S）が、飛行艇の生産を止めた川西航空機で約一〇〇機生産された。

戦場での「銀河」はエンジンの不調、機体側の細かい故障の続出などで、戦績はかんばしくなかったが、「銀河」による代表的な作戦としてよく挙げられるのが昭和二十年三月の梓《あずさ》攻撃隊による「丹作戦」だ。これは九州鹿屋基地から二五〇〇キロ先の、敵機動部隊の根拠地になっていたカロリン群島のウルシー環礁を攻撃するいわば特攻作戦で、二四機が参加したもののエンジン故障で途中九機が脱落し、せっかくウルシーに取りついたものも夜になったため目標が確認できず、わずかな損害を与えただけで攻撃は不成功に終わった。

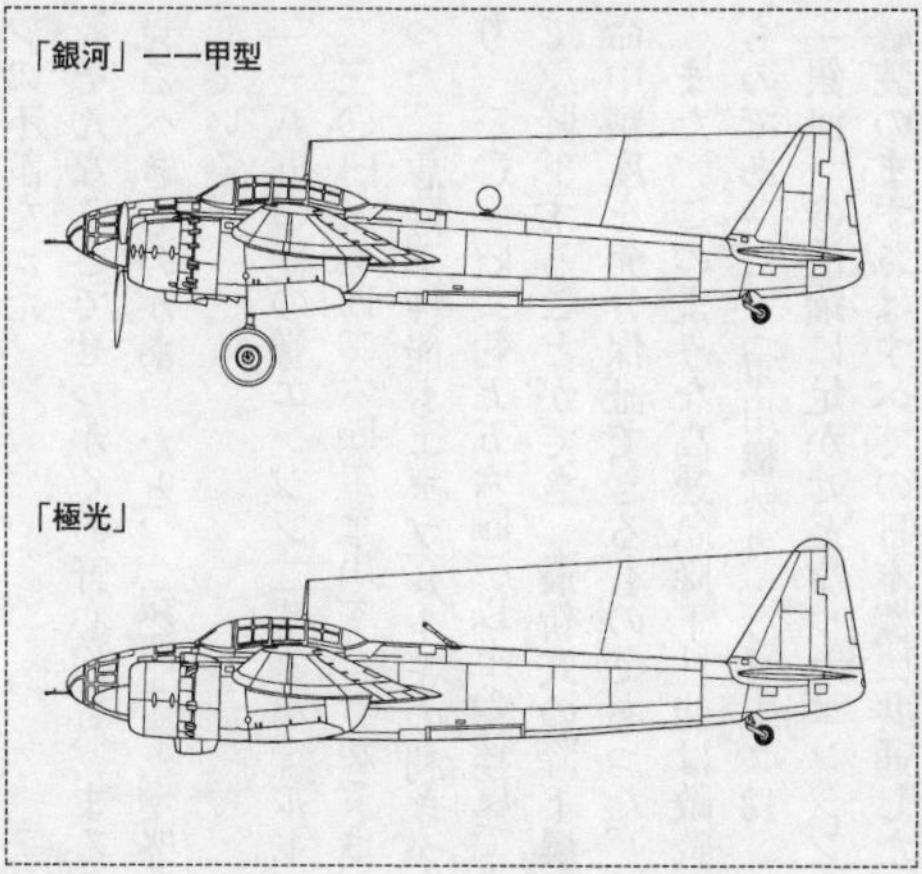

このあと五月にも同じような第二次丹作戦が行なわれたが、悪天候にはばまれて途中で中止になった。参加機数は前回と同じ二四機だったが、六機が発進できず、飛び上がった一八機のうち六機が行方不明で失われるという惨憺たる結果で、最大の原因は装備された「誉」エンジ

ンの不調だった。

そんなことでせっかくの野心作も、まるでダメ飛行機だったみたいだが、その高性能には見るべきものがあったと、「銀河」で編成された攻撃四〇五飛行隊長鈴木暸五郎大尉は賞賛している。

「一八五〇HPの誉エンジン二基とハミルトン恒速三翅プロペラによって最大速度は海面上で二三〇kt（約四二六km）を出すことができ、これは米海軍戦闘機F6Fに匹敵するものであった。急降下性能もエアブレーキの利きがよく、制限速度も三五〇kt（時速六四八km）であり、三〇〇kt（約五五六km）以上の速度でも主翼に何らの捩《よじ》れもなく、非常に安定した状態で急降下することができ、最新式の降下爆撃照準器の性能も良く、従来の艦上爆撃機のもつ命中精度を充分保証できるものであった。

また、このような高速急降下性能は敵戦闘機に対する急速回避手段としては極めて有効なものであった」（軍用機メカ・シリーズ13『銀河／一式陸攻』、光人社）

「銀河」の活躍に足かせとなったエンジン、プロペラをはじめ油圧、電気などの機能部品や艤装のまずさはすべての日本機に共通したマイナス要因で、高性能を狙えば狙うほどその欠陥が多く出て、優秀な機体設計によって本来発揮されるであろう高性能の足を引っ張った。

「銀河」の乗員は航法兼前方射手、操縦士、通信兼後方射手のたった三人で、同じ双発急降下爆撃機のユンカースJu88より一名少なく、日本の重爆や陸攻の六〜八名の半分以下である。戦後二年たった一九四七年十二月に初飛行した六発ジェット爆撃機のボーイングＢ47が同じく乗員三名だったことを考えると、遠隔操作や電子技術などハードウェア技術の遅れは別として、「銀河」は思想的にはＪｕ88よりかなり進んだ飛行機だったといえるかもしれない。

忘れられた日本の優秀軽爆

●陸軍九九式双軽爆撃機――日本

日本の重爆は海軍の陸攻も含めて爆弾搭載量は一トンそこそこで、諸外国の標準からすると軽爆の範疇に入ってしまう。まして軽爆ともなると五〇〇キロ以下で、戦闘機に爆弾をつけた戦闘爆撃機並だ。これはとくに陸軍機についていえることで、広大な太平洋を間にしてアメリカと向かい合っていた海軍とちがって、旧満州（今の中国東北地方）との国境をはさんでの、ソ連軍との戦闘を想定していたからだ。

ごく近い満州国内の基地から発進して国境付近の軍事目標をくり返し攻撃する必要から、爆弾搭載量はそれほど多くなくてもよく、むしろ低空攻撃のための軽快な運動性が重視された。これはソ連側も同じでツポレフSB2という優秀な軽爆を持っていた。昭和十四（一九三九）年末に制式採用になった日本陸軍の九九式双発軽爆撃機はそんな環境から生まれたもので、爆弾搭載量は最大でも〇・四トンと少なく（SB2は〇・五トン）、その代わり高速と低空での機動性、つまりのちのイリューシンIℓ2や双発のペトリヤコフPe2のような

陸軍九九式双軽爆撃機乗員配置図

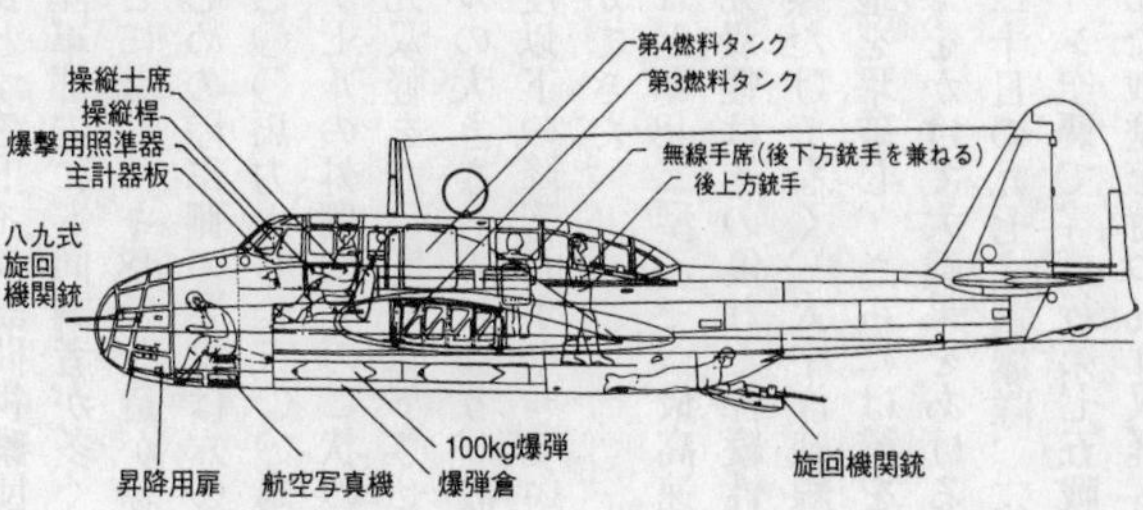

襲撃機的な飛行性能が要求された。

海軍の「銀河」などと違って軍の要求が比較的ゆるやかだったこともあって、川崎航空機の手で設計、試作から制式採用まで驚くほど順調に進み、昭和十五年はじめには早くも部隊配備が始まった。

九九式双発軽爆撃機（キ48）は、九九式の「式」を省いて九九双軽、あるいは単に「双軽」、キ48から「ヨンパー」などと呼ばれたが、全幅一七・四七メートル、全長一二・六メートル、全重量六トンで最大時速四八〇キロ、巡航三五〇キロは、当時としては高速軽爆の部類に入れていいだろう。

乗員は機首の爆撃兼前方射手、操縦士、通信兼後方射手のほか、胴体下面に開閉式になった後下方銃座の射手の四名で、やや大型のイギリス中型爆撃機ハンドレページ「ハンプデン」ほど極端ではないが、胴体中央部から後ろがくびれた特色ある形をしている。

最初はあまり急降下性能は問題にされなかったが、太平洋戦争の開始直前に帰って来た山下奉文陸軍少将を団長とするドイツ訪問視察団が、ヨーロッパでの実績をあげて急降下爆撃の有利さを強調し、陸軍部内にも同調者が多く出た。そこで軽爆は急降下爆撃ができなければいけないということになり、キ48の改造が急いで実施された。

はじめの陸軍側の要求は六〇度の急降下が可能というきびしいものだったので、エンジンを一〇〇〇馬力から一五〇〇馬力二基に強化して性能向上をはかった二型の途中から、エンジンナセルの外側にすのこ状のエアブレーキをつけることになった。ところが全重量六トンの九九双軽を六〇度で降下させようとすると、エアブレーキが幅三〇センチ、長さ一・七メートルの大きなものになり、設計側を困らせたが、あとになって本家のユンカースＪｕ88も五〇度以下の降下しかやっていないことがわかり、条件がゆるめられたので何とかまとめることができた。

これがキ48二型乙で、最高速度も時速五〇五キロに向上した。

九九双軽はその優れた操縦性を生かした三〇〇メートル以下の低空爆撃を特技として、中国戦線だけでなく、太平洋戦線でも緒戦のマレー作戦では地上部隊の進撃を阻む敵戦車、砲兵陣地を撃破し、さらには橋を破壊して敵の退路を断ち、ビルマでは敵補給飛行場に編隊低空攻撃をかけて大戦果をあげるなど各戦線で活躍した。そのほかめぼしいのは、昭和十八年六月二十日の九七式重爆隊、「隼」戦闘機隊と共同で行なわれたオーストラリアのポートダーウィン空襲で、飛行第七五戦隊の九九双軽九機が参加して得意の低空攻撃をかけている。

そんな戦歴を持つ九九双軽も、日本爆撃機に共通した爆弾搭載量の少なさと、武装の弱さ、とくに前方銃と後下方銃は七・七ミリと貧弱だった上に射界がせまかったので、大戦の中頃には敵機の性能向上で時代遅れとなり、戦闘機の護衛無しで活躍できたかつての俊敏さが失われてしまった。

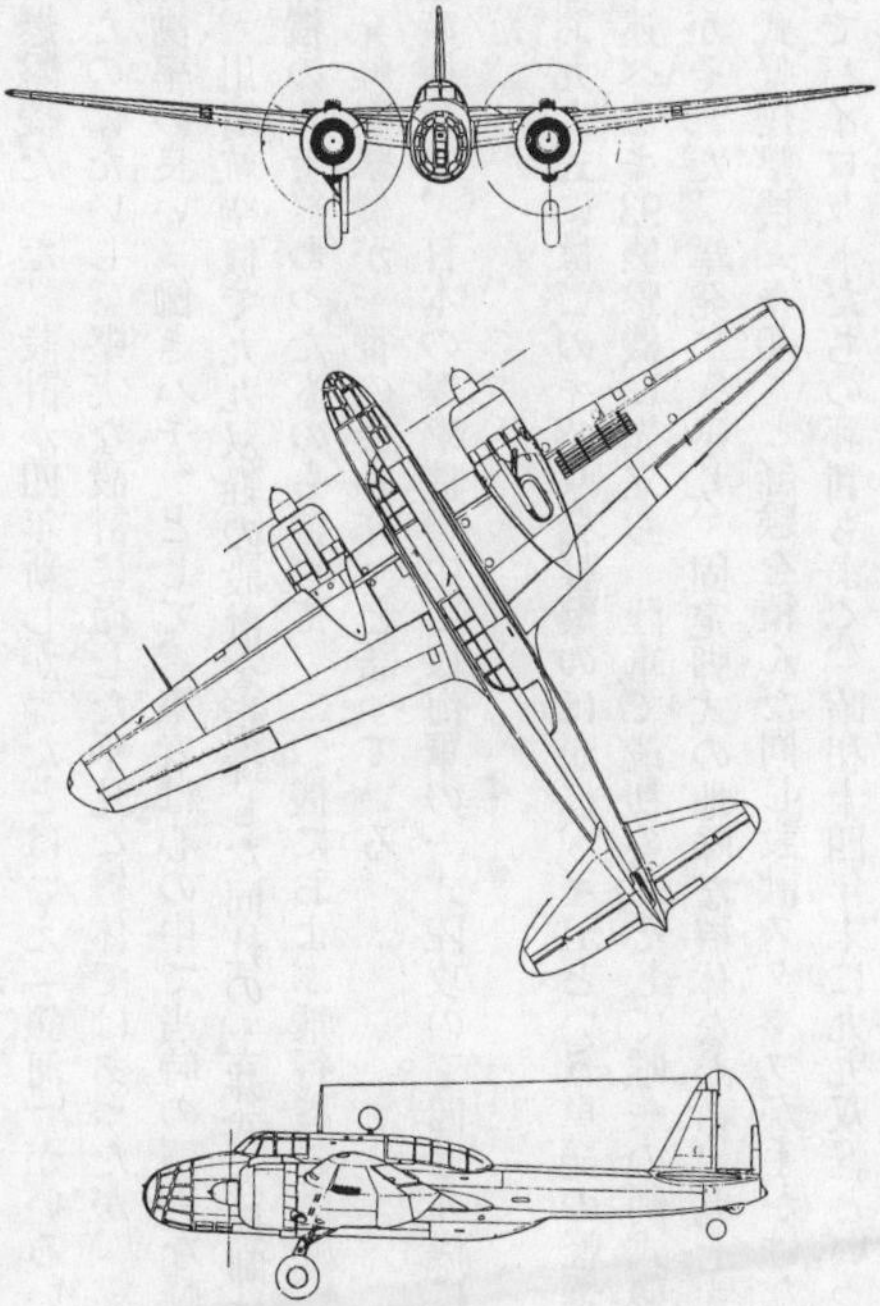

九九式双軽爆撃機（日本）
全長12.6m　全幅17.47m　主翼面積40㎡
全備重量6000kg　最大速度480km/h　上昇限度9500m

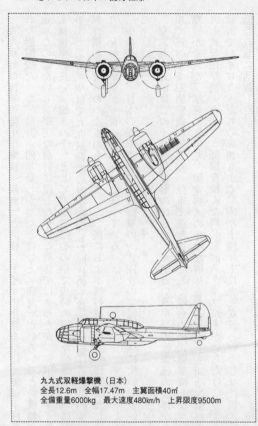

九九双軽は海軍の陸上爆撃機「銀河」と同様、ドイツの影響を受けて急降下性能を要求された爆撃機だった。設計が四年新しかったとはいえ「銀河」がいろいろと新機軸や革新性を追ったのにたいし、堅実な設計に徹した平凡な機体ではあったが、実用性にすぐれ、そのうえ稼働率の良い〝働きバチ〟として、筆者は心の中で当時の優秀な軽爆の一つにあげている。

事実、川崎航空機で九九双軽の設計を指揮した同社の土井武夫技師は生前、「私が手がけた、試作機のみで終わったものも含めて、二〇機におよぶ飛行機の中で、爆撃機としてはこの九九双発軽爆撃機が一番の会心作」と語っている。

生産機数は、日本の爆撃機の中では海軍の一式陸攻の二四七九機に次いで多い一九二七機だった。

なお九九式にはこのキ48双発軽爆のほかに、キ51という単発の軽爆級の機体があった。次項で述べるキ93襲撃機に先立ち、陸軍で最初の、そして唯一の制式襲撃機となった九九式襲撃機がそれだ。単発二人乗り、固定脚式の地味な機体ながら、九七式司令部偵察機（キ15）、九七式軽爆撃機（キ30）と経験を積んだ同じ設計スタッフが手がけただけに、よくこなれた設計でパイロットたちの評判もよく、昭和十四年末に九九双軽といっしょに制式採用となり、低空攻撃に活躍した。

同じ機体に偵察用の航空カメラを装備した軍偵（軍偵察機型）も含め、終戦までに九九双軽とほぼ同じ約二〇〇〇機が生産されてよく働いた。筆者がいた陸軍航空技術研究所のとなりの陸軍航空工廠でも生産されていたのでよく見に行ったが、引き締まったいい形で、使いやすそうな機体だなと思った記憶がある。

九九双軽にしてもそうだが、戦争に本当に役に立つ飛行機というのは特別な例外を除くと、こうした平凡な機体が多いように思われるのは人間の世界に似ている。

幻の襲撃機

●陸軍キ93襲撃機――日本

「午後、N中尉殿のところに集まって仕事を割り当てられる。自分は中尉殿と一緒に内翼（中央翼）の設計となる。それに先立ち、初仕事として風洞実験模型製作用の三面図を書くよう命じられた。主翼の設計にまわされて好きな胴体の仕事ができないと少しがっかりしていたのが、いきなり三面図が描けるとあって非常にうれしかった。とくにこの仕事を振り当ててくださったN中尉殿に感謝したい」

これは立川市にあった第一陸軍航空技術研究所（一研）に入って飛行機設計の仕事にたずさわるようになって一ヵ月半たった、昭和十八年三月一日の筆者の日記の一節である。

飛行機が好きで東京都立航空工業学校（後の都立航空工専）から陸軍航技研に入ったばかりの当時の心境を思うと、たとえようもない懐かしさにおそわれるが、このとき書いた三面図とは、大正末期にやめて以来陸軍がはじめて自前で試作に取り組んだキ93襲撃機であり、筆者が職業として飛行機の図面を書いた最初の仕事であった。

昭和十四年に起きた日本とソ連両軍による国境紛争、ノモンハン事件で、空の戦いでは九七式戦闘機がイ15、イ16などソ連軍の大量にくり出す戦闘機群を相手にはなばなしい戦果を挙げたが、地上では強力なソ連軍の戦車隊に散々苦しめられた。そのにがい経験から、重戦車にたいしては装甲の薄い上面を、空中から攻撃するのがもっとも効果的であるとして、地上襲撃機の構想が生まれた。

のちにドイツ軍の戦車をやっつけたソ連のイリューシンIℓ2やペトリヤコフPe2などと同じ考えだが、民間の飛行機会社はどこも多忙だったところから陸軍の内部でやることになり、設計は一研、試作は陸軍航空工廠の担当で、具体的な設計が始まったのは昭和十八年一月、つまり筆者が一研の設計班に入ったころだった。この年の夏、ヨーロッパでは有名なクルスク会戦があってIℓ2やPe2などソ連軍の襲撃機が大活躍をしており、これからそんな襲撃機をつくろうというのだから、今にして思えば間の抜けた話だが、当時はそんな事は知らないから一生懸命だった。

キ93の主な要目は全幅一九・〇〇メートル、全長一四・二〇メートル、総重量一〇・七トン、エンジンはハ214一九七〇馬力（離陸時の最大）二基で最大速度六五〇キロ／時、大馬力を吸収し、かつ地上での三点姿勢を小さくするためにプロペラは直径三・八メートルの六枚羽根となっていた。最大の特徴は胴体下面に取り付けた地上攻撃用のホ402五七ミリ砲で、回転ドラム式弾倉によって二〇発まで発射できるようになっていた。

「内翼中組（前後の桁の間の構造体）の図面完成予定がすでに一週間遅れているが、ようやく完成の兆《きざ》しが見え始めた。どうしても明日までに仕上げたいので、今夜はただ一人徹夜する。皆が帰ったあと、ひっそりとした広い部屋で図面に向かう。真夜中を過ぎても少しも眠気を感ぜず、頭はさえていたが、少しは寝なければと思い午前三時ごろ寝た。五時半頃に目をさます。ふとんも何も無く、椅子を並べてその上に横になっただけなのに、緊張していたせいか風邪もひかなかった」

一研設計班に入って一〇ヵ月たった昭和十八年十月二十一日の日記で、かなり設計作業が進んだ様子がうかがえる。

キ93の外観上の最大の特徴は胴体の形の美しいことで、横から見ると一番太いところを境に前後が長く伸びた楕円形という、三菱の本庄技師が設計した海軍の一式陸攻に似た手法で、断面も楕円形だった。風防も楕円を半分に割ったような形で、海軍の陸上攻撃機「銀河」の風防に似てすべて曲面で構成されていた。

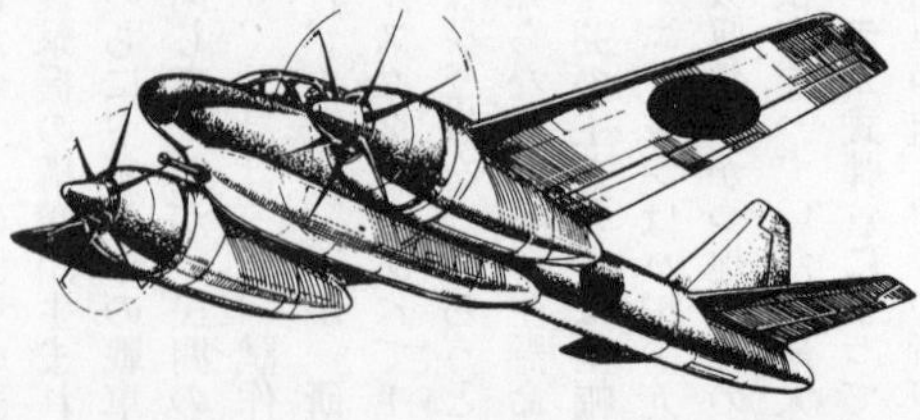
陸軍キ93襲撃機（日本）

出来上がった試作一号機は、表面の凹凸を丹念にパテで埋めて平滑にして塗装したこともあって、ほれぼれするような美しさだった。

キ93の初飛行は昭和二十年四月八日に行なわれた。うす曇りで微風の、試験飛行には打ってつけの日和で、中央椅子席には航空本部長以下居並ぶおエラ方が、われわれはその両側の草の上に腰を下ろした。

テストパイロットは双発機操縦の権威で、台湾にいた当時八〇メートル間隔で立っている

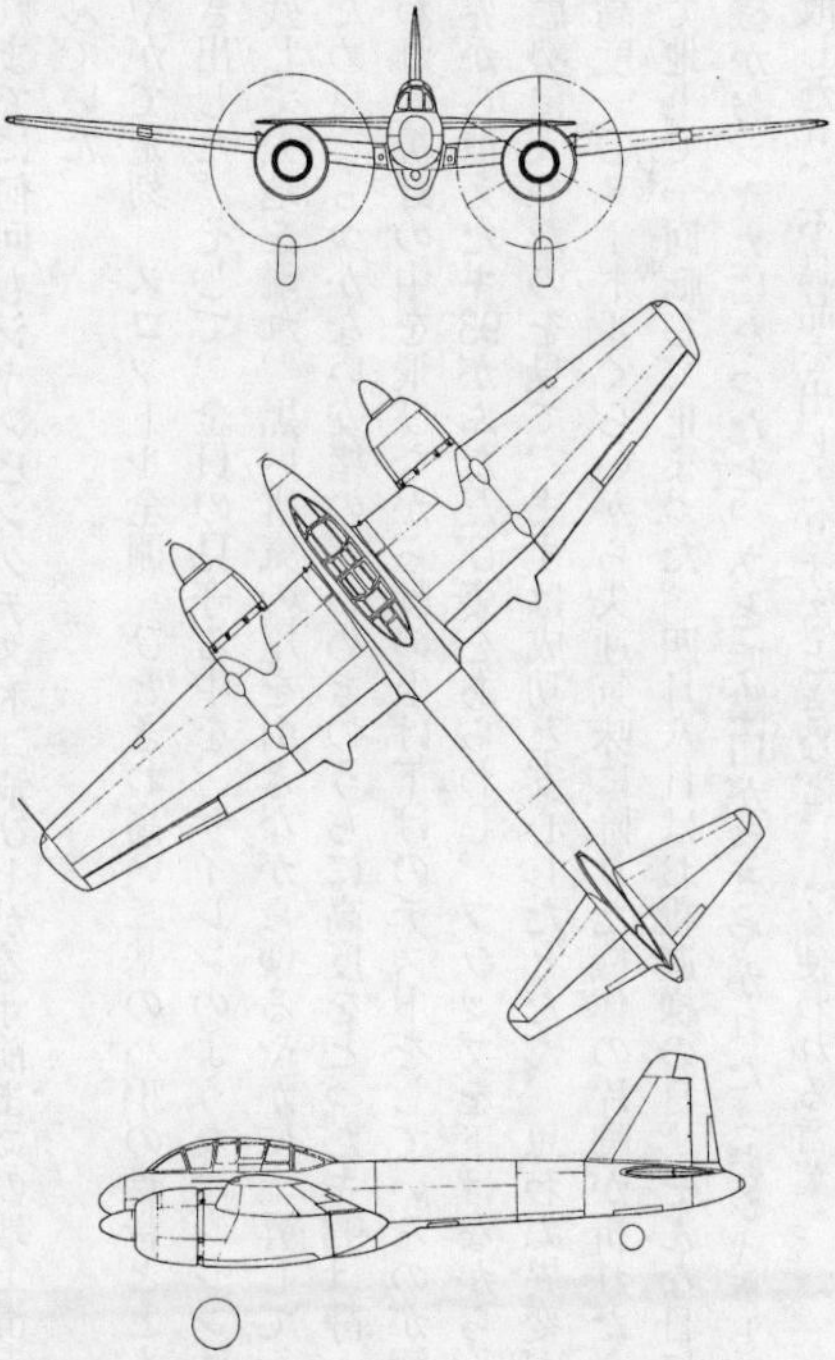

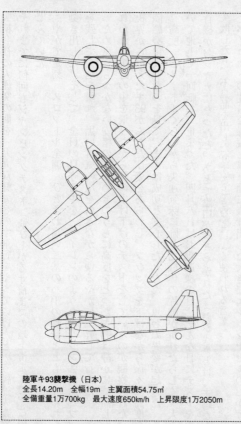

陸軍キ93襲撃機（日本）
全長14.20m　全幅19m　主翼面積54.75㎡
全備重量1万700kg　最大速度650km/h　上昇限度1万2050m

じんでいた。

製糖会社の大煙突の間を、九九双軽で8の字飛行をやってのけたという練達の森谷中尉で、それまでに何回もジャンピングテスト（飛び上がる寸前までの地上滑走）で、この機体にな

やがて定刻。スロットル全開。ひときわ高い二基のハ214の轟音とともに、われらがキ93は動き出した。そして、全員の見守る中を、サイレンのようなエンジン強制冷却ファンの余韻を残して大地を離れ、黒い排気の尾を引きながらゆるやかに上昇して行った。

ため息ともつかない安堵のざわめきのうちに高度をとったキ93は静かに旋回したあと、われわれの視野の中を飛びながら脚の上げ下げのテストをしているのが観察された。いったん視界から消えたキ93がふたたび姿をあらわし、フラップを下げながら徐々に高度を下げて着陸態勢に入ったのを見て、まずは成功と安心したとたん、思わぬ異変が起きた。

高度一〇メートルくらいから失速気味に降りた機体の片脚が折れたらしく、大きく左に傾いて地上で一回転して止まった。四月八日はお釈迦様の日。そんな日にテストをやるから飛行機がおシャカになったと、あとで陰口がささやかれた（おシャカとは、工場などで製作に失敗したり、不良品を出したりするときなどによく使われる言葉）。

パイロットの沈着な操縦と翼下面に張り出した大きなエンジンナセルのおかげで、左側のプロペラと脚が破損しただけだったので、すぐに修理されて後日の再飛行に備えたが、なぜかその前夜、航空技術研究所一帯にB29の空襲があり、格納庫内にあったキ93は燃え落ちてしまった。格納庫の前にいつも駐機してあったB17Eも一緒に燃えてしまい、もし狙ってや

ったとすれば、その情報の確かさと爆撃の精度は恐ろしいものだと思った。

設計の手を離れたキ93はその後、航空工廠の手に移って二号機、三号機の試作が続けられたが、終戦ですべてが無に帰してしまった。しかし、青春のすべてを賭けてその設計に打ち込んだ日々の思い出は、筆者の胸から決して消えることはない。

ドーリットルの東京初空襲

●ノースアメリカンB25「ミッチェル」――アメリカ

昭和十六年十二月八日に始まった太平洋戦争（日本では大東亜戦争と呼んだ）は緒戦の大勝利、そして昭和十七年に入っても日本軍の快進撃は一向に衰えを見せず、はじめは戦争の行く末に危惧の念をいだいていた人びとも、しだいに楽観的な気分に変わっていた。

このままで行けばいうことなしだったが、開戦五ヵ月後の四月に入って、こころよい戦勝気分に水をさすような出来事が発生した。

○大本営発表（昭和十七年四月二十日午後五時五十分）

一、四月十八日未明航空母艦三隻を基幹とする敵部隊本州東方洋上に出現せるも、わが反撃を恐れあえて帝国本土に近接することなく退却せり。

二、同日帝都その他に来襲せるは米国ノースアメリカンB25型爆撃機一〇機内外にして、各地に一ないし三機あて分散飛来し、その残存機は支那大陸方面に遁走せるものあるが如し。
三、各地の損害はいずれもきわめて軽微なり。

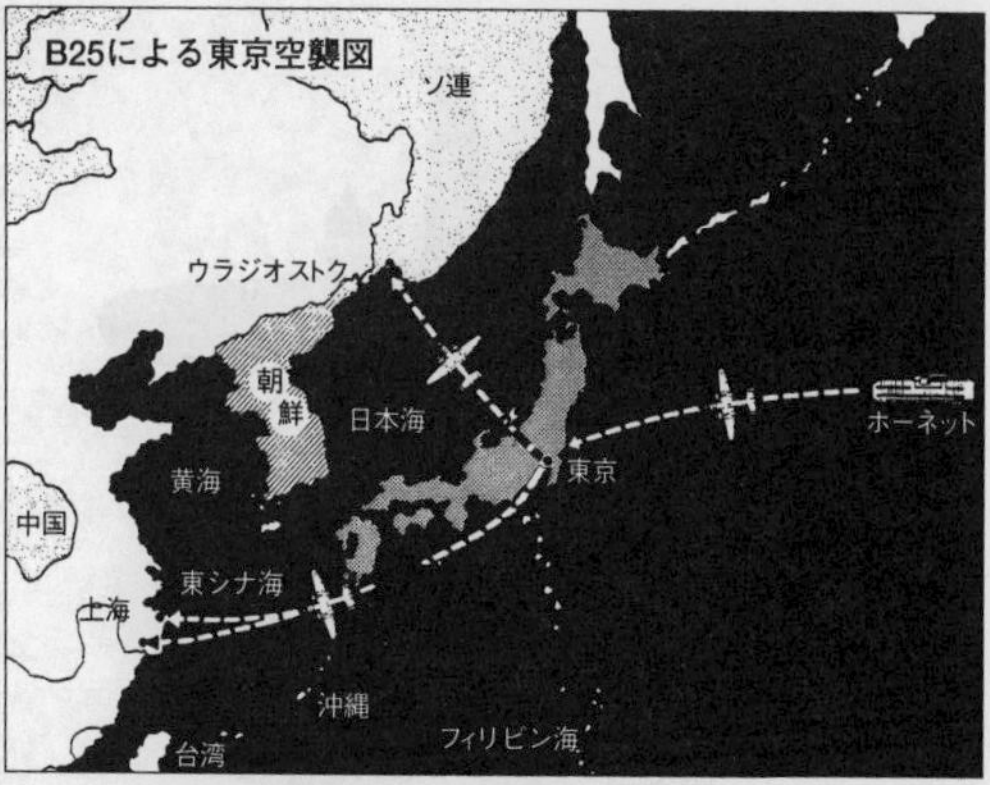

一般国民に大きな動揺を与えないよう、発表には多分に手心がくわえられていたが、この空襲こそ日本軍の奇襲と速攻による大勝利で始まった太平洋戦争にひそかな転機をもたらすものであった。

日本本土の東方六五〇カイリ（約一二〇〇キロ）の洋上から航空母艦「ホーネット」の飛行甲板を発進したのは、艦上機ではなく一六機の陸軍のB25「ミッチェル」爆撃機で、よもやの常識を打ち破った快挙だった。

早朝七時二十五分、指揮官ドーリットル中佐機を先頭に、晴れてはいたが荒れた海を最大戦速で突っ走る「ホーネット」の飛行甲板を、ぎりぎりに離れた一六機は、旋回して一度空母上空を通過した後、各地に進路を向けて飛び去った。その後、分散して東京、横須賀、名古屋、四日市、神戸などに爆撃と

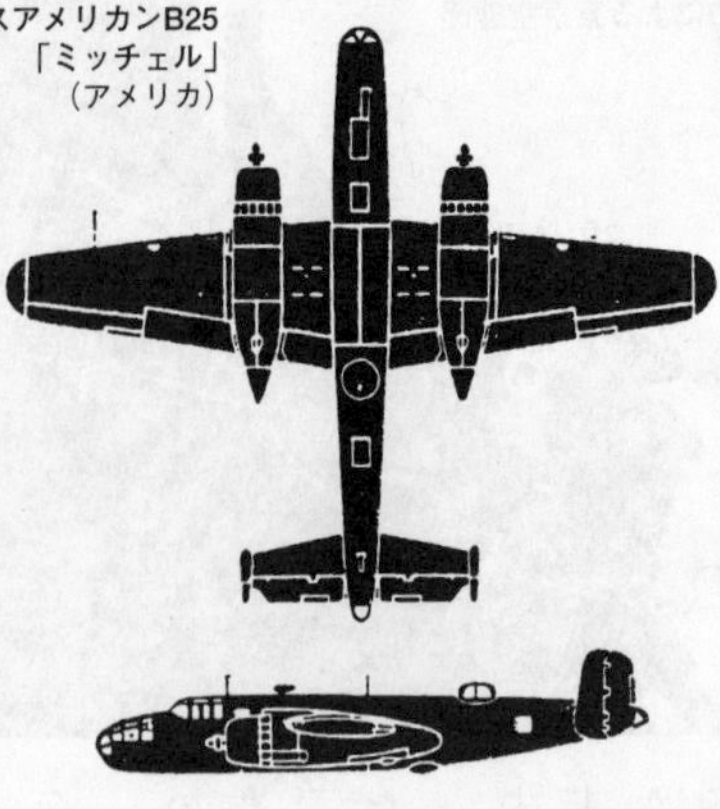

ノースアメリカンB25
「ミッチェル」
（アメリカ）

銃撃を加えたのち中国大陸沿岸に不時着、一部はソ連領に降りた。

この攻撃に使われたのはＢ25Ｂ型で、航続距離を伸ばすために下方銃座をはずして燃料タンクを増設してあったが、ドーリットル中佐は総重量一四トンにもなるこの双発爆撃機を、二〇〇メートルそこその滑走距離しか取れない空母の短い飛行甲板から飛び立てるよう、応募選抜した爆撃隊員たちを短期間に訓練した。考え様によっては、この計画そのものがアメリカによる特殊作戦みたいなものだったといえるかも知れない。

奇襲は完全に成功だった。突然鳴り渡った本物の空襲警報に、一般国民はもとより、かんじんの防空部隊ですら虚をつかれた形で、お手上げだった。

陸軍は第一線機の「隼」戦闘機の全力を外地に出してしまい、内地の防空部隊には近代的な高速爆撃機を邀撃するにはあまりにも非力な九七式戦闘機しかなかった。しかも哨戒高度を四〇〇〇メートルから五〇〇〇メートルにとったため、低空で進入した敵機と遭遇しなかった。もっとも、かりに発見したとしても、すでに旧式化した固定脚の九七戦では追いつけなかったに違いない。九七戦の最高時速は四六〇キロ、B25爆撃機とほとんど変わらなかったからだ。

爆撃の被害そのものは小さいものだったが新聞は大々的に「東京空襲」を報じ、彼らの狙いどおり、日本軍のハワイ攻撃以来敗戦に打ちひしがれていたアメリカ国民の士気を高めるのに大いに役立った。さらに「神聖な帝都を汚された」という精神的なショックを日本側に与えた点でも大成功だった。とくに連合艦隊司令長官山本五十六大将はこのことでひどく心を痛め、のちに日本にとって最初の大敗となり、戦争の重大な転機となるミッドウェー攻撃作戦決行の意志を固めさせる結果となった。

この空襲から約一ヵ月半後の六月五日、ミッドウェーを攻撃したわが機動部隊は、主力空母「赤城」「加賀」「飛龍」「蒼龍」の四隻、三二二機の艦載機と多数の熟練した搭乗員を一挙に失い、それまで連戦連勝だった無敵日本軍の神話は無残に打ち砕かれた。

超大型爆撃機ボーイングB29による本格的な日本本土空襲が始まるのは、それからざっと二年半後になるが、その先駆けとなったという意味で、アメリカではミディアム・ボンバー（中型爆撃機）に区分されたB25の存在は大きい。もっともそのアメリカでは、重爆（ヘビー・ボンバー）のB17より大きいボーイングB29が出現するとB17やB24を中型爆撃機に格下げし、さらにB29より大きいコンベアB36が出現すると、B29を中型爆撃機とよぶようになった。

B25は使いやすい高性能の戦術爆撃機として、第二次世界大戦中のアメリカ中爆の中ではもっとも多い九八二五機が生産され、太平洋戦線では、とくに日本艦艇や輸送船にたいする攻撃に威力を発揮したが、イギリスをはじめ中国やソ連にも供給されて大活躍をした。平凡かつ堅実な設計の外観ながら、当時の中爆の最高傑作機といって差し支えないだろう。

「零戦」も振り切る高速機

●マーチンB26「マローダー」——アメリカ

B25とともに第二次大戦中のアメリカ中型爆撃機の双璧と並び称されるのがマーチンB26「マローダー」だ。「インベーダー」の愛称のものもあるが、どちらも同じ高速爆撃機として陸軍から発注されただけに、寸法的には全幅、全長ともにB25よりわずかに大きいが、ほとんど同じカテゴリーの中型爆撃機だ。初飛行はB25より三ヵ月おそい一九四〇年十一月で、全長一七・七五メートル、総重量約一六トンの機体にたいして一九・八メートルの翼幅、しかもテーパーの強い主翼だったから、同じ高速を狙ったB25をしのぐ、アメリカ陸軍機の中では最高の翼面荷重になった。

この機体を二基のプラット・アンド・ホイットニー一八五〇馬力エンジン（B25はライトサイクロン一七〇〇馬力）で引っ張るのだから、当然ながら最大速度は五〇〇キロ／時を超え、当時としてはもっとも近代的な爆撃機の一つになった。しかし、高翼面荷重機のつねとして着陸速度が速く、離着陸にはかなりの訓練を必要とした。翌年現われた量産型のB26A

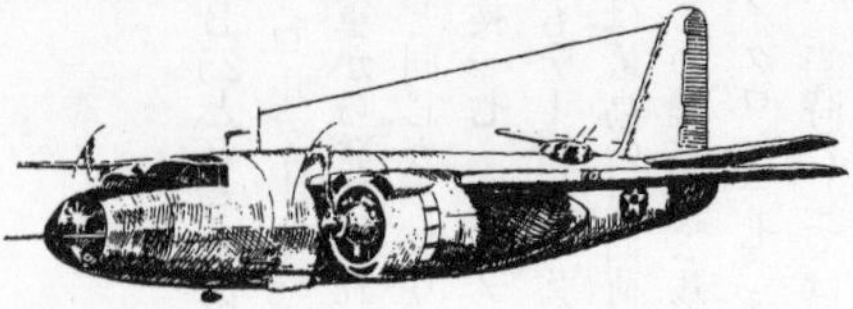
マーチンB26「マローダー」（アメリカ）

は、重量が更に一トン近く増えたため着陸はさらに難しくなり、しばしば事故を起こして、「マローダー」ではなく「マーダラー（人殺し）」機との悪名を高めた。ふつうならこれでB26の寿命は終わりとなるところだが、テストを担当したジミー・ドーリットル中佐はその操縦法を研究し、新人パイロットたちを訓練して安全な離着陸、及び操縦法を教えて事故を減らすことに努力した。

一方、マーチン社でも飛行性能を改善するために翼幅をB26Bの途中から二一・六四メートルに伸ばして翼面積を増やし、エンジンを二〇〇〇馬力に強化したが、翼面荷重が下がって着陸事故は減ったものの、最大速度はB25「ミッチェル」とほぼ同じ四五五キロ／時に落ちてしまった。しかし、戦時下とあってその後も改良を加えられながら二四八五機が生産され、B25の脇役としてヨーロッパと太平洋の両戦線で活躍した。

B26「マローダー」と日本軍との最初の遭遇は一九四二（昭和十七）年六月五日のミッドウェー海戦だった。この日ミッドウェー基地を飛び立った陸軍のB26B四機は、先に攻撃してほとんど全滅した海軍のグラマンTBF「アベンジャー」雷撃機のあとを受けて日本艦隊に取りつき、TBF「アベンジャー」を時速にして四〇キロも上回る高速で、一機は撃墜されたものの、残る三機は「零戦」の追撃を

97　「零戦」も振り切る高速機

ダグラスA26「インベーダー」（アメリカ）

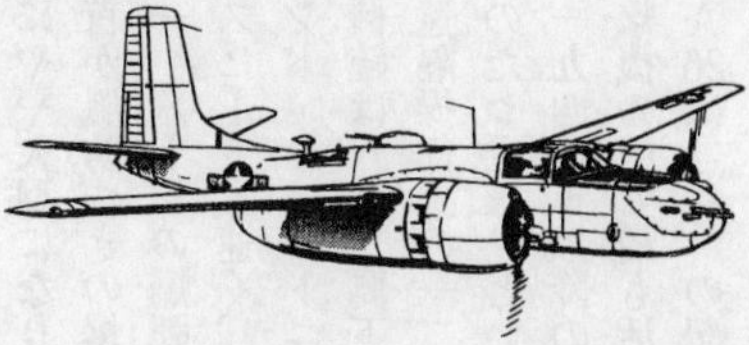

振り切って旗艦「赤城」に魚雷を発射した。三本の魚雷はことごとくかわされて命中せず、さらに一機が「赤城」の対空砲火で撃墜されたが、四機中三機が雷撃に成功したことで、「零戦」も追いつけない低空での高速性が実証されたとしてB26の評価を高めた。なおB26に魚雷を積んだのはこのときがはじめてで、乗員は一度も雷撃訓練を受けていなかったという。

それにしてもいかに戦時下とはいいながら、日本だったら欠陥機として使われなかったであろう、B26のようなくせのある機体を何とかものにして、最後まで使い切ったアメリカ人たちの辛抱強さもたいしたものだ。

その運用にあたってドーリットル中佐とかかわりが深く、最初の日本本土空襲（B25）と、最初の日本軍の大敗となったミッドウェー海戦に重要な役割を果たした（B26）という意味で、この二つの高速中型爆撃機もまた爆撃機の歴史を語る場合、われわれ日本人には忘れることのできない機体に挙げられよう。

B25の機名「ミッチェル」は一九三〇年代に戦略爆撃の重要性を説き、空軍独立を叫んで軍を追われたミッチェル将軍を称えてその名を取ったものであり、B26の「マローダー」は火星人のことである。

なおB26には、もうひとつあることも知っておきたい。

太平洋戦争の初期、日本軍に鹵獲された飛行機の中に、ダグラスA20A（DB7）という、B25やB26よりひとまわり小ぶりの高速重武装の双発攻撃機（軽爆）があったが、それがのちにやや大型になり高性能化したA26に進化した。一九四三年夏から姿を現わしたA26Bは機首が風防つきの爆撃機型と一二・七ミリ六梃装備の攻撃機型とがあり、軽爆とはいいながら一・八トンの爆弾を積むことができた。

スピードも速く、エンジンを先代のB26「マローダー」と同じ二〇〇〇馬力のプラット・アンド・ホイットニーR２８００に強化した性能向上型は最高時速六〇〇キロとなり、機首の機銃は八梃、翼下にロケット弾八発を携行し、武装も機首銃のほかに胴体後上方と後下方に遠隔操作式の一二・七ミリ二連装の遠隔操作式の砲塔を備えながら乗員はB25やB26の半分のたった三名という、強力かつ経済的な攻撃機となった。

一九四四年以降のヨーロッパ戦線では一万一〇〇〇回以上も出撃し、数ある双発攻撃機、爆撃機の中で最も活躍したのがこのA26だった。

A26は「A」の記号が示すように攻撃機に分類されていたが、戦後アメリカの空軍独立に際して、カテゴリーが攻撃機から戦術爆撃機に変わってB26となり、朝鮮戦争やベトナム戦争でも活躍した。愛称は先代B26の火星人にたいして侵入者を意味する「インベーダー」だった。

日本高速爆撃機のナンバーワン

●陸軍四式重爆撃機「飛龍」──日本

筆者も含めて、かつての陸軍航空関係者は、飛行機を呼ぶのに一式戦闘機「隼」、一〇〇式重爆撃機「呑龍」、九九式軽爆撃機などといわず、キ43、キ49、キ48など機体番号でいうのが通例であった。それも文書ではなく日常の会話では、「キ」を省略して単に43（ヨンサン）、49（ヨンキュウ）、48（ヨンパー）などと呼んでいた。したがって、ここで取り上げるキ67にしても、四式重爆とか「飛龍」などというより、67（ロクナナ）の方がピッタリくる。

このキ67は筆者が第一陸軍航空技術研究所に入った昭和十八年一月、すでに試作一号機が三菱で完成して初飛行を終え、ひきつづいて二、三号機が完成しつつあった。半年ほどして筆者がそろそろ仕事になれた頃だと思うが、陸軍機のテストセンターになっていた福生飛行場（いまのアメリカ軍横田基地）から飛び立ったキ67が、設計室のあった一航研の上空にも姿を見せるようになった。

強制冷却ファンを内蔵した双発のエンジンナセルから発する、「ウオーン」という独特の共鳴音が聞こえるたびに、製図の手を休め、窓から身を乗り出して空の機影を追ったが、爆音だけでなく、キ67はそれまでのキ21（九七式重爆）やキ49（一〇〇式重爆）にくらべて、一皮も二皮もむけたようなすっきりしたかたちをしていた。

立川飛行場には、要務飛行で海軍の一式陸攻がときどきやってきたが、はじめてこの機体を見たとき、ずいぶん胴体の太い飛行機だなと思った。

このように胴体やエンジンナセルのかたちを、ふっくらとしたなめらかな曲線にしたほうが空気抵抗が少ないという、海軍航空技術廠の研究報告に沿って設計されたためで、一式陸攻の胴体は楕円を横に引き伸ばしたような万年筆型をしている。これにくらべるとキ67は機首と機尾を除くとほぼ直線に近く、ひじょうにスリムなかたちになっている。主翼も、長大な航続力を要求されたため、アスペクトレシオ（縦横比）と先細り比の大きな一式陸攻にくらべると、ずっとその傾向がやわらげられた。

魚雷を懸吊した四式重爆撃機「飛龍」

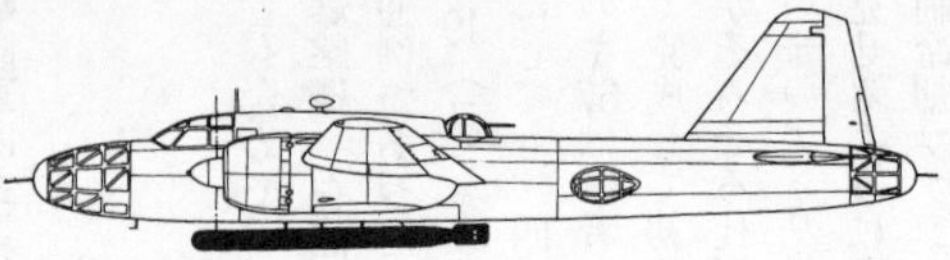

一式陸攻は、四発機に匹敵する航続力を確保するために、主要の構造そのものを燃料タンクとする、インテグラルタンクという手法をとった。のちにアメリカのB29も同じやりかただったことがわかったが、あちらは厳重な防弾、防火対策をしており、まったく無防備で、

ライターのように火がつきやすいといわれた一式陸攻とは大違いであった。

キ67は、設計主務者小沢久之丞技師の考えで、燃えにくいことと、あとから航続距離を伸ばす要求があったときの余裕などを見込んで、燃料タンクはすべて胴体内とし、それも大目

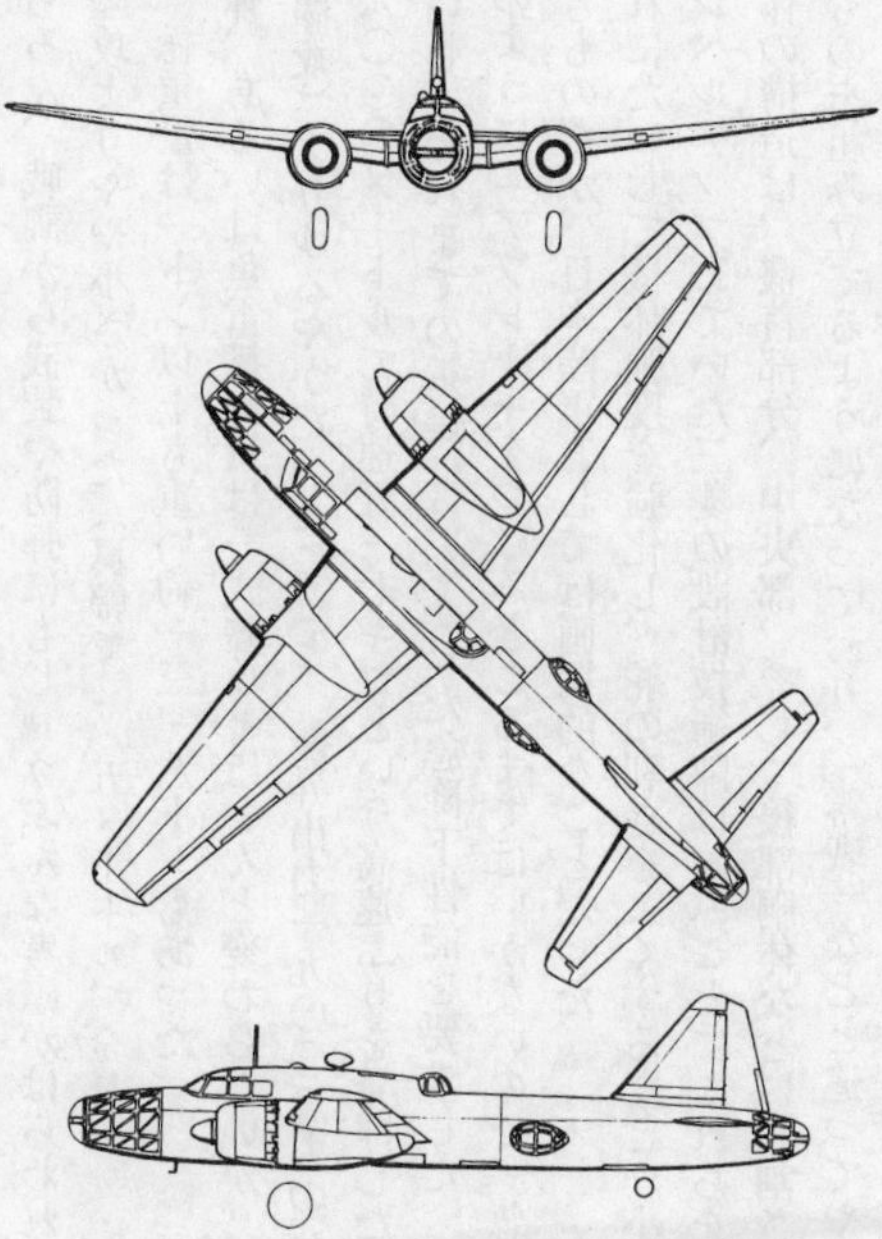

四式重爆撃機「飛龍」（日本）
全長18.7m　全幅22.5m　主翼面積65.85㎡
全備重量1万3765kg　最大速度537km/h　上昇限度9740m

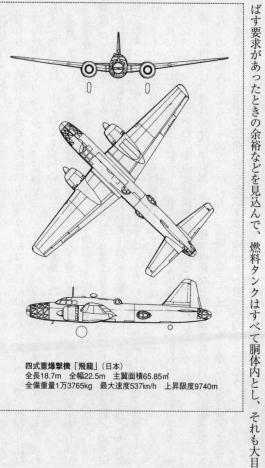

に設計されていた。

もちろん、戦訓から武装や防弾にもじゅうぶんな考慮がはらわれていたので、機体寸法は一式陸攻よりやや小さかった（翼幅で二・五メートル、全長で一・三メートル）にもかかわらず、総重量は一トン以上も重い約一三・八トンもあった。

爆弾、あるいは魚雷搭載量は一式陸攻とほとんど変わらないが、航続性能の要求がG4M（一式陸攻）よりゆるやかだったことと、離昇出力一九〇〇馬力のハ104エンジンのおかげで、高度六〇〇〇メートルで時速五三七キロという高速ぶりを発揮した。しかも陸軍はこのキ67にたいし、それまでの重爆にはなかった急降下性能を要求した。もちろん、キ48（九九双軽）のようにエアブレーキをつけるところまではいかないので、急降下ではなく緩降下というべきものだが、日本陸軍としては画期的なことだった。

これにたいして機体強度を強化し、舵の利きをよくするなど、小沢技師、というより全体的にレベルアップしていた三菱の設計技術陣は、みごとにこれらをこなした。

機体の構造は、機首部分、中央部、そして後部胴体などに分割され、別々の工場で生産されたものを組み立てるようになっており、「零戦」などと違ってやや厚めの板を使って部品点数を減らし、工場での生産工数を低減する考慮が払われていたように思う。

筆者はキ67が審査されていた当時、双発の襲撃機キ93の中央翼設計係で構造図面をかいていた。陸軍には各社の正式の設計図がすべて提出されてあったので、設計に際してはキ21、キ46、キ48、キ49などの図面をよく参考にしたが、もっとも多く利用したのはキ67で、翼端の形などもキ46、キ67、あるいは海軍の一式陸攻などと共通な三菱スタイルだった。したがって、筆者のかく図面は陸軍式というより、何となく三菱式になっていたように思う。キ67は、搭載量を減らして軽くすれば、宙返りも可能だったといわれ、海軍が雷撃機として使おうと考えたのは、よい着想だったといえる。キ67で編成された陸軍雷撃隊二個戦隊が編成され、海軍の指導で雷撃訓練をうけて第二航空艦隊の指揮下に入った。

実戦デビューは昭和十九年十月はじめの台湾沖航空戦で、この時は不慣れな夜間雷撃だったことと、日本軍の弱点だった索敵および通信連絡の不備から、攻撃は不首尾に終わっただけでなく、大損害を出した。

戦局が不利になった戦争末期に出現した不運であったが、雷撃機型以外にもそのすぐれた素質を生かしてさまざまな用途の改造機が計画された。なかでも出色だったのは七五ミリカノン砲を装備した特殊防空戦闘機型で、B29撃墜の切り札として期待されたが、排気タービン開発の遅れから高空での性能が思わしくなく、大砲の威力を発揮することはできなかった。

第二次大戦をずっと見て行くと、戦争の進展とともに双発重爆の活躍の場は次第に失われ、戦略爆撃は四発重爆に、戦術的用法はより軽快な双発もしくは単発の戦闘爆撃機に代わっている。太平洋戦線でもっとも活躍した双発爆撃機は、アメリカ陸軍のノースアメリカンB25「ミッチェル」とマーチンB26「マローダー」だが、B25などはもっぱら防備の弱い小艦艇、輸送船などの攻撃に活路を見出していたようだ。

B25には七五ミリ砲装備の型もあり、最大速度を除けば（キ67が時速一〇〇キロ近くも速かった）キ67とはいい勝負といえるが、三年も早く出現して一万機近くも生産されたB25に対してキ67は七〇〇機足らず。この差が、日本とアメリカの勝敗を分けた国力をそのまま示していたといっていいのではないか。

急降下爆撃機の出現

●ユンカースK47——ドイツ

地上の静止目標、停泊中あるいは航行中の艦船にたいして行なうのが水平爆撃で、日本は先に述べた、ドイツから技術導入した「ボイコフ」水平爆撃照準器をつかって目標の進路、航行速度（目標が艦船の場合）、風力および爆弾の追従量（飛行機の対気速度と投下高度によって変化する）を修正して行なう方法をとっていた。しかし水平爆撃は精密照準が難しく、編隊爆撃によって目標を中心に網をかぶせるようにどれかがあたるという、多分に確率的なもので、命中の確率は、対空射撃による被害を避けるため爆撃高度を上げれば上げるほど低くなった。

これに対して登場したのが、目標めがけて降下しながら爆弾を投下する方法だった。

空中高く舞っている鳶や鷹が突如として翼を縮め、獲物に向かってまっしぐらに降下する姿は勇ましいが、これと同じやり方で目標に確実に爆弾を当てようというのが急降下爆撃で、機首をさまざまな角度で突っ込んで爆弾を投下するやり方は、すでに第一次大戦中から行なわれていた。

一九二〇年代に入って行なわれた、とくにこの目的のために改造された機体による爆撃テストでは、普通の水平爆撃よりかなり高い命中率を示した。

当時の爆撃照準器が極めて原始的で、そんな状態が長く続いたこともあって、急降下爆撃が注目されるようになったが、その目的に沿って最初につくられたのが、スウェーデンにあったドイツのユンカース社のK47だった。

本来は二人乗り戦闘機として設計された機体だが、大戦終了後のベルサイユ条約によって、ドイツは軍用機の生産を禁止されていたので、民間用スポーツ機A48として発表され、秘密協定を結んだソ連の基地でテストおよび搭乗員の訓練が行なわれた。その結果を取り入れて一九三五年末に生まれたのがユンカースJu87V－1（Vは試作機を示す）だが、それより少し前の一九三〇年代のはじめ頃、アメリカでも海軍が航空母艦から発進する艦上機による急降下爆撃の研究に取りくんでいた。

激しい防御砲火を冒して地獄の底まで突っ込む勇猛さにちなんで、この実験中隊を〝ヘルダイバーズ〟と名付けたのはいかにもアメリカ人らしいが、カーチス「ホーク」複葉戦闘機を使ったヘルダイバー中隊は、アメリカ各地を回って派手なデモ飛行をやっていた。たまたまこの頃、アメリカを旅行中だった、のちのドイツ空軍技術局長エルンスト・ウーデットが見てショックを受け、急降下爆撃機の開発を熱心に推進するようになったが、同じ頃、日本海軍でもこの新しい機種に興味を抱いた男がいた。

昭和四年はじめ頃から約二年間、アメリカ大使館付武官だった佐薙毅少佐（のち大佐、戦後、航空幕僚長）で、佐薙は次のように語っていた。

「ワシントンのポトマック川の対岸に海軍基地があり、そこの訓練の様子がポトマック公園からよく見えるというので行ってみたら、シングルフロート（短浮舟）のボート『コルセア』水上偵察機でさかんに急降下爆撃の訓練をやっていたので、本国に報告した」

昭和九年末に制式採用された愛知航空機の九四式艦上爆撃機は、日本で初の急降下爆撃機となったが、それまでのつなぎとして、九〇式二号水上偵察機二型を車輪付きの艦上機に改造したものをつくったのは、アメリカの例にならったものと思われる。

日本海軍はこのあと九四式艦爆の改良型である九六式艦爆をへて、複葉から近代的な単葉の九九式艦爆へと移るが、後述するようにこの飛行機は日本海軍の最盛時に遭遇し、艦上爆撃機としては最高の命中精度を記録した。

先の第二次大戦で、急降下爆撃機をもっとも効果的に使ったのは日本、ドイツ、アメリカの三国だが、急降下爆撃機がその力を存分に発揮できるのは、戦闘機による制空権が確保されている場合である。

大戦中期以降の日本およびドイツと、アメリカの急降下爆撃機の活躍の差は、飛行機そのものの性能もさる事ながら、むしろこの点にあったといえよう。

たしかに、爆弾もろとも目標に向かって突っ込む急降下爆撃機の目覚しい活躍は、第二次大戦の華だったといえるが、現代ではレーダーに捕まらないよう超低高度で飛ばなければならないので、急降下爆撃を実施することはなくなり、低高度からのミサイルやロケット弾攻撃がこれに代わっている。したがって、急降下爆撃機は過去の伝説にしか存在しない機種となってしまったのである。

「ヨーロッパの征服者」の栄光と悲劇

●ユンカースJu87「スツーカ」――ドイツ

急降下爆撃機といえば、何といっても第一に挙げなければならないのは、ドイツ空軍のユンカースJu87「スツーカ」だろう。

第二次大戦の初期、「ヨーロッパの征服者」としてその勇名を轟かせたJu87は、スウェーデンに居を移していたドイツのユンカース社が、一九二八年に試作したK47複座戦闘機をもとに設計し、一九三五年末に試作一号機が試験飛行にこぎつけた機体だが、その誕生は決して平坦なものではなかった。

試作一号機は何とイギリス製のロールスロイス「ケストレル」エンジンを搭載し、垂直尾翼は二枚だったが、装着予定のエアブレーキが間に合わないまま急降下テストをやった際、尾翼のフラッター事故を起こして墜落してしまった。そこですぐ製作された二号機では、この欠点を解消するため垂直尾翼を一枚にし、翼下面にエアブレーキを装着するとともにエンジンを自社製のユンカース「ユモ」にのせ代え、プロペラも可変ピッチに変えるなど懸命な

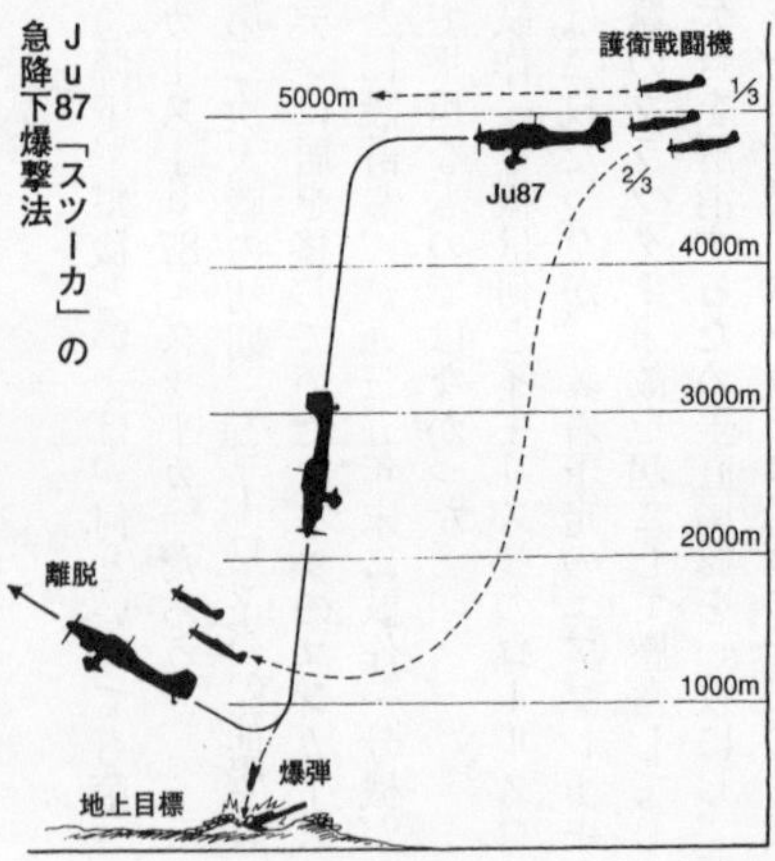

Ｊｕ87「スツーカ」の急降下爆撃法

改良および性能向上がはかられた。

そんな折り、爆弾を目標一帯にばらまかなければ当たらない水平爆撃に対し、目標にピタリ命中させる急降下爆撃の魅力に動かされたドイツ空軍は、ユンカース社にブローム・ウント・フォス、アラド、ハインケルを加えた四社に試作を命じた。このうちブローム・ウント・フォス、アラド両社は早々と脱落し、ユンカースとハインケル両社の競争となった。

性能的にはハインケル社のＨｅ118がまさり、優勢かと思われたが、空軍技術局長のウーデットみずから乗った審査中にプロペラが飛び、危うく墜落という事故に見舞われたことなどもあって、ユンカース社のＪｕ87が採用になった。

爆撃のとき、胴体下の爆弾がプロペラにぶつからないよう、爆弾懸垂架によってプロペラ回転圏外に押し出すようにしたこと、急降下速度を制限するためのダイブブレーキの装着など、急降下爆撃機の定番ともいうべき基本要件は、このユンカースＪｕ87によって確立された。

誕生までの苦労にくらべると、折りから勃発したスペイン内乱に試験的に送り込まれたのを皮切りにポーランド、オランダ、ベルギーへの侵攻、そしてフランスを降伏させた第二次

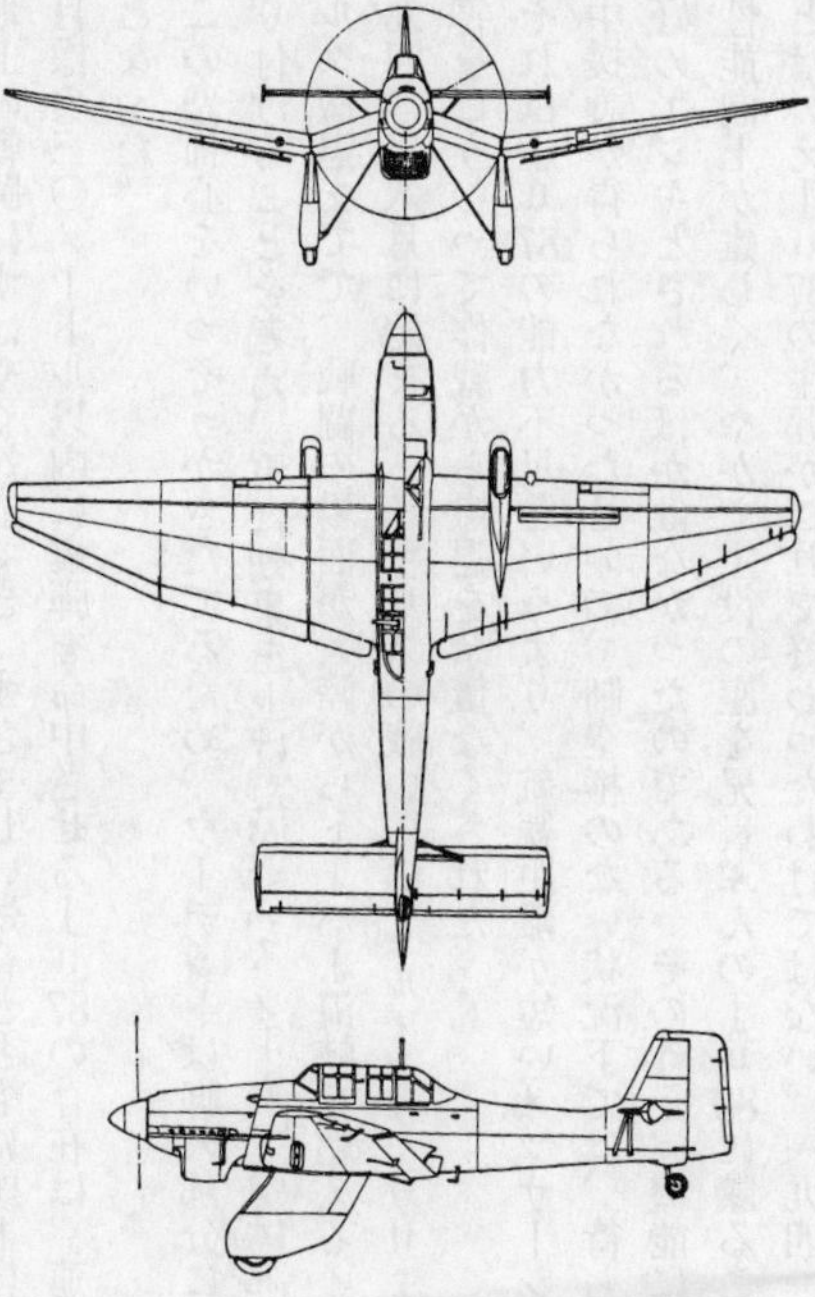

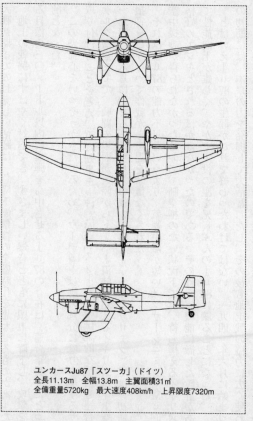

ユンカースJu87「スツーカ」（ドイツ）
全長11.13m　全幅13.8m　主翼面積31㎡
全備重量5720kg　最大速度408km/h　上昇限度7320m

大戦初期までの目覚しい活躍は、急降下爆撃機の全盛時代を思わせるものがあった。

地上の戦闘にすばやく対応でき、すさまじい爆音とともに頭上に降下し、攻撃を必要とする目標の三〇メートル以内に爆弾を命中させるＪｕ87の存在は、連合軍兵士にとって恐怖の的となった。

この恐怖心をいっそうかきたてるため、ウーデットは脚の部分に唸りを発するサイレンを取り付けることを考え、更に効果を上げたが、「スツーカ」の伝説的な活躍も連合軍のダンケルク撤退までで、戦闘の場面が大陸からドーバー海峡を超えるイギリス本土上空に移った、一九四〇年八月に始まる〝イギリスの戦い〟（バトル・オブ・ブリテン）では、初期に手痛い損害をこうむって作戦から撤退を余儀なくされた。

それはＪｕ87の能力不足というより、航続距離が短いメッサーシュミットＭｅ109戦闘機の空中援護が得られなかったせいで、制空権のない状況下では、待ち構えるイギリス戦闘機の格好のエジキとされるほかはなかったのである。そのうえ、機能に徹した設計があだとなって性能向上が難しく、やがて主役の座を兄貴ぶんのＪｕ88に譲ることになった。

とはいえＪｕ87の生涯がこれで終わったわけではない。一九四一年六月に始まった独ソ戦の初期には、本来の力を発揮して大活躍したし、その後も地上戦の協力に広く使われ、次々に改良型が出現して総生産機数は五〇〇〇機近くに達した。

その数はＪｕ88の一万五〇〇〇機にははるかに及ばないが、急降下爆撃機の一時代を築いたことと、使用目的に徹した機能本位のスタイルなどの点で、心情的には名機と呼びたい機体の一つだし、いまだに「スツーカ」ファンが少なくないのも事実である。

なお日本陸軍は、急降下爆撃機の研究のため昭和十四年にＪｕ87の初期型であるA型二機を輸入したが、陸軍は双発軽爆の九九式双軽にエアブレーキを使っただけで、本格的な急降下爆撃機はつくらなかった。Ｊｕ87Aの一機は役目を終えたのち終戦まで所沢の航空記念館に保存されていたが、惜しいことに終戦のときに破壊されてしまった。

インド洋でのパーフェクトゲーム

●海軍九九式艦上爆撃機——日本

日本の急降下爆撃機（それは主として海軍であるが）の発達にはドイツ、特にハインケル社との関係を欠かすことはできない。急降下爆撃機として最初の制式機となった九四式艦上爆撃機（艦爆）は、ドイツのハインケル社に設計試作をたのんだＨｅ66を愛知航空機で国産化したもので、次の九六式艦爆もそれを改良して性能を向上させたにすぎない。

九四式、九六式ともに複葉機で、機体の強度、操縦性、急降下時の安定性など、いずれも申しぶんのない機体だったが、性能不足が目立つようになったことに加え、昭和九（一九三四）年頃から世界の航空界は、それまでの複葉羽布張りから単葉全金属製へと代わりつつあり、日本海軍の艦上機も九六式艦戦、九七式艦攻などによって近代化を果たしつつあった。そんな中で艦爆だけが取り残されたかたちになったので、海軍は十一試（昭和十一年度試作計画の意味）艦爆の試作を三菱、中島、愛知の三社に命じた。

当時の日本は外国技術への依存から脱皮して近代化をはかるため、陸海軍に民間も加えて、しきりに外国のめぼしい機体を輸入して研究していた。愛知航空機（当時は愛知時計電機）が昭和十年秋に購入したハインケルHe70高速連絡機もその一つで、He70をもとにした機体の設計を検討していたときに海軍の十一試艦爆の試作命令が出たので、そのまま横滑りして艦爆として設計試作が進められた。

愛知ではこれとは別に、当時ドイツ空軍の制式の座をめぐって激しく争っていた、ハインケルHe118急降下爆撃機二機を昭和十三年に輸入し、国産化も視野に入れて検討していたが、一機は海軍によるテストで急降下中に水平尾翼の破損で墜落、操縦士死亡という不幸な事故が発生した。ドイツでもウーデットがテストで危うく死にかけたが、He118は艦爆としてはやや大きすぎたこともあって、国産化は見送られた。この間にドイツはユンカースJu87の採用を決めたが、賢明な選択だったといえる。

輸入されたもう一機のHe118は、陸軍が急降下爆撃の研究機として使った。

競争試作は三菱が昭和十二年夏にモックアップ（実大木型模型）の段階で降りたので、中島飛行機との競作となったが、ハインケルHe70をベースにした愛知機が強く、昭和十四年十二月に九九式艦上爆撃機（D3A1）として制式採用になった。ユンカースJu87に遅れること二年であった。

九九艦爆は昭和十五年春頃から日華事変に参加し、主として陸上基地から行動していたが、昭和十六年十二月八日のハワイ真珠湾攻撃から、艦上爆撃機としての真価を発揮しはじめた。

九九式艦上爆撃機（日本）

ハワイ攻撃では第一波五四機、第二波八一機、あわせて一三五機の九九艦爆が参加し、水平爆撃および雷撃の九七式艦攻隊、制空の「零戦」隊とともに大戦果をあげ、その後もインド洋海戦、ミッドウェー海戦、珊瑚海海戦、第二次ソロモン海戦、南太平洋海戦と、機動部隊の行くところ必ず九九式艦爆の姿があったが、このうち九九式艦爆にとって最大の見せ場になったのはインド洋海戦だ。

昭和十七年四月五日早朝、無敵の日本海軍機動部隊は、インド本土から少し離れた洋上に位置するセイロン島（今のスリランカ）のコロンボにある、イギリス海軍基地を攻撃した。

基地攻撃は成功し、攻撃隊が母艦上空に戻ってきたのは午後一時頃だったが、ちょうどこの頃、索敵機からの「敵巡洋艦二隻発見」の報が入った。その後情報の混乱や帰ってきたコロンボ攻撃隊の収容に手間取り、「赤城」一七、「飛龍」「蒼龍」各一八の合計五三機の九九式艦爆が発進したのは午後三時をまわろうとする頃で、攻撃に向かった艦爆隊指揮官江草隆繁少佐（のち二階級特進で大佐）が、敵巡洋艦を発見したのは午後四時少し前だった。

「敵艦見ゆ」を報告したあと「突撃準備隊形作れ」が下令されたが、このあとの江草隊長の攻撃行動はみごとだった。

敵艦発見後すぐに攻撃に入らず、最適の攻撃位置を占めるため迂回しながら高度四〇〇〇メートルに上昇した。午後四時をまわったといっても、時差の関係で現地時間では午後一時過ぎで、この高い太陽を背に攻撃しようというのだ。

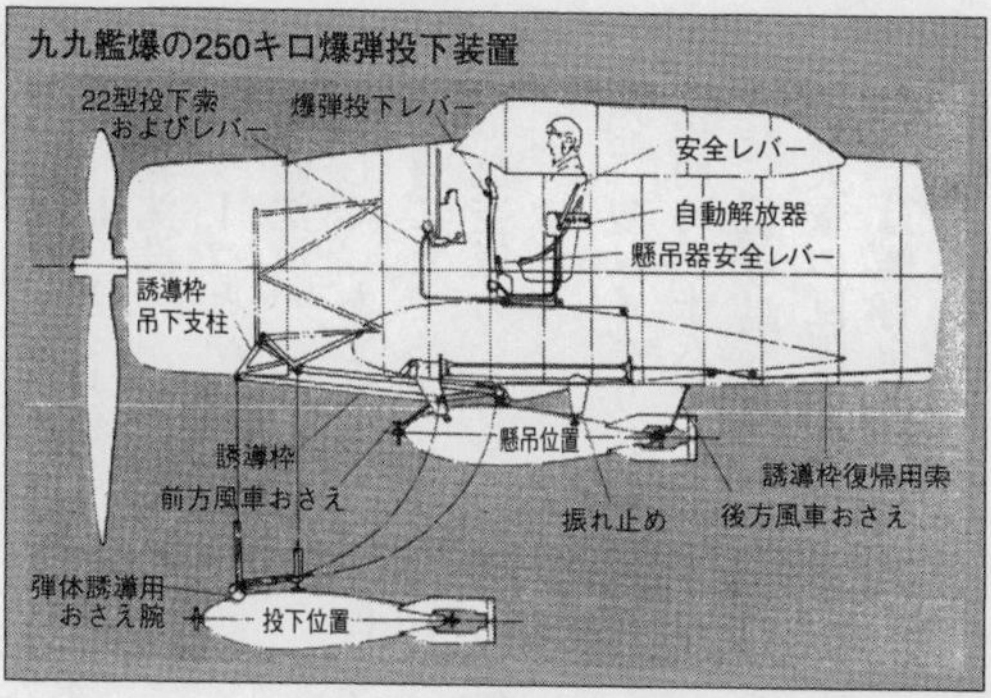

九九艦爆の250キロ爆弾投下装置

「突撃せよ」を発令した江草隊長は、先頭を切って敵一番艦に向けて急降下を開始し、みごと敵艦の後尾に二五〇キロ爆弾を命中させた。隊長に続く後続機の投弾も、まるで吸い込まれるように敵艦上に落ちていった。

自分の投弾を終えた江草隊長は、すぐに上昇して全軍の指揮に便利な位置を占めると、的確な指令を発した。

「『飛龍』は二番艦をやれ、『赤城』は一番艦をやれ」

旗艦「赤城」の艦橋には、電信室から引いたスピーカーが、音量いっぱいに設置してあり、江草隊長の簡潔な指示が手に取るように聞こえた。その辺の状況を、淵田美津雄・奥宮正武共著『ミッドウェー』（朝日ソノラマ）はリアルに伝えている。

――まさに急降下に入った。爆煙の上がる情景が、目に見えるようだ。

「一番艦停止、大傾斜」「二番艦火災」

艦橋では、どっと歓声が上がる。続いて、

「一番艦沈没」

またワーッとやっていると、

「二番艦沈没」

こうして、あまりにもあっけなく、敵巡洋艦は二隻とも沈没してしまった。たった二〇分間のできごとである。

私は航空威力を誇る前に、水上艦艇の悲哀を感じた。

この二隻はイギリスの重巡洋艦「コンウォール」と「ドーセットシャー」で、江草艦爆隊は午後四時三十八分から始まった一七分間の攻撃で、二五〇キロ爆弾を五三発のうち四六発（四五発という説もある）、すなわち九〇パーセント近い驚異的な命中率で叩き込んだ。

この大量の巨弾の洗礼に、「ドーセットシャー」は横倒しとなって一一分で沈み、「コンウォール」は艦首を上にして一〇分で海中に没した。しかも艦爆隊の損害はもとより被弾した機もゼロという、まさにパーフェクトゲームの勝利であった。

ほぼ無風の好条件に加え、敵戦闘機や他の艦艇の対空砲火による妨害もない状況で、二隻の軍艦に五〇機以上の艦爆が襲いかかるのだから、その攻撃はさながら標的艦に対する演習のようなものであったろうし、ハワイ攻撃以来積み重ねてきた実戦の経験により、搭乗員たちの技量が最高の域に達していたことが、この完勝につながったといえる。

艦爆隊による勝利はまだ続き、五日後のセイロン島ツリンコマリー軍港空襲では、洋上を航行中のイギリスの小型空母「ハーミス」を発見し、艦爆四五機で三七発の命中弾、すなわ

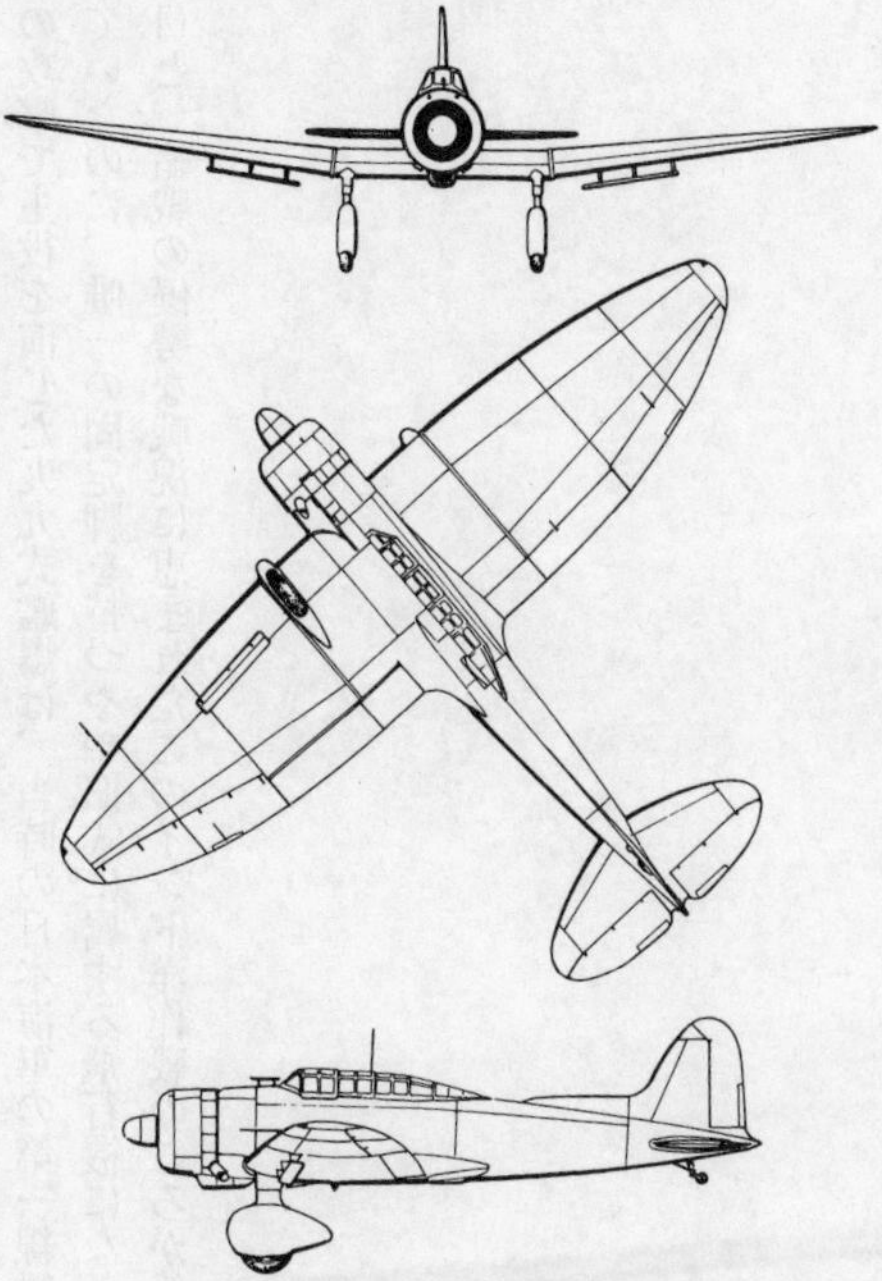

九九式艦上爆撃機（日本）
全長10.19m　全幅14.36m　主翼面積34.9㎡
全備重量3650kg　最大速度210km/h　上昇限度9300m

ちこれもまた八二パーセントの高い命中率で撃沈してしまった。

この攻撃で主役を演じた九九式艦爆は、当時の日本海軍の第一線艦上機がすべて引込脚になっていたのに、唯一の固定脚を持つやや旧式に属する飛行機になっていたが、練度の高い搭乗員と、緒戦の優勢な戦況に恵まれたこのインド洋作戦のころが絶頂期だったといえよう。

ミッドウェー海戦の幕引き

●ダグラスSBD「ドーントレス」——アメリカ

ドイツのユンカースJu87、日本の九九式艦爆は、それぞれ戦争の早い時期に黄金時代を迎えたが、その活躍は戦争全体から見れば、大勢を左右あるいは転換するほど重大ではなかった。それにくらべると、急降下爆撃機の元祖、アメリカのダグラスSBD「ドーントレス」は緒戦の日本の勢いを止め、戦いの流れをアメリカ側に引き寄せる重要な働きをした点で、第二次大戦中の急降下爆撃機ナンバーワンといっていいだろう。

このSBD「ドーントレス」は、もとはノースロップ社で開発されたBTシリーズが基礎になっているが、ノースロップでは、その前に世界初の低翼単葉急降下爆撃機である2E偵察爆撃機をつくっている。ドイツのユンカースJu87と同じスパッツ型の覆いのついた固定脚ながら、全金属製のいかにも先進的なノースロップらしい機体で、日本海軍でも昭和八年に一機輸入し、当時近代化をめざしていた日本の各飛行機メーカーに、設計上の多くのノウハウを提供した。その2E偵察爆撃機から発達したのがノースロップBTシリーズであるが、脚が引込式になったXBT−1が初飛行したのが一九三五年八月で、九九式艦爆の初飛行より一八ヵ月も早かった。

一九三八年一月、このXBTの計画はダグラス社に引き継がれ、やがてXSBD−1（Xは試作機を示す）を経て制式機SBD−1（海軍）およびSBD−2（海兵隊）となり、一九三九年四月から量産に入った。SBはスカウト・ボンバー、すなわち偵察爆撃機、Dは製作会社ダグラスを示す略号である。

SBDは「ドーントレス」（ひるまないという意味）と名付けられ、シリーズ中最も多い三〇二五機が生産されたSBD−5の仕様（カッコ内は九九式艦爆）は、全幅一二・六（一四・三七）メートル、全長一〇（一〇・二）メートル、総重量四・二五（三・八）トン、エンジン出力一二〇〇（一三〇〇）馬力で、最大速度四〇五（四三〇）キロ／時、航続距離一七八〇（一〇五〇）キロとなっている。

カッコ内の数字とくらべてわかるように、日本の九九式艦爆とほぼ同クラスの機体で、最大速度も固定脚の九九式艦爆より遅いこれといって特徴のない機体だが、爆弾は九九式艦爆の二五〇キロ（別に翼下に三〇キロ二発）の約倍の一〇〇〇ポンド（四五四キロ）を積み、しかもユンカースJu87同様、かなりの損傷を受けても飛んで帰れるほど頑丈な機体だった。

SBDは各型合わせて約六〇〇〇機（Ju87四八八一機、九九式艦爆一四九二機）が生産されて大戦のほぼ全期間を戦い抜いたが、「ドーントレス」の名をもっとも有名にしたのは、一九四二年（昭和十七）年六月五日のミッドウェー海戦での活躍だった。

ダグラスSBD「ドーントレス」解剖図

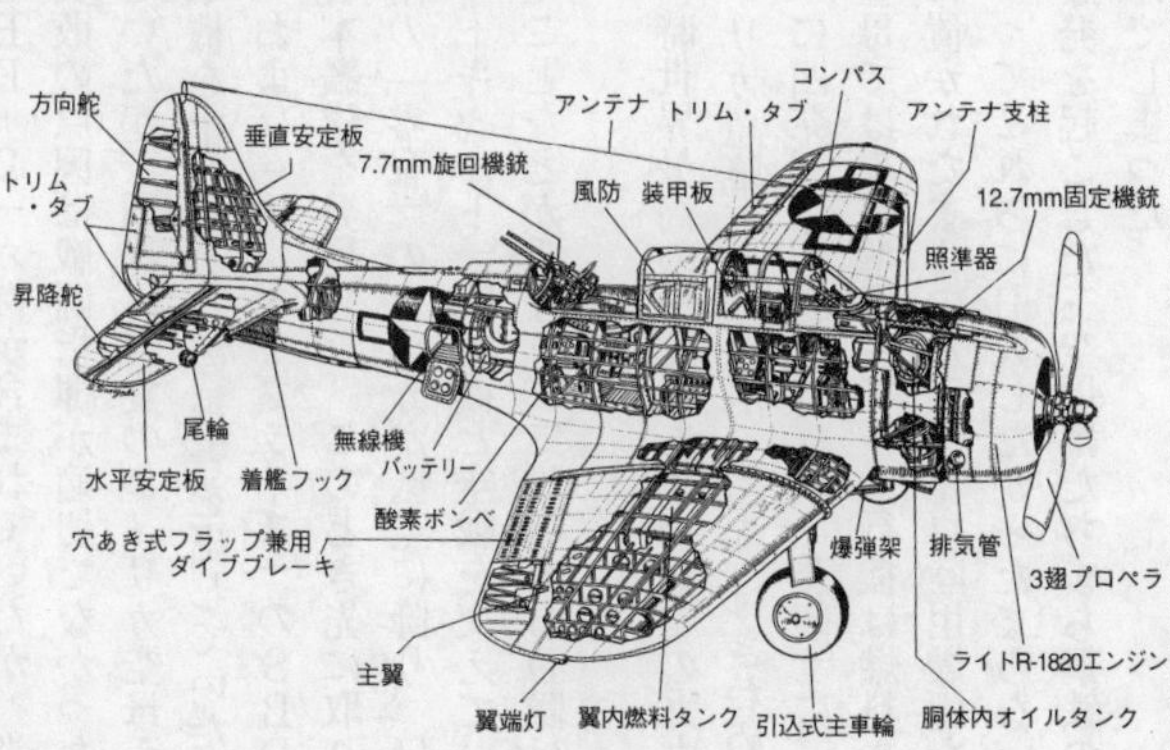

昭和十七年四月十六日のドーリットル空襲以来、日本にとって、太平洋のど真ん中にあるミッドウェー島の攻略が最重要な課題となり、連合艦隊の総力を挙げてこの作戦に臨んだ。といっても主役は日米の機動部隊で、戦いは早朝の日本軍攻撃隊によるミッドウェー島空襲によって開始され、入れ違いにミッドウェーを発進したアメリカ軍基地航空部隊の、日本艦隊攻撃によって本格的な戦闘に突入した。しかしアメリカ軍の攻撃は拙劣を極め、午前七時過ぎに始まった攻撃は一時間半にもおよび、この間に陸海軍の各機種合わせて五二機が日本艦隊に取りついたがまったく損害を与えることができず、二〇機を喪失したばかりか、基地に帰ったものの被弾がひどくて使えなくなった機体もかなりあった。この攻撃には基地航空隊のダグラスSBD－1およ

びSBD－2一六機が含まれていたが、半数の八機が撃墜されてしまった。

失敗の原因は戦闘指揮が適切でなかったため攻撃がバラバラで、搭乗員の技量も未熟だったせいだが、同様に三隻のアメリカ空母から発進した一五二機の攻撃隊も失敗を繰り返し、雷撃機を中心に多数の被害を出していた。しかし、最後に空中に残っていた「ヨークタウン」および「エンタープライズ」のSBD約五〇機が、散々探し回ったあげく引き返す寸前に日本艦隊を発見した。このとき先に取りついた雷撃隊の攻撃がまだ続いていたため、上空直衛の「零戦」の大部分が低空に降り、ほかの「零戦」も中高度にいたグラマンF4F「ワイルドキャット」戦闘機と空戦を交えていたこと、艦隊全員の目が低空の雷撃機に集中していたことなどが重なり、二つのSBD隊は、まったく妨害を受けることなく攻撃態勢に入った。

当時世界最高の練度にあった日本の九九式艦爆隊にくらべると、技量未熟の搭乗員の多い、アメリカ急降下爆撃隊の命中率はきわめて低かったが、それでもわずか四分の間に、「加賀」に四発、「赤城」に二発、「蒼龍」に三発の命中弾を与えた。運の悪いことに、このとき各空母では攻撃準備中で、飛行機は燃料や弾薬を満載し、兵装転換で取り外してまだしまわずに置かれたままの八〇〇キロ陸用爆弾など、格納庫内には危険物がいっぱいあり、命中弾によってこれらに引火したからたまらない。数十個の爆弾が命中したのと同じことになり、大爆発を起こした三空母はたちまち鋼鉄のがれきと化し、それから九～一八時間のあいだに沈んでしまった。

このとき雲にさえぎられてただ一艦だけ攻撃を免れた「飛龍」も、三空母の被弾から約七時間後の夕方、SBD二四機の攻撃を受け、四発の命中弾によって火災と誘爆を起こし、それから半日以上浮いていたが、味方駆逐艦の魚雷によって処分された。

こうして「赤城」「加賀」「蒼龍」「飛龍」の主力四空母を失った日本軍は、ミッドウェー攻略を断念しなければならなくなり、しかも空母とともに多数の熟練搭乗員を失った打撃は大きく、これ以後日本は守勢にまわることになってしまった。

このミッドウェー海戦でアメリカ側が失った空母は「ヨークタウン」一隻で、その損害の差もさることながら、戦争の大きなターニングポイントになった点でこの勝利には大きな意味があり、勝利の立役者となったダグラスSBD「ドーントレス」は、急降下爆撃機の歴史の中でもっとも輝かしい存在といえる。

なおアメリカにはSBD「ドーントレス」より新しくて高性能のカーチスSB2C「ヘルダイバー」がある。「ドーントレス」より一二〇〇機も多い約七二〇〇機が生産されて、戦争の中頃から「ドーントレス」に代わってアメリカ艦爆の主力となった。これも同時期に出現したグラマンTBF「アベンジャー」雷撃機とともに勝利に大いに貢献したが、このころになるとすでに戦争の大勢は決していたため、SBD「ドーントレス」のようなはなばなしい場面には恵まれなかった。

飛行機にも人間と同じく、脚光をあびるべく運命づけられたものと、そうでないのがあるようだ。

早かった雷撃機の出現

●ソッピース「クックー」――イギリス

飛行機から魚雷を投下して軍艦を攻撃しようという発想は、すでに第一次大戦勃発の一、二年前、イギリスとイタリアで相次いで芽生え、一九一四年七月にはイギリス海軍が最初の空中魚雷投下実験に成功した。はじめ航空雷撃には水上機が使われ、一九一六年にイギリス雷撃機がドイツ船二隻を沈め、翌一九一七年にドイツの雷撃機がイギリス船一隻を沈めたが、これらはいずれも水上雷撃機であった。この雷撃機をもっと本格的に使うため、浮舟に変えて車輪付きとし、その飛行機を艦上機として使えるよう航空母艦を作ったのがイギリス海軍だったが、惜しいことに完成直後の空母「アーガス」とその搭載機ソッピース「クックー」で編成された艦上雷撃機隊が誕生したのは、第一次大戦終結のわずか一ヵ月前だったので、その活躍を見ることができなかった。

大西洋を隔てたアメリカでもほぼ同時期に航空雷撃を着想したが、その後急降下爆撃の発想が生まれるとこれに取りつかれてしまい、雷撃はほとんど省みられなくなってしまった。

ソッピース「クックー」(イギリス)

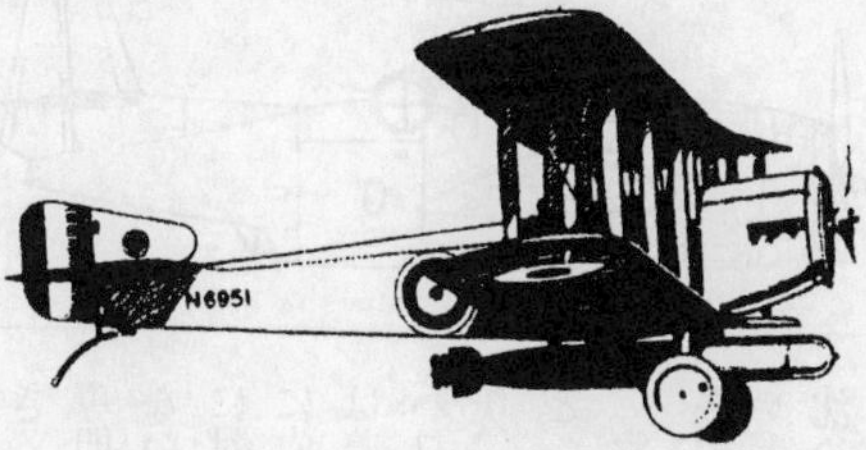

雷撃より急降下爆撃に強い関心を抱いたのは空軍再建後のドイツも同じで、第一次大戦後も雷撃について関心を持ち続けていたのはイギリスとイタリア、そして日本だったが、とくに航空雷撃を重視し、真剣にこの機種の開発に取り組んだのは日本の海軍だった。

日本が雷撃機（日本海軍では魚雷攻撃のできる飛行機を攻撃機と呼んだ）の研究に熱心だったのには、理由が二つ考えられる。

ワシントン軍縮条約によって主力艦の数をアメリカ、イギリスの五にたいして三の割合に制限された日本は、その劣勢を補うため、決戦に際してあらゆる補助艦艇と兵器を動員して、相手の戦力を低下させる必要に迫られ、その有力な手段の一つが航空機による雷撃――攻撃機の開発だった。

もう一つは、日本人の死生観にもとづくもので、敵艦艇から浴びせられる猛烈な対空砲火の中を、重い魚雷を抱いて接近する攻撃法は危険で犠牲が大きく、奇襲にはいいが主戦兵器としては使えない、という合理的な欧米の考えに対し、相手と刺し違えて死のうというサムライ精神から航空雷撃を重視したのである。

とはいっても、敵艦艇からのはげしい対空砲火や戦闘機の

グラマンTBF「アベンジャー」（アメリカ）

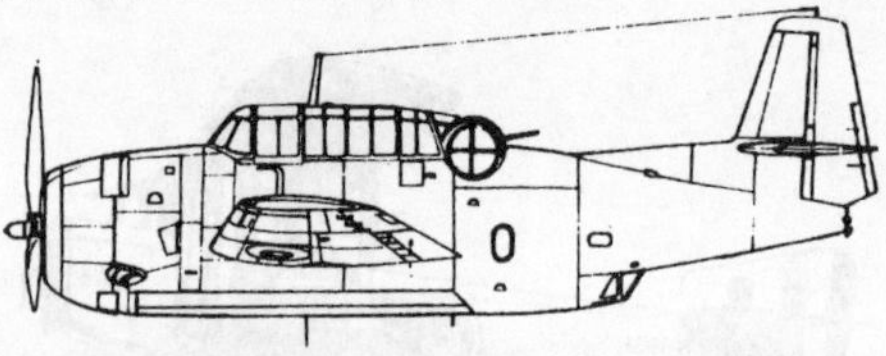

攻撃をかいくぐって、攻撃機が果たして適当な発射地点まで到達できるかどうかについては、日本海軍でもずいぶん論議され、砲術の専門家たちは「攻撃機を三〇〇〇メートル以内には決して近づかせない」とその困難さを強調していた。しかし、高速で航行中の軍艦に対する爆弾の命中率は低いうえ、艦船を沈めるには水面下の艦底に穴を開けるのが一番早道であるということから、航空雷撃の研究は着々と進められた。そしてその最初の成果が、太平洋戦争緒戦のハワイ真珠湾軍港攻撃の際の、アメリカ戦艦群にたいする雷撃であり、そのすぐあとのイギリス戦艦「プリンス・オブ・ウエールズ」と「レパルス」の撃沈であった。

　マレー沖海戦として有名なこの飛行機対戦艦の戦いで、一式陸攻を主とした八五機の陸攻隊の命中弾は、爆弾二一発のうち三発にたいして、魚雷四九本のうち二一本で、二隻の戦艦はほとんど魚雷で沈められたといっていい。

　こうした日本海軍雷撃隊の大活躍にくらべると、イギリス海軍の雷撃隊はドイツ戦艦「ビスマルク」撃沈の端緒となった痛手を与えたこと、その少し前にタラント軍港を奇襲して、イタリア戦艦二隻ほかに大損害を与えた大戦初期の活躍が目立つ程度で、あまり冴えない。むしろ太平洋戦争の初期に出現して、次第に数を増やし、空母の増加とともに日本の戦艦をはじめ、巡洋艦、駆逐艦、輸送船などを次々に撃沈し、ついには日本海軍の巨大戦艦「大和」「武蔵」撃沈に大きな役割を果たした、アメリカのグラマンTBF「アベンジャー」雷撃機の名がクローズアップされる。

それは日本海軍によって航空雷撃の威力を知らされた、アメリカ海軍による手痛いしっぺ返しであったが、そのアメリカ海軍にしても、太平洋戦争の初期には実戦経験がなかったために散々な目にあっている。

ウエストランド「ワイバーン」(イギリス)
イギリス最後のプロペラ艦攻

昭和十七（一九四二）年六月五日午前七時ごろ、ミッドウェー基地からのアメリカ攻撃隊が日本機動部隊を発見した。最初に日本艦隊に取りついたのは、ミッドウェー基地に配備されたうちでは最新鋭のグラマンTBF「アベンジャー」雷撃機中隊で、二隻の空母「赤城」「飛龍」に向かった。それはこの日の戦闘で日本艦隊に加えられた最初の攻撃であったが、彼らが雷撃態勢に入るべく高度を一五〇フィートに下げる前に早くも「零戦」の攻撃を受け、魚雷の射点につく前に次々に撃墜され、六機のうち五機がまたたく間に波間に姿を消してしまった。

残る一機も被弾して操縦が思うようにならなくなったため、空母の雷撃をあきらめて護衛の巡洋艦を雷撃、これも当たらなかったが、生還できた唯一のTBFとなった。

六機中五機を失った海軍TBF隊のあとを追うようにして、今度は陸軍のマーチンB26「マローダー」爆撃機四機が攻撃にうつった。彼らはこれまで一度も雷撃訓練を受けないまま攻撃に加わったものだが、高速を利して「零戦」の追撃を振り払いながら「赤城」に殺到した。前述のように一機は「零戦」に撃墜され、三機が魚雷発射に成功したが、「赤城」のみごとな操艦によってすべて回避されたばかりか、「赤城」の対空砲火でさらに一機が撃墜されてしまった。

合わせて一〇機中七機を失ったにもかかわらず、一発の命中魚雷も与えられなかった惨憺たる結果だったが、このTBFとB26両雷撃隊の英雄的な犠牲攻撃は、そのあとに行なわれた空母雷撃隊による攻撃とともに、日本海軍大敗の原因となった空母艦上での兵装転換の遅延を招いたという意味で、決して無駄ではなかった。

そしてこのミッドウェーの戦いを境に、数においても術力においても日米雷撃隊の力の逆転が急速に進んだ。

すなわち大戦後半を戦った次期雷撃機となると、日本の九七式艦攻とほぼ同時代のダグラスTBD「デバステーター」に見切りをつけ、いち早く新鋭のグラマンTBF「アベンジャー」を出現させたアメリカが、それより二年以上も遅れて次期艦攻「天山」や「流星」を出した日本を質・量ともに圧倒したのである。

なお筆者は戦時中、たった一回だけ地上から敵機に向けて機銃を撃ったことがあるが、その時の目標がグラマンTBF「アベンジャー」で、戦後の一時期、日本の海上自衛隊もアメリカから供与されたTBFを使っていたが、戦後に見た「アベンジャー」はさすがに古さが目立ち、往年のあの迫力は感じられなかった。

高度な訓練の必要性

●航空雷撃法

次ページの図でAを敵艦、A'をその未来位置、Bを射点とし、かつ敵艦の速度をC、魚雷自体の速度をDとすると射点Bは$\frac{AA'}{C}=\frac{AB'}{D}$の位置となる。ABを照準線、ABとA'Bで作る角度を照準角というが、この照準角を決めるのが先の関係式であり、魚雷の命中率はこの照準角が正しいかどうかによって決まる。かりにB点を決定的な射点とすると、魚雷の速度は一定だから、敵艦の速度が遅くなるほど照準角は小さくなり、逆に速度が速くなるにつれて照準角も大きくなる。だから正確な照準角をつかむためには、敵艦の速度を正確に測定することがまず重要だ。

といっても実際には敵艦はある長さを持っているから、そのどこかに当てさえすればいいというのであれば、照準角の誤差もある程度まで許されることになり、その程度は$\frac{AB'}{D}$を小さくするほど、言い換えれば射点を敵艦に近づけるほど高められる。平たくいえば、近寄って投射するほど当たりやすいということになる。もちろんABA'が作る照準角さえ正確であれば、射点はBに限らずB'でもB"でもいいことになるが、敵に速度や進路を変える余裕を与えないという意味で、敵艦に最も近いB点がベストであることはいうまでもない。

　これまでの説明は水平面についての幾何学的関係だが、垂直面、すなわち横方向から見た魚雷の運動の軌跡を考えてみよう。

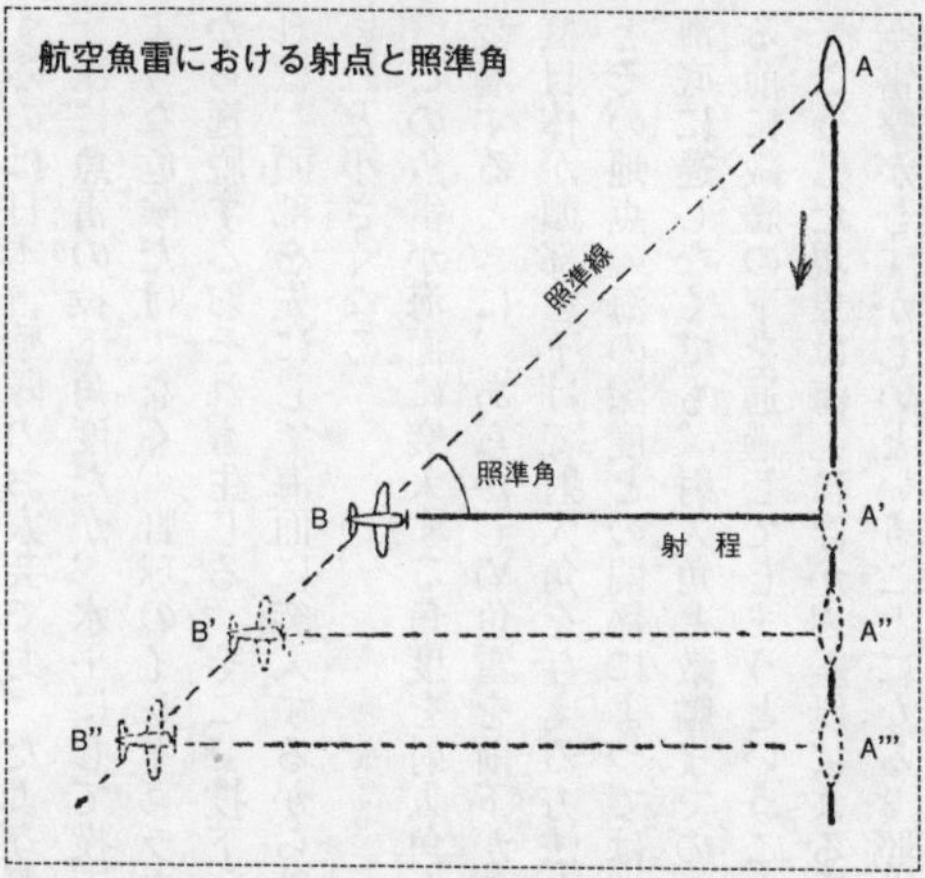

　まず魚雷の投下高度だが、射点での投下高度が高すぎると魚雷が海面に激突し、衝撃で折れる危険があるし、折れなかったとしても精巧な魚雷内部の機械装置が不調になるおそれがあるので、なるべく海面近くまで降りることが望ましい。余談になるが、マレー沖海戦でイギリス戦艦「プリンス・オブ・ウエールズ」と「レパルス」を撃沈した日本海軍の陸上攻撃機は一〇〜一五メートルという超低空で魚雷を発射したため、敵艦の防御砲火は飛行機の上を超して行って被害はわずかですんだ。このため「飛行機は必ず上から来るとは限らないよ。下から来ることだってあるんだよ」と、大笑いしたというが、できるだけ敵艦に近く、しかも低空で発射

するのは日本雷撃隊のお家芸であったようだ。

次に魚雷の投下角度だが、水平にして投下すると胴体全体に海水の衝撃を受け、前述したような危険だけでなく、野球のイレギュラーバウンドのような運動を起こし、本来の航走路から逸脱するおそれも生じる。そこで投下魚雷には頭を下にしてある角度を与えるようにすれば、頭部を先にして海面に突入するから衝撃の度合いは水平投下の場合とは比較にならないほど小さくなる。

この魚雷が海面に突入する角度を射入角というが、この射入角を得るには雷撃機に魚雷を装着するときに、あらかじめ魚雷を前下がりに装着する方法と、水平に装着した魚雷に雷撃機自体が頭部を下げて射入角を与える方法とがある。この射入角が大きすぎると、投下高度とその地点の海の深度との関係によっては海底に激突することも起こり得る。また、たとえ海底に達しなくても、射入角と敵艦までの距離の関係によっては、望ましい深度まで浮上する前に敵艦の下を通過してしまうということも起こる可能性がある。

こうした現象は海上に浮かぶ艦艇による雷撃にはほとんど見られないもので、それだけ航空雷撃がむずかしいということになる。照準法についても同様で、理論そのものは艦艇からの雷撃と変わらないが、雷撃に必要な諸元の算定は、飛行機の行動が速いのでごく短時間にやらなければならない。しかも、雷撃の前後には、気象観測、針路判断、敵との交戦、通信連絡、ほか多くの仕事をわずか数人の搭乗員（単発の雷撃機では三人乗りが多かった）でこなさなければならない。

航空雷撃はその威力も大きいが、もっとも高度の訓練を必要としたゆえんである。しかし、第二次大戦後の飛行機の性能向上やエレクトロニクスの進歩はそれをまったく変えてしまった。それはホーミング（自動追尾）魚雷の出現で、発射したあと魚雷がレーダー波をキャッチしながら自動的に目標を追跡するので、精密な照準の必要がなくなり、パイロットは目標の敵艦船に対し、単に魚雷の自走可能距離以内で発射すればよくなったからだ。

飛行機用魚雷の構造

●九一式航空魚雷――日本

魚雷は重力で自然落下する爆弾と違って、発射されたあと内蔵するエンジンで自走する精密機械で、いわばミサイルの一種である。航空用魚雷といっても原理構造は艦船から発射されるものと同じで、飛行機用として一部に特殊な考慮が払われているだけだ。その構造と機能について日本海軍が世界に誇った九一式航空魚雷を例に説明しよう。

一、頭部（炸薬と起爆装置）
いっぱいにつまった炸薬と起爆装置がある。起爆装置は魚雷がある距離を航走したあと、安全装置が解除され、命中時のショックで中の慣性体が移動して炸薬の爆発が起きる。この起爆装置によらなければ炸薬は爆発しないようになっており、頭部を二〇ミリ機銃弾で貫通しても爆発しないことが実験で証明されている。

二、気室

ニッケル・クローム・モリブデンという非常に硬度の高い高級な鋼でできた薄い円筒。一五〇～三〇〇気圧の空気を詰め込んであり、魚雷はこの空気で石油を燃やして走る。

三、前部浮室

九一式航空魚雷改三

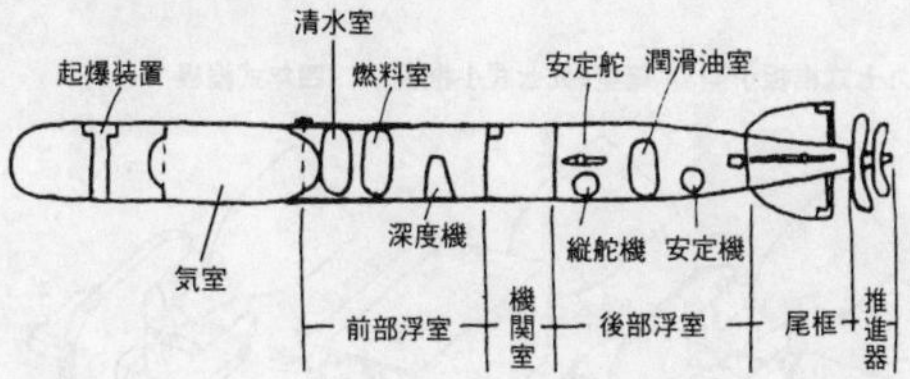

清水室、燃料室、深度機がある。深度機は水圧を利用して魚雷が一定の水深（調整された深度）を保つよう横舵（水平舵）を操作する。

四、機関室（エンジンルーム）

機関室の中には海水が自由に入り、エンジンを水で冷やすようになっていて、内部には次のような装置を備えている。

発停装置＝エンジンおよび各操舵装置の発動または停止をする装置で、魚雷が飛行機から離れる瞬間にまず操舵装置を起動し、水に飛び込むと同時に水流でエンジンが始動するよう二段装置になっている。

調和器＝気室の高圧空気を減圧してエンジンに送る弁の役をしている。

加熱室＝特殊耐熱鋼製で、中で燃料室からの石油を燃やし、清水室からの適量の水を加えてエンジンの駆動に適する熱ガスを発生させる。

航空魚雷に取り付けられた框板

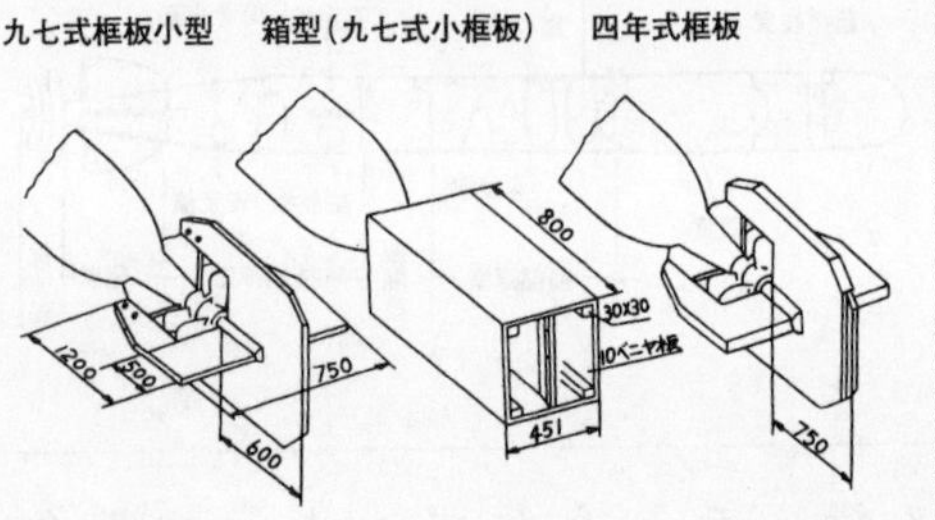

主機関（エンジン）＝星形ピストンエンジン（アメリカは小型タービン）で、小型ながら二〇〇馬力はらくに出した。

横舵機＝深度機の動きにつれて、魚雷の深度を保持する横舵の舵取り機械。

五、後部浮室

中央をエンジンからの駆動軸が貫通し、内部には潤滑油（オイル）室のほか次の装置がある。

縦舵機＝水平および垂直の内外二個のリングに支持されたジャイロで、ジャイロの回転軸を魚雷の長軸方向に一致するようにして投下時に始動させ、ジャイロの軸が同一方向を保つ性質を利用して魚雷の後部にある縦方向の舵を操作し、魚雷を一定方向に直進させる装置。

安定機＝日本海軍が独自に開発使用していた装置で、縦舵機と同じジャイロの軸を魚雷の長軸と交差するようにセットして回転させ、魚雷の長軸まわりの回転運動を防止する装置。もし魚雷が回転して水中に入ると縦と横の舵が反対になり、深度で作動する横舵が縦舵の作用をして方向、深度などが乱れてしまう。この安定機をつけた結果、投下による沈度は浅くなり、魚雷が設定された深度につくまでの航走距離もみじかく、しかも一定となり、水中雷道が安定するとともに、炸薬量を増やすことができた。

安定舵＝安定機に関連して、魚雷胴体の両側に突き出した八センチ四方くらいの小さい舵で、空中での当て舵の効果を上げるため一二センチ×二〇センチくらいの木製の翼をこの舵にかぶせ、魚雷が着水するとこの木製翼は衝撃で飛散するようになっていた。

海底の浅いハワイ真珠湾での日本海軍雷撃隊の大成功はこの安定機と安定翼に負うところが大きかった。

六、尾框《びきよう》と推進器

尾框の中に四枚の傘歯車（ベベルギア）があり、魚雷が直進するように装備された二重反転プロペラに動力を伝えるため、主軸の回転を二つに分けている。また尾框には縦ひれと横ひれがあり、その後端にそれぞれ縦及び横舵がついていて、飛行機から投下するときは、框板という木製の補助翼をつけて安定舵とともに空中雷道の安定を助け、水中射入時には四散して水中雷道には影響しないようになっていた。またこれは魚雷が敵の手に渡っても形が残らないので、機密保持にも役立った。

初期の九七式艦攻の頃は框板はひれの後端に取り付けられた九七式框板小型だったが、飛行機が高速になるにつれて框板の強度が不足となり、一式陸攻用としては魚雷のひれがすっぽり入るような底のない箱型の九七式框板小型改に、さらに「天山」および「銀河」用には魚雷のひれ各二枚宛ての板で挟んだような四年式框板にして強度を高めるようにした。この框板の着想はアメリカやイギリスにもあったが、どちらも框板そのものが弱かったので、日本のような高速雷撃には向かなかった。その意味では、日本の魚雷は技術的に世界でもっとも進んでいたといえよう。

ジョンブル魂の化身

●フェアリー「ソードフィッシュ」――イギリス

三大雷撃機王国の日本、イギリス、アメリカの中でもっとも先輩格にあたるのはイギリスだが、そのイギリスが機体に関してはもっとも遅れていたというのもふしぎな話だ。

戦争の一時期、世界最強を誇った日本海軍の雷撃機（攻撃機）のルーツは、大正十（一九二一）年に日本海軍がイギリスから招いた、センピル大佐を団長とする航空教育団が教材として持ってきた中の、ソッピース「クックー」およびブラックバーン「スイフト」と考えられる。事実、最初の雷撃機となった大正十年制式の一〇式や次の一三式はソッピース「クックー」を設計したイギリス人ハーバート・スミス技師、三番目の八九式は同じくイギリスのブラックバーン社の設計であった。

このあと自前の九二式、九六式と続くがいずれもパッとしない機体で、この時期はアメリカ、イギリスも同様だったが、一九三〇年代後半になって飛躍の時代がやってきた。

日英米三国のうち、イギリスは依然として複葉機のフェアリー「ソードフィッシュ」に固執していたが、日本は九七式艦上攻撃機、アメリカはダグラスTBD「デバステーター」という近代的な雷撃機を出現させた。この三機種の中で性能的にもっともすぐれていたのは九七式艦攻で、性能でも、ハワイ真珠湾攻撃に代表される実戦の成果の点でも、当時世界最強の雷撃機だったといえる。

フェアリー「ソードフィッシュ」（イギリス）

第二次大戦の初期から中期にかけて、イギリス海軍の主力雷撃機として活躍したフェアリー「ソードフィッシュ」は複葉羽布張り、最大速度はなんと二二四キロ／時で、同時代に第一線機だった全金属製で低翼単葉引込脚の日本海軍九七式艦上攻撃機やアメリカ海軍のダグラスTBD「デバステーター」のそれぞれ三六八キロ／時（九七式一号艦攻）と三三八キロ／時に比べてひどく時代遅れの感じがする。ところが、この旧態依然とした低迷の雷撃機「ソードフィッシュ」が、重爆撃機のアブロ「ランカスター」、戦闘機のスーパーマリン「スピットファイア」とともに、イギリス国民にとってもっとも親しまれている名機なのだから面白い。

原型は一九三三年三月に初飛行し、その後の事故の教訓を取り入れて改良された機体が「ソードフィッシュ」として採用になり、部隊に配備されたのが一九三六年二月で、一九四

○年には後継機「アルバコア」の生産に入ったフェアリー社にかわってブラックバーン社で生産が続けられ、一九四四年まで実に八年近くの間に二三九一機が生産されるという長命の飛行機になった。

近代的な機体で大戦に入った日本やアメリカに対し、イギリスはまったく時代遅れともいえるこの「ソードフィッシュ」で戦争に臨んだが、これが意外に活躍した。すなわち第二次大戦初期、空母「イラストリアス」から発進した「ソードフィッシュ」雷撃隊がイタリアのタラント軍港を夜間急襲し、戦艦「リットリオ」と「カブール」級二隻ほかに大損害を与え、その存在をアピールしたのである。そして極めつけが、一九四一年五月にアイスランド沖で起きたドイツの新鋭戦艦「ビスマルク」の襲撃だった。

海戦の初期、「ビスマルク」は当時世界最大を誇ったイギリス戦艦「フッド」を砲撃によって撃沈し、強大な力を示したが、これに対抗してイギリス艦隊が差し向けたのは空母「アークロイヤル」の「ソードフィッシュ」雷撃機一五機だった。

重い魚雷をかかえてヨタヨタと迫る「ソードフィッシュ」に対し、対空戦闘に不慣れでしかも友軍機の援護のない「ビスマルク」は、三発の魚雷を舵にうけて航行の自由を失い、そこをイギリス艦隊の集中攻撃を受けて撃沈されてしまった。

その地点はドイツ占領下にあったフランス西北端のブレスト軍港からわずか三〇〇キロ、もし日本海軍だったら九六式陸攻か一式陸攻に「零戦」の援護を付けて救援に駆けつけ、「ソードフィッシュ」を叩き落としただけでなく、イギリス艦隊に更に痛撃を与えることもできたはずだ。

「ビスマルク」撃沈から約一年たった一九四二年四月五日、「ソードフィッシュ」が今度はインド洋のセイロン島コロンボ港に迫った日本機動部隊の攻撃に出動したが、その結果は惨憺たるものだった。

「コロンボ飛行場上空の空戦が一段落し、敵機の姿がまったく見えなくなって小隊は西側の海上に出たところ、突然下方に複葉の『ソードフィッシュ』雷撃機六機編隊が北からコロンボ港の方向へ低空で飛んでいるのを発見、小隊長機のバンクによりすぐにこの攻撃にうつった。

狼狽した敵機は慌てて赤い駆推頭部のついた魚雷を捨て、バラバラになって逃げた。上方から攻撃するわが『零戦』は、スロットルレバーをいっぱいに絞って突っ込まないとオーバースピードになるほどに、相手は鈍足だった。攻撃を受けて海に落ちるものや、煙を吐いて墜落するものなど、あっという間にすべての敵機をやっつけた」

この時の「ソードフィッシュ」撃墜に加わった「零戦」搭乗員の話である。

「ソードフィッシュ」はのちに、ロケット弾とレーダーの威力を生かし対潜哨戒機として、Uボート、ドイツ潜水艦狩りに活躍したが、こんな旧式機でも活躍の場があったのは相手が海軍力の弱いドイツやイタリアだったからだが、それでも老馬にまたがって敵陣に乗り込む騎士を思わせるイギリス人たちの勇気の象徴として、「ソードフィッシュ」の名は不滅なのである。

最後のレシプロ艦攻

●ダグラスAD「スカイレーダー」――アメリカ

第二次大戦の末から戦後にかけて、アメリカおよびイギリス海軍は、一機種で急降下爆撃、水平爆撃、雷撃に使える艦上機の試作をはじめ、同時に艦上雷撃機（トーピード・ボンバー）、艦上爆撃機（ダイブ・ボンバー）の名を廃止して艦上攻撃機（アタッカー）に統一した。この面で最初に実用化に成功したのはイギリス海軍で、フェアリー「バラクーダ」がそれだ。日本海軍の「流星」もこのカテゴリーに属する優秀な機体だったが、たった一一〇機しか作られなかったのと、戦争も末期だったこともあってほとんど活躍していない。

「バラクーダ」はその前の「ソードフィッシュ」やその改良型である「アルバコア」があまりにも低性能で時代遅れだったことから開発が急がれ、一九四三年はじめから部隊配備が始まったが、新型といいながら、最大速度は三六七キロ／時にすぎなかった。日本海軍の「彗星」や試作中だった愛知航空機の十六試艦爆「流星」がいずれも時速五五〇キロ台の最高速だったのにくらべると、その奇妙な外形同様に劣性能は争えなかった。それでもアメリカから供与を受けたグラマン「アベンジャー」しかなかったイギリス艦攻隊の主力として、一九四六年一月までに二五八二機が海軍に引き渡されたが、雷撃機の元祖イギリスとしてはなんとも冴えない機体だった。

決してできのいい飛行機とはいえなかった「バラクーダ」に対し、アメリカの動きは活発で、海軍はダグラス、マーチンなど各飛行機メーカーに新型艦攻の試作を命じたが、それは日本やイギリスより更に進んだ乗員一名のみの単座攻撃機だった。これはグラマン「ヘルキャット」やヴォート「コルセア」など強力な戦闘機の配備によって制空権が確保されたので、後部射手席をなくしてそのぶん搭載量や性能向上にまわそうという発想であった。

これにこたえてXBTD、XBT2F、XBT2Mなどが試作され、それぞれダグラスAD「スカイレーダー」、グラマンAF「ガーディアン」、マーチンAM「モーラー」となったが、中でもっとも成功したのがダグラスの「スカイレーダー」だった。

寸法的には日本海軍の「流星」よりわずかに大きい程度だが、総重量は六〇パーセントも重い八・二トンの機体を二五〇〇馬力のプラット・アンド・ホイットニーR3350（のちに二八〇〇馬力に強化された）で引っ張る「スカイレーダー」は、スピードこそ最大五一八キロ／時（A1H）でそんなに速くないが、二トンから三トンに及ぶ爆弾を搭載できるのが魅力だった。

「スカイレーダー」の初飛行は一九四五年三月で、量産機の部隊への配備は翌四六年秋になってしまったので対日戦には間に合わなかったが、終戦から五年後の一九五〇年に始まった朝鮮戦争に出撃するチャンスに恵まれた。

ようやく実用化されはじめたジェット戦闘機とともに出動したが、スピードこそまさるものの、搭載力や航続距離が足りないジェット機に代わって攻撃の主役をつとめた。五〇〇ポンドや一〇〇〇ポンド爆弾、五インチロケット弾、ナパーム弾などを翼の下にいっぱいぶら下げて出撃した「スカイレーダー」は、飛行場、橋やトンネル、物資集積所などを攻撃して地上部隊の大きな力になったが、雷撃機でもある「スカイレーダー」にたった一度だけそのチャンスがめぐってきた。

朝鮮戦争が始まってから四年目の一九五四年五月、京城の北にあるホーチョン・ダムに魚雷攻撃を加え、水門を破壊して下流に大洪水を起こさせた。第二次大戦でのイギリスのアブロ「ランカスター」によるドイツのダム破壊を思い起こさせる偉業であった。

こうした武勲いっぱいの「スカイレーダー」も、同じダグラスのA3「スカイウォリヤー」双発、A4「スカイホーク」などのジェット攻撃機の出現で第一線から退いたが、一九六四年にベトナム戦争が始まるとまたしても引っ張り出され、新鋭のジェット機群にまじって活躍した。

「スカイレーダー」は海軍だけでなく陸軍でもA1として採用され、一九四五年から五七年まで一二年間も生産され、その数は三一八〇機に達したが、平凡ながら頼りになる仕事師としてレシプロ（ピストンエンジン）艦攻の最後を飾るにふさわしい機体だった。

活発だったアメリカの艦攻開発に対して、イギリス海軍も「バラクーダ」の後継機としてフェアリー「ファイアフライ」とターボ・プロップのウエストランド「ワイバーン」をつくったが、プロペラ機の艦攻はこれが最後（ターボプロップも含めて）で、以後はすべてジェット機となり、魚雷や爆弾に代わってロケット弾やミサイル、さらには原爆まで積む恐ろしい兵器に発達した。

「スカイレーダー」はアメリカ海軍だけでなく、Ａ１として空軍でも使われたが、その空軍型のＡ１Ｊの諸元は次のとおり。

全幅一五・四七メートル、全長一一・八四メートル、総重量八・六～一一・三トン、最大速度五二七キロ／時、航続距離四八三〇キロ、爆弾や魚雷など搭載兵器最大三・七トン。

飛行機からの石投げ

●反跳爆撃法

太平洋戦争中の昭和十八（一九四三）年三月三日、約六九〇〇名の兵員と弾薬糧食約二五〇〇トンを積んだ八隻の日本輸送船団が、駆逐艦八隻に護衛されてニューギニアのラエに向かう途中、ニューブリテン島西端のダンピール海峡でアメリカ軍爆撃隊の攻撃を受け、輸送船八隻全部と護衛駆逐艦八隻中四隻が撃沈された。あまりのひどい結末に戦史家は、これを〝ダンピールの悲劇〟と呼んだが、この大戦果をあげたのはアメリカの南西太平洋方面航空部隊のノースアメリカンB25「ミッチェル」爆撃機隊だった。

もちろん、日本軍はこの輸送船団の重要性を考えてラバウルから「零戦」を派遣して上空援護に当たらせていた。しかしアメリカ陸軍爆撃機は、高高度からの爆撃を予想して高空を警戒していた「零戦」隊の意表を突いて、低高度反跳爆撃という新手の戦法をとった。これは爆弾を低高度から海面に投下し、その水面反跳力を利用して艦船の舷側に命中させ、その破口から浸水沈没させる方法で、日本側はこれを雷撃と誤認して回避運動をしたが、何の効

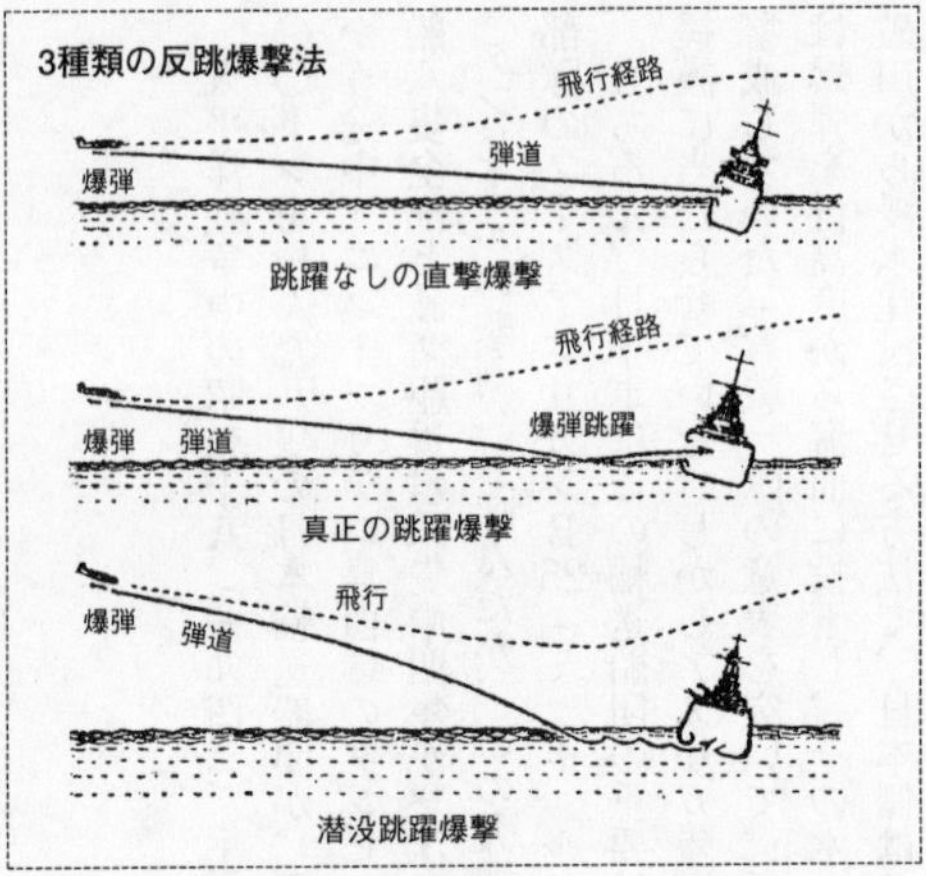

果もなく次々に撃沈されてしまったのだ。

静かな水面に平らな小石を水面に平行になるように投げると、ピッピッと水面を跳ねて行くのを経験された読者も多いと思うが、この現象を応用したのが反跳爆撃法で、第二次大戦前にすでにイギリスで研究されていた。アメリカでは一九四二年一月に研究に着手し、重爆撃機、中型爆撃機、戦闘爆撃機のうちどの機種がこの新爆撃法に適するかの実験が行なわれた。この結果、B17やB24のような重爆は速度と操縦性の点で、戦闘爆撃機は航続力の点で難色があり、中型爆撃機のノースアメリカンB25「ミッチェル」やマーチンB26「マローダー」が最適との結論に達した。爆撃目標からの激しい砲火を浴びるこの種の近接爆撃には、高速とすばやく身をかわす俊敏な操縦性を必要としたからだった。

ダンピール海峡での大戦果はこの研究の成果だったわけだが、地中海方面で一九四三年一月から四月の間に一〇五回出撃したB25「ミッチェル」およびB26「マローダー」の戦果は商船一六隻撃沈、一八隻撃破で、直撃弾が全使用爆弾の六六パーセントを占めたという。
爆撃法は簡単で、降下接敵して高度一〇〇メートルの時、時速四〇〇〜五〇〇キロで一二〜一三度の角度で進み、敵前二〇〇〜三〇〇メートルで投下すれば爆弾は必ず水面で跳ね上がって直進し、目標に命中する。ダンピール海峡の戦訓から遅ればせながら日本海軍でもこの爆撃法の研究を始めたが、昭和十九年五、六月頃、実験中に海面で反跳した爆弾が投下した「銀河」に当たって墜落するというハプニングがあったりして、雷撃では世界一を誇った日本もスキップボンブに関しては立ち遅れていたようだ。

そんな事故があって間もない昭和十九年八月頃、攻撃機の犠牲の多いのに悩んだ上層部では、戦闘機によるスキップボンブを計画し、フィリピンで訓練を開始したが、やがて爆弾を抱いたまま敵艦に突っ込む特攻攻撃が開始されたので、ついに実施されることなく終わった。

アメリカ陸軍爆撃隊によるダンピール海峡の日本輸送船団攻撃と並ぶ、めざましいスキップボンブ作戦は、ほぼ同じ時期の一九四三年三月十六日から十七日にかけての夜に敢行された、イギリス爆撃隊によるドイツのメーネおよびエーデルダムの爆破だろう。

ドイツは電力の源であるこの巨大ダムを魚雷攻撃によるダム壁の破壊から守るため、ダムの内側に二重に防潜網を張るなどして警戒していたし、ダムの壁は厚くて一トンていどの魚雷で破壊するのはむずかしかった。そこでイギリスは重さ約五・五トンのドラム缶状の特殊な爆弾を作り、投下に際し高速回転を与えて水面に当たったときスキップしやすいようにした。

投下高度一八メートル、投下地点三五〇～四〇〇メートル。綿密な計算にもとづいて搭載機アブロ「ランカスター」四発重爆撃機から投下された特殊爆弾「ダムバスター」は、湖面をスキップしながらダム壁に激突して爆発し、みごとに破壊して発電を不能にしてしまった。これでドイツの軍需生産は大打撃を受けたが、雷撃機の「ソードフィッシュ」にしてもこの「ランカスター」にしても、戦史にその名を印象づける場面に登場する運のいい飛行機だった。

海軍中攻隊の〝戦略爆撃〟

●海軍九六式陸上攻撃機──日本

日本海軍では航空魚雷を積む飛行機を攻撃機と称した。もちろん魚雷の代わりに爆弾も積んで爆弾攻撃もできるから、いってみれば爆撃機の一面も持っている。しかし日本海軍では急降下爆撃を行なう機種を爆撃機と呼んで区別していた。たとえば太平洋戦争末期に出現した双発の陸上爆撃機「銀河」は緩降下爆撃ができるところから、魚雷も積めるにもかかわらず爆撃機の範疇に入れられた。

アメリカ海軍ではたとえば急降下爆撃のできるカーチスＳＢ２Ｃ「ヘルダイバー」はＳＢ（スカウト・ボンバー）、すなわち偵察爆撃機。雷撃のできるグラマンＴＢＦ「アベンジャー」はＴＢ（トーピード・ボンバー）、すなわち雷爆撃機と呼び分けていた。この点からすると、日本海軍の攻撃機はアメリカ陸軍のＡ（アタッカー）ではなく海軍のＴＢに相当する機種といえよう。

さて魚雷を積む日本の攻撃機であるが、航空母艦から発進する艦上攻撃機と陸上基地から発進する陸上攻撃機の二種があり、このうち陸上攻撃機の方は世界に例を見ない戦略爆撃機的な使い方をされたことで特筆される機体だ。

日本海軍の陸上攻撃機、略して陸攻の傑作機九六式陸攻（中型攻撃機。中攻と呼ばれた）は、陸攻としては、艦攻として計画されながら途中で陸攻に変わった失敗作の三菱九三式、海軍が自前で設計製作した九五式（大型攻撃機。大攻と呼ばれた）に次いで生まれた三菱の会心作で、この企画にあたっては、後の連合艦隊司令長官で、当時海軍航空本部技術部長だった山本五十六少将の意向が多分に取り入れられていた。

有名な三菱の本庄季郎技師を主務者として設計された、九六式陸攻の試作機、九試中攻は昭和十（一九三五）年七月に完成し、試験飛行で軽く一七〇ノット（時速三一二キロ）を出し、翌昭和十一年六月に九六式陸上攻撃機（G３M１）一一型として制式採用になったが、最高速度は更に増して一八八ノット（時速三四八キロ）に達した。この高性能は全海軍にセンセーションを巻き起こし、その少し前あたりからくすぶっていた「戦闘機無用論」に拍車をかけることになった。そのころ、日本海軍戦闘機の主力として使われていた複葉の九〇式二号艦上戦闘機の最大速度が一五八ノット（時速二九三キロ）、その性能向上型である九五式艦戦ですら一九〇ノット（時速三五二キロ）で、当時行なわれた防空演習では防空部隊の戦闘機は空襲側の中攻に一矢も報いることができなかったからである。

九六式陸攻のもう一つの特徴は三〇〇〇キロから四〇〇〇キロに及ぶ長大な航続力にあった。長距離進攻の必要性は、陸上基地の前進が望めない海洋作戦の場合に、より大きかったからである。現にのちの太平洋戦争でも、日本軍は基地を前進させるようつとめたが、それでも目標までの距離が一〇〇〇キロというのはザラだった。

ワシントン軍縮条約でアメリカ、イギリスにたいして六割の艦艇保有比率を強いられた日

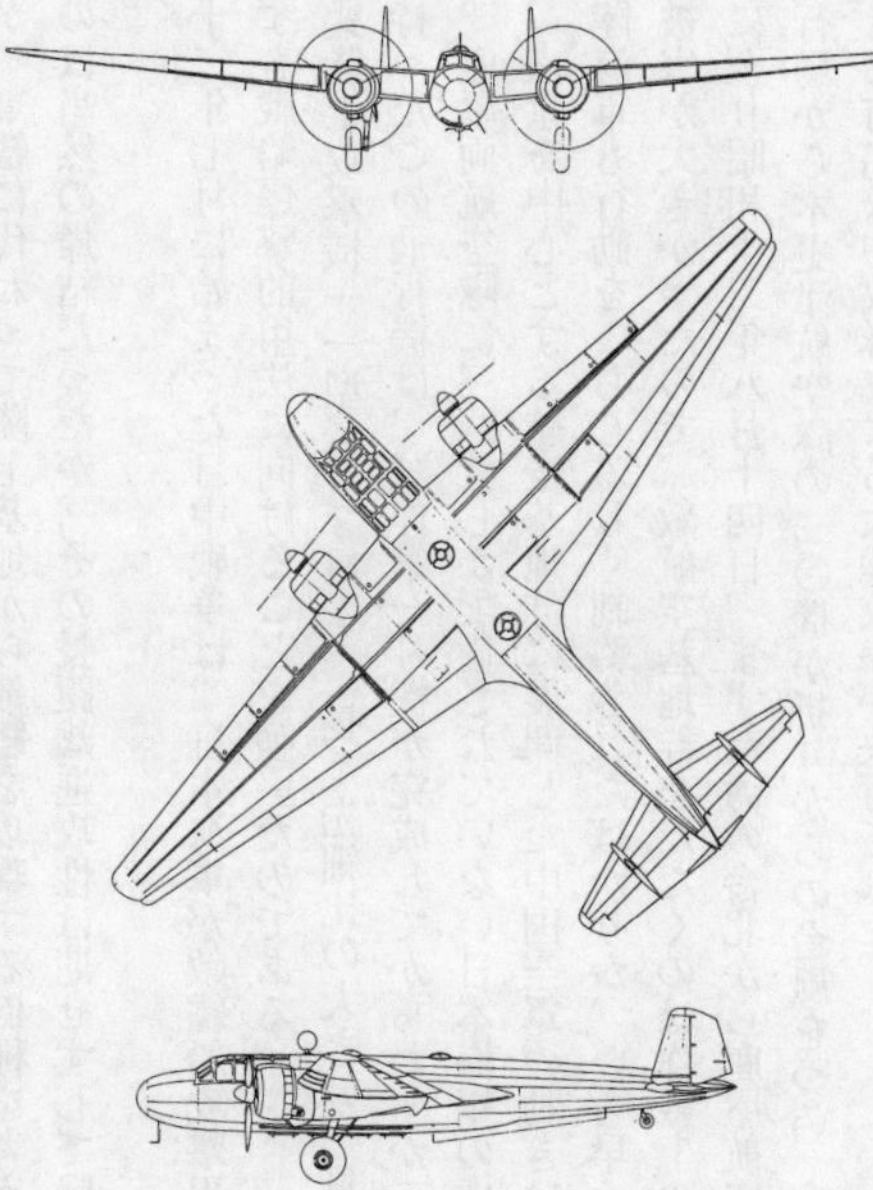

九六式陸上攻撃機（日本）
全長16.45m　全幅25m　主翼面積75㎡
全備重量7652kg　最大速度348km/h　上昇限度9110m

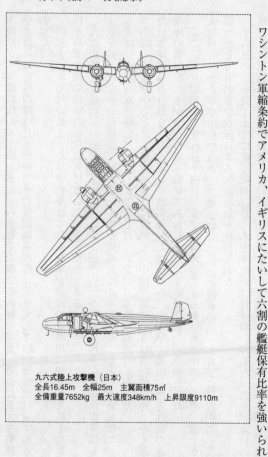

本海軍が、軍艦に代わって陸上基地から敵艦を攻撃する機種を考え、それに長大な航続力を与えたのは当然の帰結だったが、その長距離進攻性は期せずして戦略爆撃機に通ずるものであった。

昭和十二年七月に始まった日中戦争は、日本海軍が敵艦船攻撃用に開発した陸上攻撃機を、はからずも戦略爆撃的用法に向けることを強いたのである。

九六式陸上攻撃機一一型（G3M1）。長く先細比の大きい、見るからに長距離機らしい主翼を持ったこの飛行機は、試作第一号機が完成してからわずか二年という新鋭機で、まだ木更津、鹿屋両航空隊に三八機しか配備されていない日本海軍の虎の子だった。

当時、南京を中心とする航空基地群に展開した中国空軍の動きは活発で、せっかく進出した日本陸海軍も行動をいちじるしく制約されたばかりか、いち早く進出した劣性能の海軍艦攻隊の被害が大きかったので、敵航空基地群をたたくのは作戦上の急務だった。

ここに至り昭和十二年八月十四日、まず台湾の台北から鹿屋航空隊の一八機、翌十五日、大村飛行場から木更津航空隊の二〇機が折りからの台風をついてそれぞれ出撃し、「渡洋爆撃」として有名な中攻隊による大陸攻撃が決行された。

十六日の攻撃終了までに鹿屋隊が三日、木更津隊が二日連続の作戦だったが、連日の悪天候と敵戦闘機のはげしい邀撃とで、大きな損害を出した。

この攻撃はのちに基地を大陸の占領飛行場に移して同年十二月まで続けられ、この間に当初の兵力の六割を失う（すなわち消耗率六〇パーセント）という惨憺たる結末に終わったが、このことから日本海軍はいくつかの教訓を学んだ。すなわち、戦略爆撃的用法について、使用兵力がはじめに考えていたよりはるかに大規模でなければやっても効果が薄いこと、用兵の方法、敵戦闘機の脅威、味方援護戦闘機の必要性などで、当然ながらあれほどかしましかった「戦闘機無用論」など、たちまち消滅してしまった。

△デハビランド「モスキート」(イギリス)　全木製双発機。原型は1940年に初飛行して、最高時速640キロを出した。
▷**九九式双軽爆撃機(日本)**　爆弾の搭載量や武装よりも、高速と低空攻撃のための軽快な運動性を重視して設計された。
▽**ノースアメリカンB25「ミッチェル」(アメリカ)**　昭和17年、ドーリットル中佐の指揮する東京初空襲に使用された。

△四式重爆撃機「飛龍」（日本）　運動性にすぐれ、大戦末には海軍指揮下に入った陸軍の雷撃隊二個戦隊も編成された。
◁ユンカースJu87「スツーカ」（ドイツ）一九三五年、試作一号機が初飛行。第2次大戦初期まで欧州で猛威をふるった。
▽ダグラスSBD「ドーントレス」（アメリカ）　ミッドウェー海戦では、「赤城」「加賀」など日本空母に命中弾を与えた。

一式陸上攻撃機（日本） 昭和16年に制式となり、日本の双発機としては最も多く造られた。太平洋戦争の全期間を通し、海軍の主作戦で使用された。

十三試陸上攻撃機「深山」（日本） ダグラスDC4旅客機をもとに設計されたが、制式採用にはいたらなかった。後に4機が輸送機として改造された。

ボーイングB17「フライングフォートレス」（アメリカ） 排気ガスタービンとノルデン式照準器の新技術に加え、すぐれた防弾防火装置を備えていた。

ボーイングB29「スーパーフォートレス」（アメリカ） B17を超える高性能機の開発要求で誕生した２次大戦中の傑作機。日本爆撃に猛威をふるった。

親子飛行機爆弾「ミステル」（ドイツ） 親機Me109より機首に爆弾を装着したJu88が離れ、自動操縦で目標に向かう。終戦までに115組を製作。

コンベアB36「ピースメーカー」（アメリカ） ６発のレシプロ機としては、世界で唯一実戦部隊機として就役したが、実際の戦闘には参加しなかった。

●輸入された重爆撃機

フィアットBR20――イタリア

ここで読者の皆さんは、陸軍にもれっきとした重爆撃機隊があるのに、どうして本来は海上の作戦で使われるべき海軍の陸上攻撃機が、陸上の戦略爆撃的作戦に使われたかという素朴な疑問を持たれることと思う。

それは九二式超重爆、九三式重爆以後、日本陸軍が重爆撃機の開発を怠ったことによるもので、日中戦争が始まった時、作戦に使える重爆撃機がなかったからだ。

もとより九三式重爆の後継機としてのちに九七式重爆撃機となるキ19（中島）とキ21（三菱）の両試作機が完成していたが、テスト中だったから機種転換はまだ先のことであり、そのつなぎにイタリアからフィアットBR20を一〇〇機緊急輸入することになった。

フィアットBR20はイタリアでもまだ部隊に配備されていない新鋭機で、昭和十三年になって船便で続々到着し、早速実戦に投入された。しかし微妙に操縦感覚が違う輸入機で、しかも軍用や整備に不慣れだったこともあって現地部隊での評判は良くなかった。

一番困ったのはエンジンの正しい使い方が分からず、編隊で同じ地点を攻撃しても、ある機は燃料が沢山残っているのに他の機はぎりぎりというように、燃料消費量にバラツキが大きいことだった。新機種に改編する時は、搭乗員も整備員も内地でひと通り基礎訓練を受けてから戦地に送り出すのを、作戦投入を急ぎ、現地で機種改編をしたために、エンジンの正しい使い方を誰も教わっていなかったからであった。そこで航研機の周回航続距離世界記録で有名な藤田雄三中佐がＢＲ20の正しい使い方を示そうと、各務原から中国の漢口へテスト飛行を行なったが、不幸にも目標の漢口付近が雲で覆われていたため、漢口を飛び越えて敵地に不時着してしまい、地上で交戦の末、乗員全員戦死という不幸な結末になった。

フィアットＢＲ20は一時期七二機が戦地にあって、海軍中攻隊と交代で重慶や成都の攻撃に出動したが、輸入した爆弾、機銃弾、エンジン部品などがたちまち底をついて稼動機が減少し、昭和十三年暮れあたりから配備が始まった新鋭の九七式重爆が次第に増えるにつれてその短い現役生命を終えた。

防弾の軽視──「零戦」の功罪

●海軍一式陸上攻撃機──日本

海軍中攻隊による日中戦争初期の作戦では、大きな被害にこりてのちに九六式艦上戦闘機を護衛につけるようになったが、九六式艦戦は航続距離が短く、このことが逆に援護戦闘機の行動半径によって作戦が制約されるという、ちょうどバトル・オブ・ブリテンにおけるドイツ空軍と同じ弊害をもたらした。

昭和十五年五月から九月にかけて行なわれた重慶、その他中国奥地への攻撃「一〇一号作戦」は、空中攻撃の反復によって敵の戦意喪失を狙った完全な戦略爆撃的作戦だった。

このころになると機体の量産が進み、中攻隊も鹿屋、木更津に高雄、千歳が加わって四個航空隊となり、さらに特設航空隊として別に三個航空隊を持つ大勢力に発展し、大編隊による集中使用が可能になっていた。

中支の漢口および孝威両基地に展開したのは中攻四個飛行隊約一三〇機、これに陸軍の九七式重爆一八機も加わり、陸海合わせて出撃一七〇回以上（別に夜間一四回）、総のべ出撃機数約三八〇〇機という、それまでにない大規模なものとなった。

この間の中攻隊の投下爆弾は二〇六〇トン。こちらの被害は被撃墜一〇機、被弾機はのべ二九七機で、飛行機の損害は常用機の約一〇パーセント以上だったが、消耗率六〇パーセントを超えた初期の作戦にくらべると、たいへんな前進だった。

出発地の漢口から目標の重慶まではは片道およそ七五〇キロで約三時間の航程、敵地上空で爆撃と敵戦闘機との空戦をやってふたたび七五〇キロを飛んで帰ってくる。そのうえアシの短い九六式艦戦は途中までしかついてこれないので、敵戦闘機とはハダカで戦わなければならないから、それを天候が悪くないかぎり毎日実施するのはかなり過酷な作戦であり、犠牲の増大はやむをえなかった。

そんな状況が一挙に改善されたのは、一〇一号作戦が半ばを過ぎた昭和十五年八月十九日のことだった。この日、五四機の中攻隊を援護して、新鋭の零式艦上戦闘機一二機が漢口基地を飛び立った。単座戦闘機として、世界ではじめて三〇〇〇キロに及ぶ長大な航続距離をもつ型破りな戦闘機の晴れの初陣であった。しかしこの「零戦」の初出撃も、敵がいちはやく日本軍の新戦闘機出現を察知して空戦を避けたらしく、いつもしつこく攻撃してくる敵戦闘機は姿をくらましてしまった。おかげで中攻隊は妨害を受けることなく、悠々と爆撃に専念することができた。

中攻隊と一緒に行動できる長いアシとともに「零戦」が誇る空戦の強さを見せつけたのは、初出撃から一ヵ月近くたった九月十三日のことだった。

この日、中攻隊が爆撃を終えて帰るところまでは、それまでと一緒だったが、重慶からそう遠くない上空に残ってひそかに様子をうかがっていた九八式陸上偵察機の報告で、わが攻撃隊が帰路についたのを見届けて敵戦闘機群が重慶上空に舞い戻ってきたのがわかった。「零戦」隊はすぐに引き返し、三〇機近い敵戦闘機のほとんどを撃墜してしまった。

こうして「零戦」の持つ恐るべき威力は実証され、これまで相次ぐ犠牲に涙をのんだ中攻隊を勇気づけた。

このあと太平洋戦争中期にかけて続く「零戦」神話の始まりであったが、この「零戦」の強さがのちに裏目に出た。日本の陸上攻撃機がこの「零戦」の強さに守られていたことによって、その重大な欠点である乗員および燃料タンクにたいする防弾の弱さがカバーされ、その改善を怠らしめたことは否《いな》めない。

すなわち九六式に続く一式の時代になっても防弾の軽視は改められることなく、やがて〝一式ライター〟のニックネームが示すように、火がつきやすい、被弾に対して弱い日本機の代名詞のような機体を生むことになったが、これは設計仕様の決定に関与した用兵側の責任であって、設計側に罪はない。

「零戦」と同じ十二試として生まれ、日本海軍の主力機種として「零戦」とともに太平洋戦争の全期間を通じて戦った一式陸攻にたいして、九六式陸攻よりすべての点で性能向上を海軍が要求したのは当然だが、日中戦争の戦訓から、とくに速度の向上（最大速度高度三〇〇〇メートルで二二五ノット）と航続力の増大（攻撃状態で二六〇〇カイリ以上）が望まれ、さらに二〇ミリ尾部銃座を含む対戦闘火力の強化が求められた。

九六式陸攻にくらべると、最大速度で三五ノット（時速六五キロ）、約二〇パーセント増はまだしも、航続距離にいたっては実に一〇〇〇カイリ（約一九〇〇キロ）、約七〇パーセ

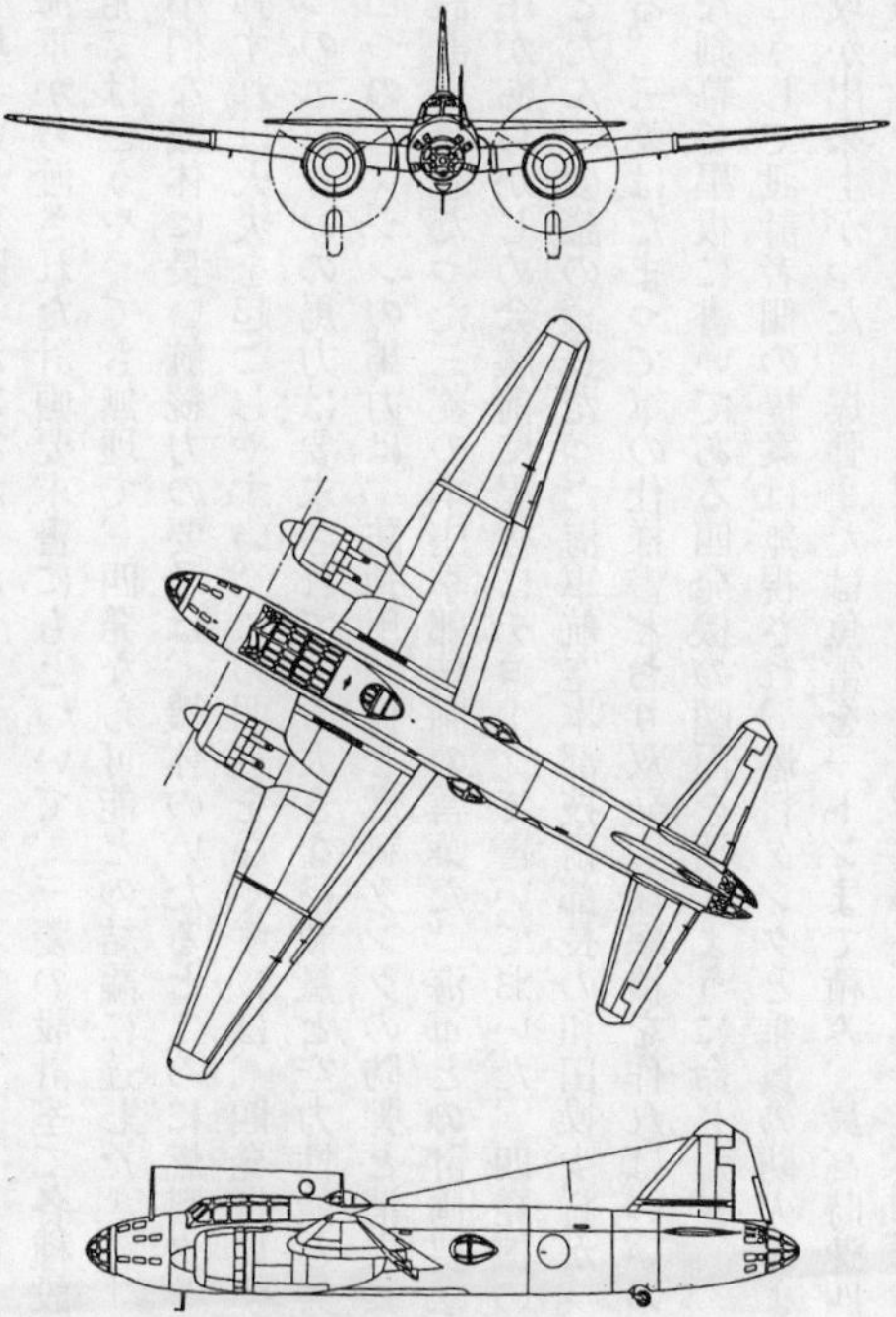

一式陸上攻撃機（日本）
全長19.97m　全幅24.89m　主翼面積78.12㎡
全備重量9500kg　最大速度427km/h

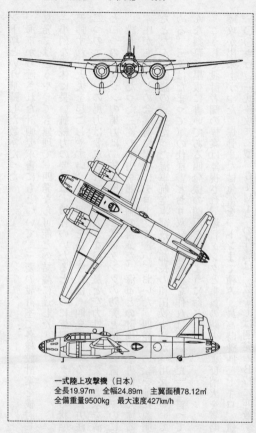

ント増という飛躍した数字だった。

　海軍から渡された計画要求書にもとづいて、三菱の設計室で各種設計案を検討した結果、双発ではどうやっても無理で、四発なら可能との結論に達した。

「小柄な機体に長い航続力の要求は、機体のいたるところに燃料タンクがある状態になり、被弾すれば火災を起こしやすい。この弱点をなくすには、四発機にする以外に方法がない。二つのエンジンの馬力は要求されている大きな搭載量と空力性能と兵装の要求を満たし、あと二つのエンジンの馬力は、防弾用鋼板と燃料タンクの防弾と消火装置を運ぶのに使う」

　設計主務者だった三菱の本庄季郎技師の言葉だ。海軍との計画要求書にかんする会議で、本庄があらかじめ会議前に黒板にチョークで書いておいた、四発機の絵を前に説明をはじめたとたん、会議の議長だった海軍航空本部技術部長の和田操少将が「用兵については軍が決める。三菱はだまって軍の仕様書どおり双発の攻撃機を作ればいいのだ」と言って、たいへんな剣幕で黒板に書いてある四発機の図面を消すように命じた。

　こうして設計者側の提案は無視され、燃料タンクと乗員の防火および消火を省略した一式陸攻が出来上がった。爆弾または魚雷を一トンまで積み、最高時速四三七キロ、航続距離六一〇〇キロ（一式陸攻二二型、Ｇ４Ｍ１）の性能は、数字上は四発のＢ17に匹敵する、双発機としては驚異的な数字だが、防弾防火装置を省略したことは軍用機としては失敗である。それもこれも援護戦闘機としての「零戦」が優秀で、その「零戦」に頼りすぎたせいではないだろうか。

もし「零戦」が普通の戦闘機で、長距離の援護ができなかったとしたら、陸攻隊の被害はもっと深刻に受け止められ、軍の用兵者たちも防弾防火対策に早くから真剣に取り組んでいたことだろう。戦争後半になって被害が増大してからでは、遅すぎたのである。

使い切れなかった〝オバケ〟

●陸軍九二式重爆撃機――日本

日本はドイツと同じく陸海軍を通じて、ついに本格的な戦略爆撃機部隊を持たずに終わったけれども、少なくとも戦略爆撃の発想そのものは決して列強に遅れてはいない。なぜなら第一次大戦終了から九年後の昭和三（一九二八）年に早くも大型戦略爆撃機の試作を決定しているからだ。この発案者は陸軍航空本部総務部長の小磯国昭少将（のち大将、太平洋戦争末期、東條英機大将の後任として首相になった）で、その提案によれば、「台湾南部の屏東を基地としてフィリピンの米軍コレヒドール要塞を爆砕する、あるいは北部満州（今の中国東北地方）からチタ方面の、南満州から沿海州方面のソ連軍陣地にたいする先制攻撃が可能なもの」となっていた。

検討の結果、開発は制式機のほとんどを外国人技師の設計かライセンス生産に頼るしかなかった当時の日本陸海軍の例にならって、ドイツのユンカースG38四発旅客機の改造がもっとも適当であるとの結論に達した。幸いなことにドイツでもG38をベースにした重爆撃機構想を持ち、スウェーデンのユンカース工場で爆撃機化（K51）の設計を進めていたので、陸軍の要望を受けた三菱重工がその製造権を買い取り、ユンカース社のK51とは別個に日独共同で国産化設計をスタートすることになった。

陸軍の試作番号はキ20で、K51からの改造設計の主なポイントは、総重量二〇トンのG38を軍用化すると二五トンになるのでエンジンを強化すること、主翼と胴体の補強ならびに改造をすること、武装の強化などだったが、とくに武装に関しては外側エンジンナセル後方に上下一組ずつ合わせて四基の銃座が追加された。

上部銃座は主翼後縁から大きく張り出した開放式で、七・七ミリ連装、下部銃座はドラム缶のようなガラス張りの七・七ミリ単装旋回機銃となっていた。下部銃座は使わない時は翼内に格納されているが、垂下すると飛行性能ががた落ちになるのであまり実戦向きではなかった。この数年後に出現した日本海軍の九六式陸上攻撃機が同じように上下に張り出す隠見式（引込式）銃座を装備したが、やはり張り出すと空気抵抗の増加で急にスピードが落ちるのでやめてしまった実例がある。射手は、これらの銃座には、分厚い翼の中の通路を歩いて行くことができたが、胴体の中心から一〇メートルも離れているため、飛行機が旋回するたびに上がったり下がったりして、いつも大波に揺られているようだったという。特にいやだったのは回転ハンドルで翼の下に垂下する下部銃座の射手で、空中にゆれる銃座の中にいる孤立感はたとえようのないものだったらしい。

このほか武装で特に注目されるのは、胴体上部にスイスのエリコン社から緊急輸入した二〇ミリ機関砲を日本で初めて装備したことで、七・七ミリも含めたこれらの銃座の配置には、ドイツからきた専門の技師が作成した綿密な射界図による検討が行なわれた。

機体制作は厳重な機密保持下に行なわれ、昭和六年に第一号機が完成したが、三菱社内でも〝オバケ〟と呼ばれていた大型機だけに、工場から約五〇キロ離れた各務原陸軍飛行場までの輸送がたいへんだった。まず海岸に面した工場から団平船に積み込み、名古屋港から木曽川河口へ曳き、木曽川を両岸からロープで引っ張って各務原の近くで陸上に降ろすという面倒な方法が取られた。

「特殊試験機」と呼ばれた第一号機の初飛行は、ドイツから来ていたテストパイロットが行なうはずだったが、「国民の税金で作った飛行機なら、日本人の手で飛ぶのが当たり前」という陸軍の強い意向で、加藤敏雄大尉が初の操縦桿を握った。

キ20の諸元は、全長二三・二メートル、全幅四四・五メートル（B29より一メートル長い）、翼面積二九四平方メートル、全備重量二五・五トン。性能は最高速度が高度一〇〇〇メートルで時速一九二キロ、同三〇〇〇メートルで一七九キロ、巡航速度一二〇キロ、二〇〇〇メートルまでの上昇時間が二六分三〇秒、航続距離二五〇〇キロで、当時の重爆としては一応の水準に達していたと考えていいだろう。

キ20の特色は離陸が重量二五トンで四一七メートル、着陸が同一七トンで三二〇メートルという巨人機にしては信じられない短さで、それは重量（B29の約半分）に比べて翼面積が異常に大きい（B29の一・八倍）ため、翼面荷重が最高でも八六・七キロ／平方メートル

（B29の約三分の一）にすぎなかったせいであった。いってみれば巨大な凧のように、ふわりと浮上したのである。

立川で基本審査、浜松の飛行連隊で実用試験を受けたキ20は昭和八年八月、「陸軍九二式

九二式重爆撃機（日本）
全長23.2m　全幅44.5m　主翼面積294㎡
全備重量2万5500kg　最大速度192km/h

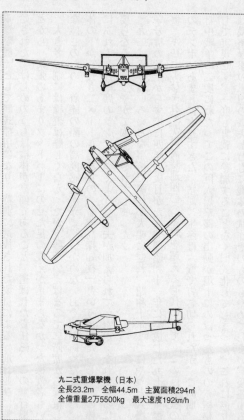

重爆撃機」として制式採用になり、特別に選抜された要員による、飛行並びに整備訓練が開始された。はじめのうちは機体が高価であること、選ばれた責任感、この飛行機の機密性などから、緊張のあまりフットバーにのせた足の震えが止まらなかった操縦者もいたという。

大きさの割には操縦は難しくなかったが、難をいえばまるで二階席から操縦しているような感じのため、着陸の際の高度感覚がうまくつかめないおそれがあったことだ。このため胴体の下から長さ二メートルあまりの「着陸高探知杖」という棒をたらし、この棒の端が地面にふれると操縦席のランプがつくような工夫が加えられていたが、なれてくるにしたがって要らなくなり、やがて取り外されてしまった。

九二式重爆はいろいろな事情で製作が大幅に遅れ、昭和十年までにやっと六機が完成した。一号機の進空からすでに四年の歳月がたち、翌昭和十一年に完成した九七式重爆撃機の試作機（キ19およびキ21）が最高時速四〇〇キロを超える時代の中で、この巨人機の開発と生産のテンポはあまりにも遅すぎた。結局、生産は六機で打ち切られたが、この間、満州事変、日中戦争の二度にわたってこの巨人爆撃機の出動が俎上にのぼったものの、極秘扱いが災いして実現せず、一度も実戦に参加することなく旧式化してしまった。これに懲りたか、陸軍は戦略爆撃の思想の喪失とともに機体の試作そのものもやめてしまい、後述するように六発の巨人機「富嶽」計画に着手したときにはタイミング的に遅きに失した。

極秘中の極秘だった九二式超重爆が現役中、たった一度だけ公《おおやけ》に、国民の目に触れたことがあった。それは太平洋戦争が起きる二年ほど前の昭和十四（一九三九）年四月二十九日の天長節（天皇誕生日）を祝う観兵式に、三機が空中分列式に参加したときで、中学二年生だった筆者も、怪鳥のようなそのシルエットを見上げてびっくりした記憶がある。〝オバケ〟のニックネームがつけられたのも不思議はない。

なお現役を退いた九二式超重爆は、埼玉県所沢飛行学校の航空記念館と兵庫県西宮の航空園に展示されていたが、敗戦で破壊されてしまったのはかえすがえすも残念でならない。

〝バカ鳥〟と呼ばれた四発攻撃機

●海軍十三試陸上攻撃機「深山」――日本

戦略爆撃機ではないけれども、日本海軍では遠距離を進攻して雷撃を敢行できる四発大型機の開発をめざし、昭和十三年に十三試として川西航空機に飛行艇（大艇）を、中島飛行機に陸上機（大攻）の開発を命じた。

川西の飛行艇を除けば、このような四発大型機を作る技術はほとんど無にひとしかったので、中島の十三試大攻は海軍がアメリカから買うことになっていたダグラスＤＣ４型四発旅客機をベースに設計することになっていた。つまり陸軍の前例にならったわけだが、海軍が大型民間旅客機、それも試作機を買うことは、当時すでにかなり先鋭化していた日米関係からしてもまずかったし、こちらの企図を悟られるおそれもあった。

そこですでにＤＣ２、ＤＣ３とダグラス社の飛行機を使っていた大日本航空が買うことにすれば自然だろうと、名目上の買い主にして、実際には海軍が当時の金で三〇〇万円もの大金を支払って買い取った。

このあと、これもダグラス社と技術的なつながりがある中島飛行機から三竹忍技師が技術習得のため渡米し、カリフォルニア州サンタモニカのダグラス工場に一ヵ月滞在したほか、契約にしたがってダグラス社からDC4の製作図面一式が中島に送られてきた。ところがこのDC4は、試作してはみたものの、設計的に失敗作であることにダグラス社では早くから気づいていたらしく、このあとすぐに別のDC4を設計している。

ダグラス社にすれば、使い物にならない失敗作をうまく日本に売りつけたことになるが、できの良くないサンプルを参考にさせられた中島飛行機の技術者たちこそいい迷惑だった。

昭和十四年十月、横浜に到着したDC4は羽田に送られて、ダグラス社の技師の指導で組み立てられた。十一月十三日には報道関係者を招待して公開飛行がハデに行なわれ、新聞も大日本航空のベッド付き豪華旅客機ということで大々的に報道した。しかし、これは海軍の意図をカムフラージュするゼスチュアにすぎず、このあとひそかに霞ヶ浦に空輸されたDC4は、空き家になっていた飛行船大格納庫の中で分解され、再び空に上がることはなかった。

調査は入念に行なわれたが、しょせん中身は旅客機であり、大型機設計上のノウハウとしては、すでに中島飛行機が入手していた図面と、三竹技師のアメリカからのレポート以上のことはなかったようだ。

十三試大攻のことを、中島飛行機では社内でLXと呼んでいたが、その設計にあたって設計主務者の松村健一技師は、「主翼はそっくり使う。胴体はまったくの新設計となる。はじめての試みである三車輪式(尾輪の代わりに機首に車輪がつく)はそのまま踏襲する。未知の部分はできるだけ避け、必要なところに技術を集中する」という設計方針を決めた。

ＬＸが原型のＤＣ４ともっとも大きく変わったのは、松村技師もいっているように、何といっても胴体だ。魚雷を二本、爆弾なら最大四トンまでつめる大きな爆弾倉、それに戦闘機の援護なしに敵地上空に進攻することを考え、上下、前後、左右に強力な銃座を設けた。これらのことから、胴体の中央部分は縦に細長い楕円形に近い断面になった。というより、円形断面の細長い胴体の下に爆弾倉の分だけ張り出しをつけたといった方が適切かもしれない。

ＤＣ４の航続距離は三五四〇キロメートル、ＬＸはその二倍近く、しかもより強力なエンジンを使うことになっていたから、積載燃料の量は二倍以上を必要とし、燃料タンクのスペースを増やすため、最初の思惑とちがって主翼はかなりの構造変更と補強を必要とした。エンジンは当時入手できた中で最強力の中島「護《まもる》」一一型で、データの上では離昇出力一八七〇馬力を出せることになっていたが、実際には出力がかなり下まわっただけでなく不具合も多かったので、のちに川西の十三試大艇と同じ三菱の「火星」一二型に変更を余儀なくされた。

ＬＸフラップ、脚の上げ下げ、動力銃座などすべての操作を油圧でやっていたが、これもＤＣ４ゆずりだった。ところが、その補機類の構造が複雑で製造に高度の精密さを必要とし、当時の日本の工作技術では手におえなかった。そのうえ油を密閉するパッキングにもいいものがなく、油もれがひどかった。この点はＤＣ４も同じで、どうやら悪いところまでお手本そっくりになってしまった。油もれや油圧機器の不良はすべての日本機に共通した欠陥だったが、この巨人機もまた油もれによる故障に悩まされ、海軍の領収を大幅に遅らせる原因になった。

中島では、設計開始とともに、太田製作所の一角にLX専用の試作工場の建設をはじめた。

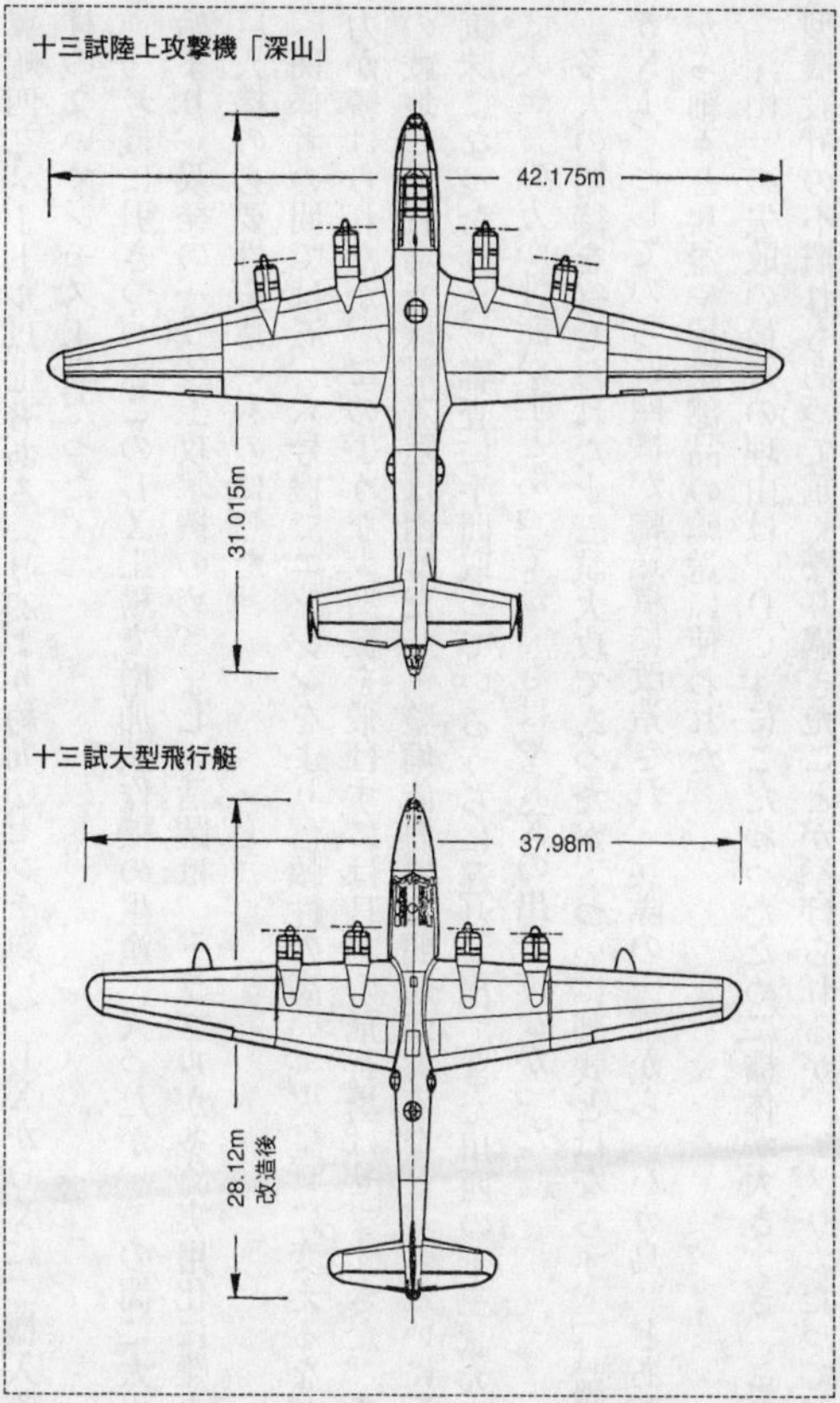

翼幅四二メートル以上もある（B29より約九〇センチ短い）LXがらくに二機入る、中間に柱のないマンモス工場だった。

一号機に引きつづきこのLX工場で増加試作機の生産に入ったが、この間に太平洋戦争が始まり、双発の一式陸上攻撃機のめざましい活躍は、トラブルが多く実用化に難のあるこの巨人機の必要性を薄いものにした。

関係者の間では五、六号機でエンジンをより信頼性の高い「火星」に変えるなど改良の努力が続けられたが、このような大型機を飛ばすには日本の飛行場はせますぎた。まして急造の戦地の飛行場では離着陸は困難だし、整備能力にも問題があるなど、しだいにもてあまし気味になったうえ、審査に手間取っているうちに遅れて出てきた川西の十三試大艇（後の二式大艇）の方が性能が上とあっては、もはやLXの出番はなかった。

多大の期待を寄せられた十三試大攻であったが、ついに制式とはならず、「試製深山」（G5N1）としてのちに四機が輸送機に改造され、兵隊の一部から〝バカ鳥〟とあざけられながら細々と兵器や補給部品の輸送に使われた。

「深山」の失敗の最大の理由は、DC4にこだわったために機体が大きすぎ、このような大型機設計の不慣れもあって重くなり過ぎたことが挙げられるが、アメリカだって傑作爆撃機のB17やB29の前に重量過大の馬力不足で失敗作となったXB15の前例があり、こうした大型機はそう簡単にはできないことを物語っている。

事実、戦争末期にできた同じ中島の四発陸上攻撃機「連山」はかなりいい素質を持っていたようだが、いかにもその出現が遅すぎた。それにしても「深山」の製作機数は六機、〝オバケ〟とよばれた陸軍の九二式超重爆撃機も六機で、この辺が日本の国力の限界を示しているのかも知れない。

重爆撃機の基準を一変させた傑作機

●ボーイングB17「フライングフォートレス」――アメリカ

昭和十三年二月、それまで海軍中攻隊の活躍に無敵航空日本を信じきっていた国民を、びっくりさせる出来事が起きた。中国空軍の爆撃機二機が、日本本土の長崎県上空に進入してビラをまいたのである。

この爆撃機はアメリカ製のマーチンB10で、陸軍の制式爆撃機だった。熱心な戦略爆撃論者だったアーノルド陸軍中佐が一九三四（昭和九）年にアラスカ〜アメリカ本土間の編隊無着陸飛行をやってのけた機体だが、当時、アメリカ陸軍の爆撃機開発にかける熱意はすさまじいものがあった。

アーノルドが編隊無着陸飛行をやったこの年、陸軍はボーイングにたいして四発の大型爆撃機XB15の試作を発注した。出来上がったのは翼幅四四・七メートル、胴体の長さ二六メートル、総重量四一トンで、のちのB29より翼幅だけが大きく、胴体の長さと総重量がやや少ないという機体だったが、それまでに作られたアメリカ機の中では最大の機体となった。

残念なことに、これだけの重い飛行機にふさわしいエンジンがまだなかったので、一〇〇〇馬力四基の非力では時速三〇〇キロがやっとで、とても使えるシロモノではなかった。

しかし、これはいってみれば軍が金を出してボーイングにやらせた四発大型爆撃機設計の予行演習みたいなもので、これとは別にアメリカ陸軍は一九三四年夏、次期重爆の試作計画を発表した。それは最高時速四〇〇キロ、爆弾一トンをつんで航続距離三二〇〇キロというもので、ボーイング、マーチン、ダグラスの三社が応募したが、他の二社が双発だったのにたいし、ボーイングは爆弾搭載量一トン程度の重爆の常識を破って四発にしたのである。

これより二年後に始まった日本海軍の一式陸攻の計画段階で、設計主務者の本庄技師が四発の計画を提案したのに似ているが、日本海軍はそれを否定し、アメリカ陸軍は受け入れた。この違いがのちの第二次大戦に大きな戦力の差となって現われたのであるが、一九三五（昭和十）年七月二十五日に初飛行したボーイングＸＢ17はすばらしい高性能を発揮した。

社内記号モデル299と呼ばれたＸＢ17は、試験飛行では時速四〇〇キロ近い高速のほか、上昇力、航続力、搭載能力などすべての点で陸軍の要求を上回っていた。ちょうど同じころ日本では海軍の九六式陸攻の試作機が飛んで時速三一二キロを出し、関係者たちを喜ばせたが、アメリカのＸＢ17が時速で七〇キロ以上も早かったことを当時知ったら、どうであったか。

乗員は八名で、銃座が五つもあったところから、たちまち「フライングフォートレス」（空飛ぶ要塞）のニックネームがつけられ、その頑丈な機体やすぐれた防弾防火装置により、太平洋戦争が始まってからは「撃っても撃っても落ちない」と、Ｂ17と対戦した日本陸海軍戦闘機パイロットたちを嘆かせた。

　高速、そして重武装のB17には二つの新技術が採用されていた。その一つは排気ガスタービンによる過給機（スーパーチャージャー）で、それまでのエンジンの出力の一部を使って圧縮機をまわしていた機械式にたいして、排気ガスでタービンを回すので、いってみれば廃物利用だから過給機をまわすための動力損失がなく、フルカン継ぎ手と組み合わせることにより、自動的かつ連続的に高度に応じた最適な過給ができる理想的なエンジン過給システムで、他国にはなかったアメリカの新技術だった。これによって高空でも性能が落ちることがなく、この特質は次のB29にも受け継がれて、排気ガスタービンの開発で遅れをとった日本の邀撃戦闘機陣を悩ませたことはよく御存じの通りだ。

もう一つの新技術は、先に述べたノルデン式爆撃照準器だった。自動操縦装置と爆撃照準器を連動させ、爆撃針路に入ったら操縦はパイロットの手を離れ、定針定速、横すべり防止と照準のいっさいを爆撃手が行なう高度な機械式システムで、命中精度の高さは他の追従を許さなかった。

さてこれほど性能的にも技術的にも優れていたB17であったが、最初のころは大きすぎて使いにくいといわれ、なかなか制式にならなかった。そんなことから、第二次大戦が始まって最初に実戦に使われたのはイギリスに貸与された二〇機で（アメリカはまだ参戦していなかった）、それも高空性能を生かした高々度戦略偵察機として使われたにすぎない。

Ｂ17が本来の爆撃機として使われたのは、先に送られたヨーロッパではなく太平洋戦線だった。日本軍による真珠湾攻撃の半年前にあたる一九四一（昭和十六）年五月、防弾を強化したＢ17Ｄ型三五機がフィリピンのクラーク、デルモンテ両飛行場に配備され、日本へ無言

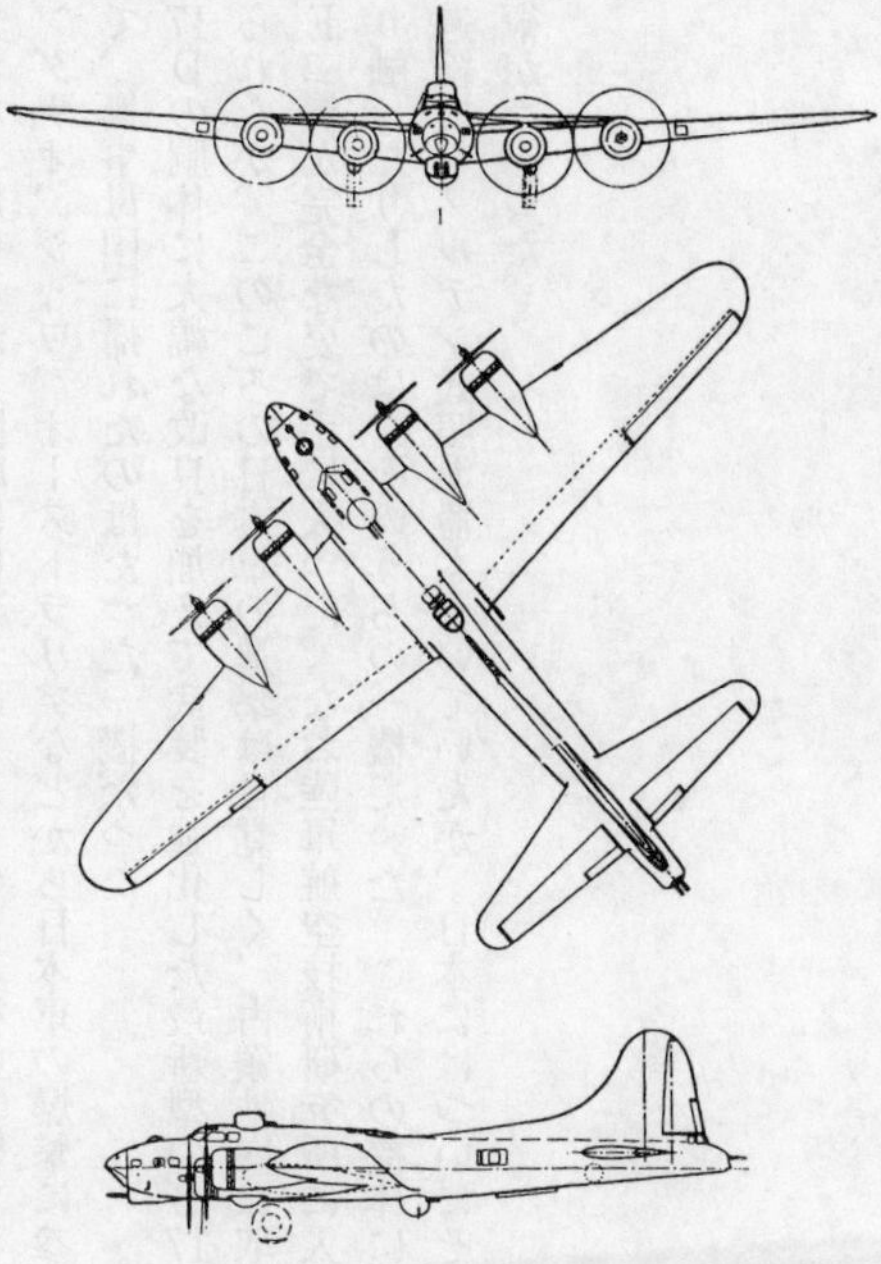

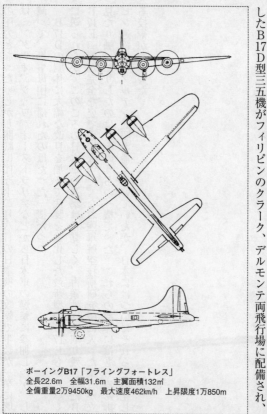

ボーイングB17「フライングフォートレス」
全長22.6m　全幅31.6m　主翼面積132㎡
全備重量2万9450kg　最大速度462km/h　上昇限度1万850m

の圧力となった。しかし開戦に伴う十二月八日の日本機の攻撃で半数が一挙に壊滅し、残りはミンダナオ、ジャワ、オーストラリアなどから日本軍の爆撃に参加したが、しだいに数が減って、無事母国に帰れたのはたった一機だった。

B17Dの胴体に大幅な改良を加えて武装を強化した最新型のB17Eもいち早く太平洋戦線に送られたが、このころの日本軍の進撃は目覚しく、占領地内に取り残されたB17D一機とB17E二機が完全な姿で手に入った。なお陸軍航空技術研究所に入った筆者が立川飛行場で見たり触ったりしたのは、そのうちの一機だった。これらの機体にはもちろん排気ガスタービン過給機もノルデン式照準器もついていたが、日本にはついにそれらを消化して実用化する技術がなかった。

ヤンキー魂の神髄

●B17の壮絶なるヨーロッパ爆撃行

ボーイングB17の出現は、重爆に四発の新しい時代を開き、それまでの主流だった双発重爆は中型爆撃機に格下げになってしまったが、B17がその真価を認められるようになるまでにはもう少し時間が必要だった。

太平洋戦線でB17型やE型が日本軍の手中に入っていたころ、ヨーロッパではイギリス本土の基地で、ドイツ爆撃の準備が着々と進められていた。

一九四〇年夏から秋にかけてのドイツ、イギリス両軍の本格的な空の戦い、「バトル・オブ・ブリテン」で、ドイツ空軍の誤算と自国の戦闘機隊の英雄的な邀撃によって、勝利を収めたイギリスは、中断していた爆撃機生産を再開した。それもドイツ本土の戦略爆撃を狙ったショート「スターリング」、ハンドレページ「ハリファックス」、アブロ「ランカスター」などの四発大型爆撃機を主としてであった。

これらの爆撃機はB17にくらべると性能的には決して優れているとは思えなかったが、ドイツ全土をカバーできるだけの航続力があればいいと割り切って、爆弾搭載能力を最大限に強化してあった。これらの爆撃機の量産が進み、兵力が整ったところで、イギリス空軍による一〇〇〇機単位の大空襲が開始された。最初の作戦はドイツのケルン市への夜間爆撃だったが、この空襲は大成功で、ケルンは一夜にして廃虚と化した。

その後のイギリス爆撃機集団の一回の作戦行動機数は増大する一方で、一九四三年七月末のハンブルグ大空襲ではなんと三〇〇〇機に達したのである。しかもこのほとんどが四発爆撃機だったのだから、同じ島国でもイギリスの国力はすごいものだと思う。ちなみに、生産機数で見るとアブロ「ランカスター」七三七四機、ハンドレページ「ハリファックス」六三七六機、ショート「スターリング」二三七五機で、日本は双発の陸軍九七式重爆が一七一三機、一式陸攻が二四七九機となっている。

いささか横道にそれたが、これほどイギリス爆撃隊が活躍しているところへ、あとからやってきたアメリカ爆撃隊の生きる道は、イギリス爆撃隊がやらない昼間精密爆撃しかなかった。なぜならアメリカ爆撃隊の方がスピードが速く、しかも爆撃精度の高いノルデン式爆撃照準器を持っていたからだ。

一九四二年八月、アメリカとイギリスとの間に昼はアメリカ、夜はイギリスの爆撃機というように作戦の協定ができたのもそのせいで、犠牲の多い昼間爆撃を担当することになったアメリカ第八空軍こそいい迷惑だった。Ｂ17もこのころになるとエンジンと武装を強化したＦ型に代わり、全備重量もＹＢ17時代の二倍近い三二・七トンに達した。にもかかわらずエンジンの強化などで最高時速は一〇〇キロも速い四八三キロを出している。最初から四発にした余裕ある設計が、ここに来て真価を発揮したのである。と書けば勇ましいが、昼間爆撃の代償は大きく、Ｂ17爆撃隊はそのつど大きな損害を出した。

B17Eの乗員配置

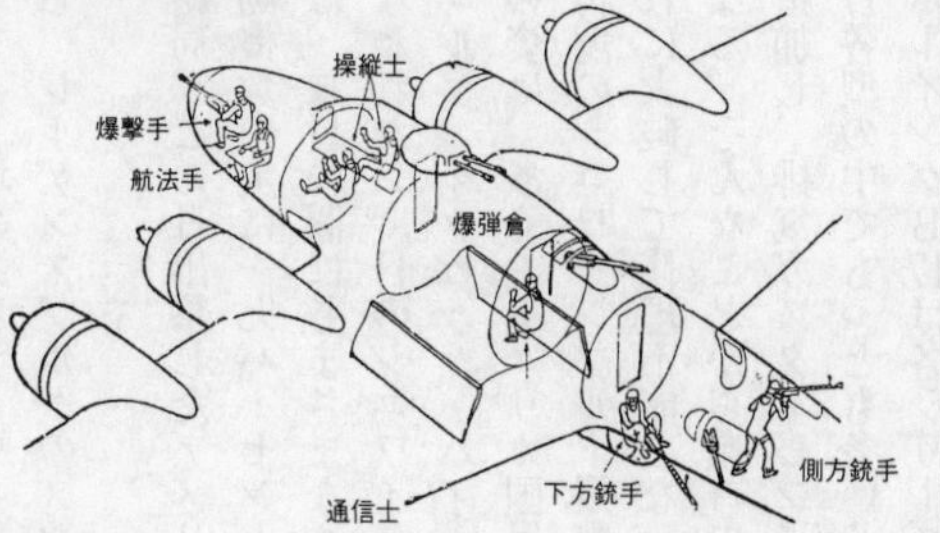

ドイツ戦闘機隊も強化され、一九四三年に入ると、最高時速七〇〇キロ近いメッサーシュミットＭｅ109ＧやフォッケウルフＦｗ190Ｄなどを繰り出し、三〇ミリ・カノン、空対空ロケット弾、パラシュート付き空中爆弾などあらゆる手を使って攻撃し、中にはＢ29に体当たりした日本の特攻「震天制空隊」まがいの攻撃を仕掛けた命知らずもいたという。

そんなドイツ戦闘機隊の攻撃とはげしい対空砲火の洗礼を浴びながら、いったん爆撃態勢に入ったＢ17は、そのコースを変えようとはせず、運命を神にゆだねたのであった。

Ｂ17の弱点が正面にあるのを知ったドイツ戦闘機隊は、まず先頭の編隊長機をよってたかって攻撃し、撃墜して編隊が乱れたところを次々に落とすという戦法をとった。

そのために、たとえば一九四三年八月十七日にボールベアリング工場のあるシュワインフルトを襲った第八航空軍二三〇機のうち三六機が撃墜されたし、レーゲンスブルクのメッサーシュミット工場に向かった一四六機は二四機を失っている。

結局、この日出撃したアメリカ第八航空軍のB17F三七六機のうち、被撃墜は合計六〇機、出動機数の実に一九パーセントにのぼった。一回の出撃で二〇パーセント近い未帰還機が出れば、乗員の間にさまざまな心の動揺や葛藤が生じるのは当然で、この年の十月十四日におこなわれた二度目のシュワインフルト爆撃行を題材にした、一九四九年のアメリカ映画『トウェルブ・オクロック・ハイ』(日本での題名『頭上の敵機』)に描かれた苦悩する隊長と部下の姿は、多くのアメリカ国民の共感を呼んだ。

再度のシュワインフルト爆撃行での損害は、出撃機数二九一機にたいして被撃墜六〇機で、これに大破して修理不能となった二二機を加えると出撃機の二八パーセントが失われたことになる。そんなことから機首の下に一二・七ミリ機銃二梃のアゴ型銃座〝チン・タレット〟を追加し、排気ガスタービン過給機を改良して上昇限度を向上させたG型が急いで作られ、B17各型の中でもっとも多い八七〇〇機近くが生産され、第二次大戦を終えた。

ボーイングB17は各シリーズを合わせて一万二七二六機が生産されたが、このうち作戦で四六八八機が失われるという大きな損害を出した。一九四二年から大戦終了までのヨーロッパ戦域での作戦で、B17はのべ二二万一五〇八機が出撃し、イギリス空軍で最も出撃回数の多いアブロ「ランカスター」の六〇万九〇〇〇トンを上回る六四万三六トンの爆弾を投下したが、これは他のどの爆撃機も及ばない輝かしい戦績だ。

やられてもやられても屈することなく、祖国アメリカと自由のために戦い、かつ死んで行った戦士たちの乗機だったB17への、アメリカ人のノスタルジーはよほど強いらしく、『頭上の敵機』以後にも一九九〇年になってワーナーブラザーズの『メンフィス・ベル』が制作され、B17爆撃隊の敢闘をしのんでいる。

陰の主役

●コンソリデーテッドB24「リベレーター」――アメリカ

第二次大戦中の重爆撃機の名機中の名機として、その実績とともにだれも異存のないボーイングB17に対し、同じ四発重爆として活躍したコンソリデーテッドB24「リベレーター」は、地味ながら決してB17に劣らない、むしろB17以上に働いた殊勲機なのである。

B24は設計的にはB17より四年も新しいだけに、層流翼型を採用するなど先端技術も取り入れられていたが、スピードもB17と変わらず、数字的な性能上の飛躍は見られない。外形も肩翼の下の胴体はB17より約二メートルも短いうえに太く角張っていて、お世辞にもスマートとは言えないが、一万二七二六機のB17の一倍半近い一万八一八八機も生産され、重爆撃機としての戦略爆撃だけでなく、哨戒、対潜攻撃、貨客輸送、タンカー、写真偵察など、ヨーロッパ、太平洋両戦線で広く活躍した。

平面図をくらべればわかるように、B24の翼は非常に細長い。翼の長さはB17より約二メートルも長いのに、翼面積はB17の約三分の二しかない。当然ながら主翼のアスペクト比

（縦と横の比率）が大きい。

賢明な読者はすぐに長距離機向きの主翼だとお気づきのことと思うが、翼面荷重の増加にともなう飛行性能の低下を防ぎ、「最大速度四八〇キロ／時以上、航続距離四八〇〇キロ以上、上昇限度一万七〇〇〇メートル以上」という陸軍のアーノルド将軍から出された要求を満たすのに必要な設計手法が、層流翼型の採用であった。

コンソリデーテッドB24「リベレーター」（アメリカ）

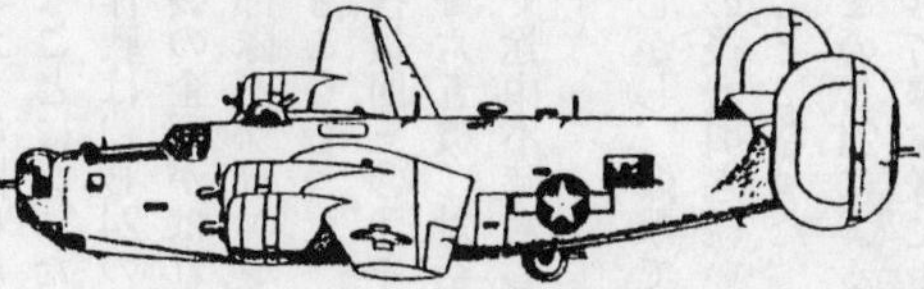

太く短い胴体と細長い主翼、そしてあまり格好の良くない二枚の垂直尾翼の組み合わせはちょっと目には鈍重そうに見えるが、同じ四発重爆であるイギリスのアブロ「ランカスター」などにくらべて操縦性にすぐれていたといわれ、B24の数ある戦績の中でも最大のハイライトであるルーマニア油田地帯の爆撃に使われたのも、長大な航続力とともにそんな点が買われたものだろう。

ルーマニアの首都ブカレストの北方約六〇キロにあるプロエシチは、ドイツの航空燃料の三分の一を供給していたので、ここを叩くことにより、燃料欠乏を起こさせて航空機の活動に制約を与えるだけでなく、ドイツ衛星圏にあるルーマニアの人心を離反させる狙いもあった。

この爆撃作戦はアフリカ北岸の地中海に面したベンガジから行なわれ、五個爆撃大隊一七九機が発進したが、途中で嚮導機が事故で墜落したため編隊の統制が乱れ、一部の編隊が航路を間違えてブタペストに出たことからたいへんなことになった。

作戦は、Ｂ24の低空での操縦性を生かした超低空進入による奇襲を企図したものだったが、奇襲の企図がばれてしまったためドイツ軍に邀撃体制を整える時間を与えることになり、空襲部隊がプロエシチに侵入したときには猛烈な対空砲火と戦闘機の大群の洗礼を浴び、大損害をこうむった。

往復四三〇〇キロ、十数時間に及んだこの日の爆撃行で、出撃した一七九機のうち目標到達一六五機。対空砲火で三三機、戦闘機の攻撃で一〇機が失われただけでなく、被弾がひどくて途中不時着した機も多く、なんとか基地に帰り着いたのは約半数の九九機に過ぎなかった。

しかし、爆撃で一〇ヵ所にのぼる製油所は一時的に生産が四二パーセントの能力を失い、その後も引き続いて行なわれた爆撃で石油生産は急速に落ち込み、ドイツ敗退に拍車をかけることになった。

このＢ24によるルーマニア油田地帯の爆撃は、ほぼ同時期に行なわれたイギリス基地からのＢ17爆撃隊によるドイツのベアリング工場（シュワインフルト）に対する爆撃行と並ぶ壮絶なものだった。

Ｂ24は太平洋戦線でもむしろＢ17などより多く出現し、戦争の末期には、占領した沖縄を基地とした海軍型のＰＢ４Ｙが九州近海に出没するようになった。これに対して特別に任務を与えられた新鋭の「紫電改」戦闘機が出動したが、海面すれすれに飛ぶＰＢ４Ｙの撃墜には手を焼き、逆に「紫電改」に損害をだしたこともあったという。名機とはいえないが、実のある働き者の四発重爆であった。

「超空の要塞」誕生

●ボーイングB29「スーパーフォートレス」——アメリカ

一大成功作となったボーイングB17の試作一号機の初飛行から約四年後の一九三九年十一月、アメリカ陸軍はB17よりさらに大きい、航続距離八五〇〇キロ（爆弾〇・九トン搭載の場合）、最大爆弾搭載量七・二五トン、最大時速六四〇キロの新たな長距離重爆撃機の開発を決め、翌年一月、ボーイング、ロッキード、ダグラス、コンソリデーテッドの四社に仕様書を提示して開発の入札を行なった。それはあたかも日本の九六式陸攻隊による中国大陸奥地の戦略爆撃たけなわだったころだから、その先見には驚くほかない。

入札の結果はXB15、B17と四発大型機の経験を積み重ねてきたボーイングがやはり強く、同社の「モデル345」が一位になった。これがのちにB29となった機体の原型だが、どこの会社でも二代目、三代目とつくりつづけるうちに技術が熟成されてすばらしいものが出来上がる。ボーイングの場合もまさにそれで、二代目のB17がすでに優良児だったから、三代目は傑作機が生まれることを約束されているようなものだった。

一九四二（昭和十七）年九月二十一日、ボーイングXB29はテストパイロット、エドムンド・アレンの操縦で七五分間の初飛行に成功した。細長い主翼、円形断面で出っ張りの少ないスリムな胴体、いかにも強馬力を誇示するかのような大きな四つのエンジンナセルなど、それは明らかにB17「空の要塞」の名の上に〝スーパー〟を冠するにふさわしい堂々たる大型機だった。

一九四二年九月二十一日に初飛行したXB29は、その後の飛行で最大時速五九三キロ（高度七六二五メートル）、航続距離最大九四三〇キロ、爆弾七・二五トンをつんで六六〇〇キロという驚くべき高性能を示した。

XB29のすばらしさはそのずば抜けた高性能だけでなく、二つの革新的な新しい装置にあった。その一つは高度九〇〇〇メートルで室内を高度二四〇〇メートルと同じ気圧に保つ気密室の設置で、これによって乗員はラフな服装で長時間の機内作業に耐えることができるようになった。戦時中、撃墜したB29乗員の服装を見て日本では、「アメリカも物資欠乏で飛行機の乗員もとうとうこんな粗末な服しか着られなくなった」と逆宣伝に使ったりしていたが、もちろんそれはナンセンスに過ぎなかった。

今でこそ高空を飛ぶ旅客機では当たり前になっている与圧の気密室を、ボーイングではすでにB17をベースにした民間用の「ストラトライナー」旅客機で実用化していたのである。ただB29は中央の胴体下半分は大きな爆弾倉になっていて、扉を開閉しなければならないので、気密室は前部の操縦室と後部の射手室とに分かれ、この間を直径八五センチの長い管でつなぎ、乗員はこの中をはって通るようになっていた。

B29のもう一つの新機軸はゼネラル・エレクトリック社(GE)が開発した新しい兵装システムの採用で、小型の電子計算機により、航続距離、高度、気温、対気速などが自動的に修正できたほか、標的との距離、気速、高度、温度、視差などの補正を自動的に行なえる射撃管制装置を備え、射手は気密室の中から遠隔操作によって、すべての機銃や砲を自由に操作できるようになっていた。

B29は全幅四三・〇七メートル、全長三〇・一八メートル、最大離陸重量六一トンの大型機で、これはB17の三割増しの外形寸法、二倍の重量であり、エンジンの総出力もB17Gの四八〇〇馬力にたいして八八〇〇馬力だからこれまた二倍となる。この完成にともないそれまでの重爆の代表だったB17やB24は「中型爆撃機」に格下げされた。

このB29を装備した第二〇爆撃兵団が創設されたのは一九四三(昭和十八)年十一月末で、全面的に日本との戦争に投入することが決まった。当時、陸軍航空技術研究所にいた筆者が部内の会報でその存在を知ったのは、たしかその年の四月頃ではなかったかと思う。

後述するようにB29による日本本土の爆撃は猛烈を極め、広島、長崎の原子爆弾投下をもって日本をして戦争終結に導く役割を果たしたが、ノースアメリカンP51「ムスタング」やグラマンF6F「ヘルキャット」とならんで、戦中派日本人にとってもっとも印象深い飛行機の一つとなっている。

それにしてもこれだけの大型爆撃機、しかも数々の新装備を織り込んで軍の使用提示から

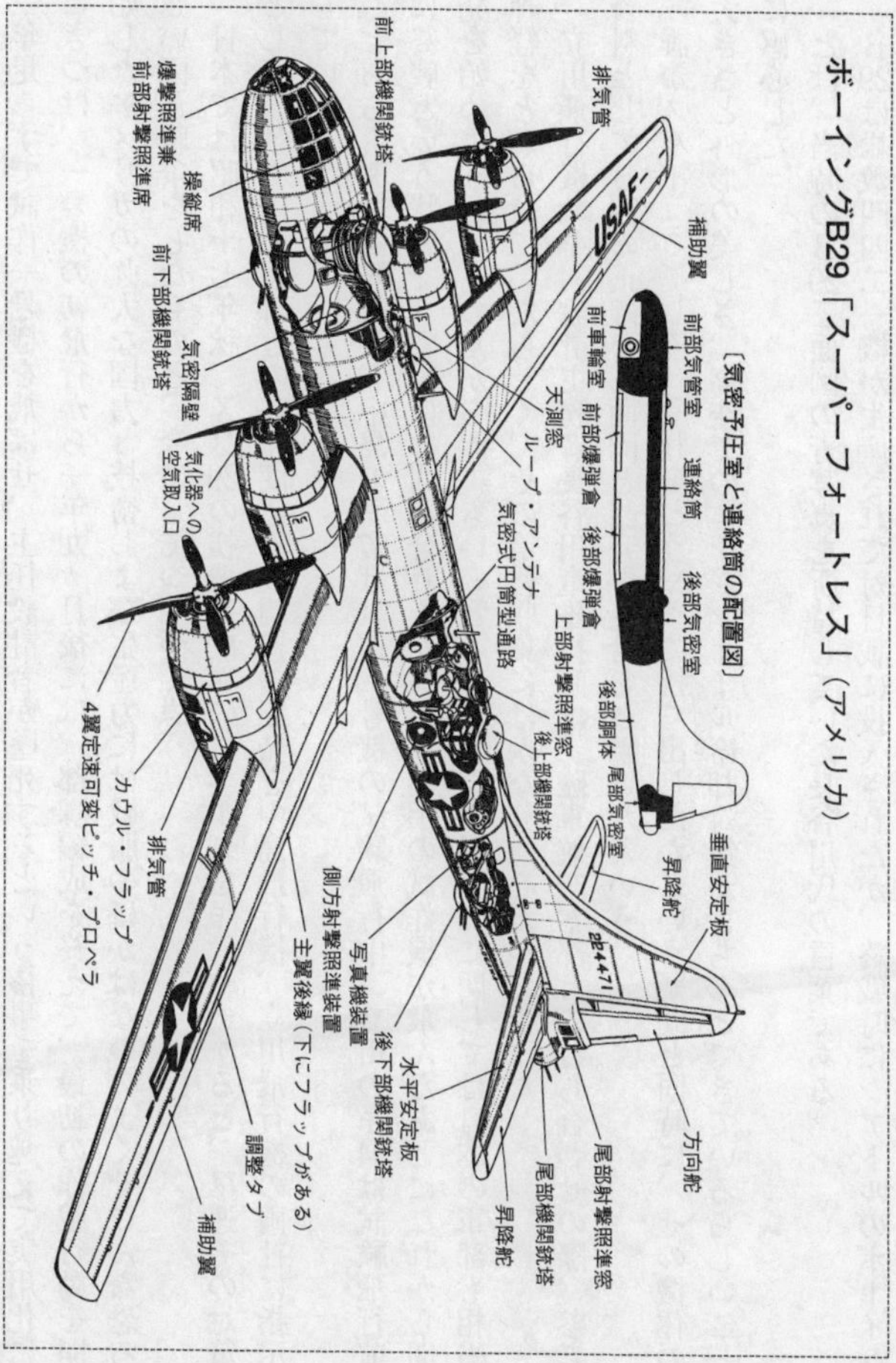
ボーイングB29「スーパーフォートレス」(アメリカ)
〔気密予圧室と連絡筒の配置図〕
前部気管室
連絡筒
後部気密室
前車輪室
前部爆弾倉
後部爆弾倉
後部胴体
尾部気密室
補助翼
排気管
USAF
前上部機関銃塔
爆撃照準兼
前部射撃照準席
操縦席
前下部機関銃塔
気密隔壁
天測窓
ループ・アンテナ
気密式円筒型通路
気化器への
空気取入口
上部射撃照準窓
後上部機関銃塔
垂直安定板
昇降舵
方向舵
尾部射撃照準窓
尾部機関銃塔
昇降舵
水平安定板
後下部機関銃塔
写真機装置
側方射撃照準装置
主翼後縁（下にフラップがある）
調整タブ
補助翼
排気管
カウル・フラップ
4翼定速可変ピッチ・プロペラ

三年足らずで試作一号機を飛ばせ、主任設計者が墜死するという惨事を乗り越えて実用化にこぎつけ、一号機の初飛行から一年九ヵ月後には、部隊編成を終えて、最初の作戦行動を開始したアメリカの強大な国力と技術および生産力には敬服のほかはない。よくぞこんな恐ろしい国と戦争をしたものと、今にしてつくづく思う。

日本では昭和十七年秋、XB29の初飛行成功のニュースをキャッチすると、早速その対策として排気タービン付きの高々度邀撃戦闘機の開発を中島飛行機、立川飛行機の両社に指示している。

どちらも開発は難航し、中島のキ87は試作一号機の試験飛行中、立川のキ94は試験飛行前に終戦という状態で、戦争には間に合わなかった。相手の試作機が飛んだあとにこれから開発を始めようというのだから泥縄もいいところだったが、B29に関しては日本の軍部も相当神経をとがらせていたらしく、その情報収集にはかなり熱心だったようだ。

立川飛行機のキ94設計主務者長谷川竜雄技師は、陸軍航空本部との打ち合わせの際、参考資料としてB29の正確な三面図と諸元を見せられ驚いたという。

「誰がスパイ（?）して、それをどうやって持ち出したかという疑問と同時に、その機体の大きさと外形の美しさ、高空でのエンジンオイル冷却対策がきちんとできているらしいことに感心した」

とは、当時のB29三面図の青写真を所持していた長谷川氏の言葉である。

B29は総数四四二一機が生産されて対日戦に投入されたが、終戦時にシアトルのボーイング社レントン工場で製作中のB29Dの一機は改造されてB50となり、一九四七年六月に初飛行している（量産決定前はXB44と呼ばれた）。

なおソ連は自国内に不時着したB29を捕獲し、そっくりコピーしたものをツポレフTu4として約一二〇〇機も生産して、一九五〇年代の末まで主力爆撃機として使っていた。つまりそれだけB29が優れた飛行機だったわけで、戦後、B29およびB50をベースに、胴体を大型化して全室を気密化した八〇人乗り大型旅客機、「ストラトクルーザー」が生まれ、爆撃機だけでなく世界に君臨する大型旅客機メーカーとしてのボーイングの基礎を築いた。

戦略爆撃を受けた日独都市の悲惨

●ハンブルグと東京

アメリカと同じようにイギリスも戦略爆撃機の開発に熱心だったが、その開発はドイツがウエーバー大将の死とともに四発爆撃機の開発計画を縮小した頃に始まり、ドイツ空軍がバトル・オブ・ブリテンに敗退した頃にタイミングよく第一線に出現しはじめた。

総重量三〇トンクラスのアブロ「ランカスター」、ハンドレページ「ハリファックス」、ショート「スターリング」の三機種がそれで、アメリカから救援のB17やB24とともに、ドイツを壊滅に追いやった戦略爆撃の主役となった。

これにたいして日本本土への戦略爆撃に使われたのは、より大型で倍の六〇トンクラスのボーイングB29「スーパーフォートレス」だった。ドーバー海峡を超えればすぐにドイツ領土内に入るヨーロッパ大陸の作戦とちがって、こちらは遠く離れた中国大陸奥地、あるいは太平洋上の遠いマリアナ基地から飛び立たなければならず、日本まではヨーロッパ作戦域までの二倍以上の距離があったため、B17やB24クラスでは大々的な空襲は不可能だったからだ。

Ｂ29による日本本土空襲は、一九四四（昭和十九）年六月十四日、中国成都基地から八三機が飛び立って九州の八幡製鉄所を爆撃したのが始まりで、以後終戦までの一五ヵ月にわたる作戦の間にのべ三万四七九〇機が出撃し、合計一七万トン近い爆弾を投下した。

この数字には、石造りのヨーロッパの都市とちがって、主として木と紙でできている日本の家屋を焼き払うのにもっとも威力を発揮した焼夷弾は含まれていないから、これらを含めると与えた被害の大きさからして投下量は倍増するといっていいだろう。

ドイツ空襲にくらべて、日本への空襲の方がずっと回数は少なかった。これは空襲の期間が短かったことと、前述の距離に関係するが、逆に一回あたりの投下量は比較にならないほど多く、戦略爆撃機としてのＢ29の卓越した能力がわかる。

東西で行なわれた数多くの戦略爆撃の中でも歴史に残る最大規模のものは、一九四三（昭和十八）年七月二十四日夜から八月三日朝にかけて数次にわたって行なわれたドイツの港湾都市ハンブルグ爆撃と、一九四五（昭和二十）年三月十日の東京大空襲だろう。

ゴモラ作戦と呼ばれたハンブルグ空襲は、少数のアメリカ軍爆撃機を含む、のべ三〇〇〇機以上の「ランカスター」「ハリファックス」「スターリング」などの四発爆撃機群によって行なわれ、約四三〇〇トンの爆弾とほぼ同量の焼夷弾とにより、市の居住区の六一パーセントが破壊され、軍需工場を含む各種産業施設五八〇ヵ所ほか多数の公共施設が失われた。あまりのひどさに二回目の空襲のあと、無用の者はハンブルグから立ち去るよう布告が出された。このゴモラ作戦による死傷者および行方不明者は八万人を超え、その惨状はまるで大地震のそれに匹敵するといわれた。ハンブルグの警察本部長がこの年の暮れに、ヒトラー総統に出した報告が、そのときの様子をよく伝えている。

「最初に消火設備と通信が破壊寸断された。発生した火災によって空気は一〇〇〇度にも灼熱したと推定される。火事によって誘起された局所的負圧は街路を抜ける暴風を呼んで木や屋根梁を吸いこみ、さらに火災を限りなく広げて行った。太さ一メートルの樹木が折れたり引き抜かれたりした。

人間は地面にたたきつけられ、生きながら火炎の中を吹き飛ばされ、防空壕はそのまま火葬場になった。運河や水路に飛び込んで泳いだり、火が鎮まるまで水につかっていた人は幸運であった。——夜が明けると、火炎と強風が収まったが、煙の天蓋を透して射す朝の光線は、この世のものとも思われぬ陰惨な赤黒い色で、最後の審判の日を想像させた」

一方、マンモス都市東京は三二一機のB29のみによる空襲で、首都の中心部約四二平方キロが破壊され、二六万七〇〇〇戸の建物が焼き払われた。

死者のみで約八万四〇〇〇人、負傷者約四万一〇〇〇人、そして一〇〇万人以上の人たちが家を失うという、史上最大の空襲被害をこうむった。

その惨禍のすさまじさは、性別すら分からない黒焦げの死体を全部かたづけ終わるのに、二五日もかかったことからもうかがえるが、当時東京から約四〇キロ離れた立川に住んでいた筆者は早朝外に出て東京の空の方を見上げた時、まるで火山の噴火のあとのような巨大な黒煙の柱が立ち上り、それに向けて風が激しく木々の葉や枝をゆるがせているのを見て、慄然としたことが忘れられない。

広島や長崎に落とされた原爆の被害についてはよく知られているとおりだが、日本もドイツも大型爆撃機による継続した戦略爆撃で戦力をそがれ、抵抗力を失って敗れた。その意味では大型爆撃機は戦争の主役といえるが、同時に一般市民にとっては憎むべき加害者であり、恐ろしい悪魔の翼なのだ。

戦う爆撃機
●敵戦闘機に対抗した銃座配置

B17爆撃隊の奮戦を描いたアメリカ映画『メンフィス・ベル』は、アメリカ人ならずとも感動を呼ぶが、この映画の空戦場面に出て来る球形のボールタレット式下部銃座は興味深かった。実は、筆者が戦時中に見たB17Dはもっと平たい形の遠隔操作式だったからだ。記録によるとベンディックス社製のこの銃座は不調だったので、E型の113号機からスペリー社の球形銃座に変えたという。

このボール式タレット（砲塔＝銃座のこと）は電気および油圧によって、前後左右いずれの方向にも自由に回転するようになっていたが、それにしてもあの大男のアメリカ人が、直径一・二メートルに満たない円形銃座に押し込められて、さぞ窮屈な思いをしたことだろう。それにしても四〇〇キロ近い重量増加をしのんでも、これを装備しなければならなかったのは、下方から狙われやすかった爆撃機の弱点を示しているが、日本海軍の九六式陸攻の防弾が問題になったとき、それには約三〇〇キロの重量増加を必要とするとわかって断念したの

ハンドレページ「ハンプデン」(イギリス)

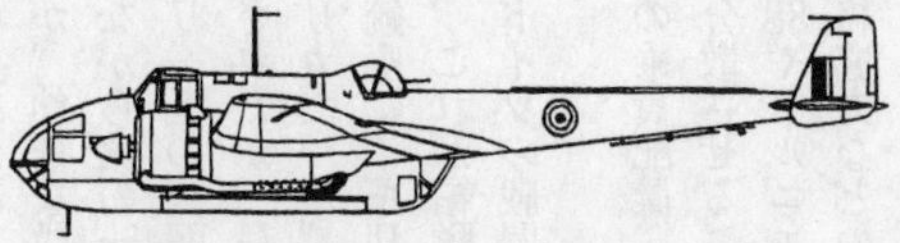

と対照的だ。

　こだわるようだけれども、四発だったB17の余裕であった。後下方の弱点にたいして、後上方の機銃で撃てるようにした第一次大戦のドイツのゴータ爆撃機の例があるが、銃座の配置は爆撃機にとって命の綱ともいうべき重大事であって、各国ともそれぞれ工夫を凝らし、面白いことにお国ぶりや設計思想が良く現われている。

　双発以上の爆撃機では、とくに尾部及び下方銃座の有無が重要だが、尾部に銃座を設けるとなると胴体を後部まで太くしなければならず、機体が相当大きくないと難しいが、防御力に重点を置くイギリスでは、たとえばヴィッカース「ウエリントン」やアームストロング・ホイットワース「ホイットリー」などのように双発の重爆でもしっかり尾部の連装銃座が装備されていた。そして同じ双発でも軽爆のハンドレページ「ハンプデン」は、尾部銃座がない代わりに後部胴体を細くして、後下方銃座の射界を広げてカバーするようにしている。日本陸軍の九九式双軽もまったく同じ設計といっていい。

　日本でも太平洋戦争初期の主力重爆だった陸軍九七式重爆や海軍九六式陸攻は、尾部銃座がないために敵戦闘機にやられることが多かったので、一時は尾部から木製のニセ機銃を突き出すという苦しまぎれの方策が取られた。のちに尾部を改造して遠隔操作の七・七ミリ機銃一梃が取り付けられたが、幼稚な設計だったためにあまり効果はなかったようだ。

当然ながら次の一〇〇式重爆と一式陸攻で、陸海軍ともはじめて尾部銃座を設けたが、七・七ミリ一梃の貧弱なものだった。一式陸攻は最終の三四型（G４M３）になって二〇ミリに強化されたが、最初から後方防備を重視し、尾部銃座の火力を強化していたのはイギリスとアメリカだった。

尾部銃座にイギリスは七・七ミリ四梃、アメリカは一二・七ミリ二梃の連装を標準としていたが、これが編隊火網としてじょうろの水のように撃ち出されると、後方から襲いかかる日本とドイツの戦闘機にとって脅威だったに違いない。

独特の乗員配置、したがって変わった銃座の配置をとっていたのはドイツで、乗員を機体各部に分散させることを止め、射手も含めてすべての座席を主翼前部に集中した。ユンカースＪｕ88やドルニエＤｏ17、同215などがその典型で、爆撃手、後方射手なども集中しているから連絡協力などの点では理想的だし、乗員も少なくてすむ。ふつうの中型爆撃機などでは、後上方射手などは胴体を貫通する主翼に遮られて、一度乗り込んだら前部にいる乗員の顔は基地に帰りついて降りるまで見られないことが多かったらしい。

太平洋戦争の初期に、日本が鹵獲したアメリカの双発爆撃機ダグラスＡ20（攻撃機）や、マーチン139などでは操縦席と後上方射手の間、つまり主翼表面の上の隙間に、風防の縁に沿って小さなトロッコつきのレールを設置し、この上のトロッコに紙をはさんで滑車と索でやり取りするという、およそ間延びした連絡方法が取られていたようだ。まだ連絡用の機上電話なんかなかった時代の話である。

こんな双発爆撃機の窮屈さから、乗員をみごとに解放したのがボーイングＢ17で、低翼で胴体貫通部の主翼は桁が通っているだけなので、爆弾は胴体の最下面から天井までの広いスペースに懸垂され、この空間を左右に二分して中央にできたせまい隙間を通路としている。

B17の銃座

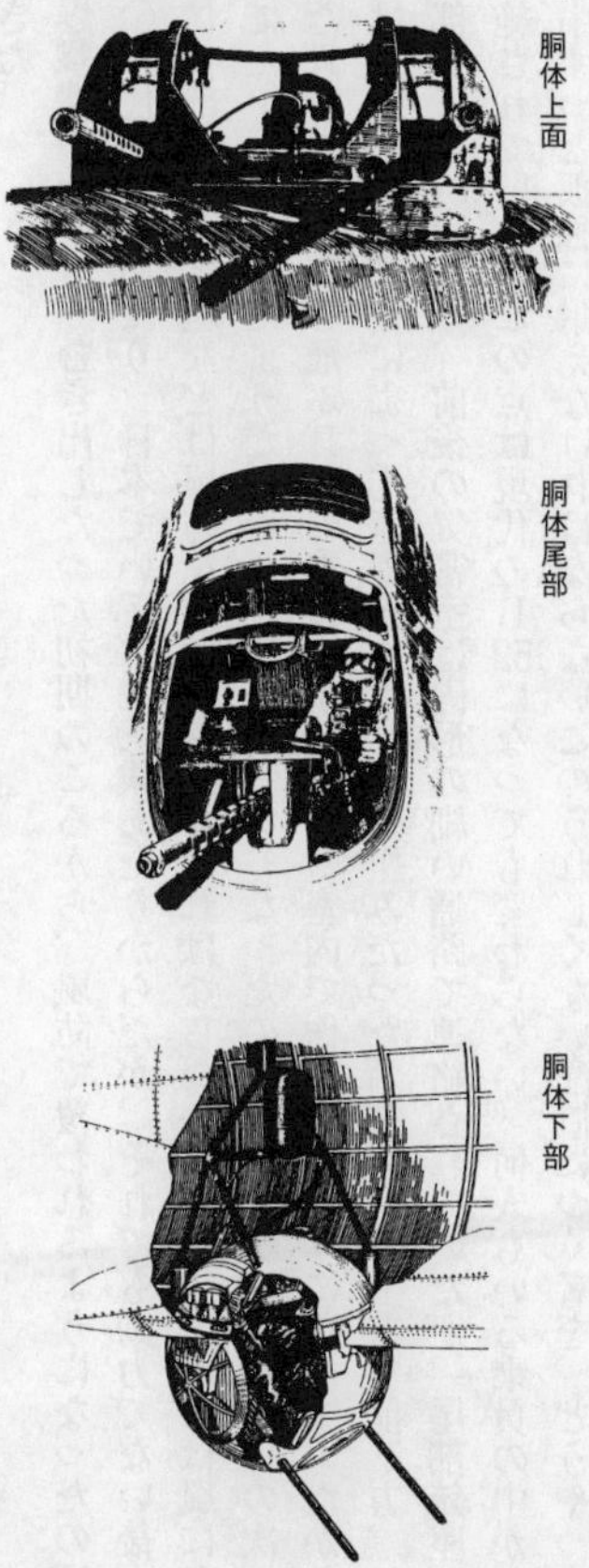

それでも桁の上を歩くことになるが、機体が大きいので背をかがめることなしに歩くことができた。

爆撃機の銃座も、むき出しだった初期のころから、風防で覆われるようになったのは一九三〇年代の前半あたり。日本でいえば九三式あたりからだが、それでも動力でない後上方や胴体後部の側方銃座などは風防を開けて撃たなければならなかったから、射手は風にさらされてたいへんだったようだ。それがまったくなくなったのは、ボーイングがＢ17の次につくったＢ29で、高空を飛ぶＢ29の乗員はすべて気密室内で作業するようになっていたから、銃座は気密室内の乗員によって遠隔操作される仕組みだった。銃座は前上方、前下方、後上方、尾部の五ヵ所にあり、前後の気密室は円形の細い通路で連絡されていたが、尾部銃座だけは隔絶されていた。この点は現代のＢ52になっても変わらない。何人もいる乗員の中から、飛行中ずっと孤独に耐えなければならないこのうれしくない配置につく者を、どうやって選ぶのであろうか。

爆撃機改造多座戦闘機

●海軍G6M1——日本

再びB17に話は戻るが、夜間の都市爆撃を担当したイギリスの爆撃隊にたいして、航空機、ボールベアリング、石油工場などにたいする、昼間精密爆撃の任務を与えられたアメリカ爆撃隊の被害は、予想以上に大きかった。そこで編隊にも工夫を凝らし、四機編隊を基準に一八機が菱形に「コンバートボックス」という密集編隊を組み、それを上下に二つか三つ重ね合わせて、敵戦闘機の付け入る隙を与えないようにしたところ、ドイツ戦闘機隊は早速、対抗策を考え出した。

それは強固な編隊を組んだB17群に、機銃の射程外からロケット弾を撃ち込んで編隊を崩し、それから一機ずつに攻撃をかけるという戦法だった。彼らはB17が正面からの攻撃に弱いことをすぐに見抜き、徹底した正面攻撃をかけた。この対策として急ぎ生まれたのが、機首下面のアゴ型銃座（チン・タレット）を新設したB17Gだが、それが出現するまでの間現地で急造の武装強化がおこなわれる一方、本国でB17Fの一機を改造してXB40という爆撃機援護機をつくった。

XB40は、機首下面のあごの部分に一二・七ミリ二連装の銃座を新設したほか、無線士のうしろにも同じように連装銃座を新設、さらに胴体側面の機銃も一梃から二梃に強化され、機銃の化けもののような機体だった。このほか後上方および下方、尾部の銃座はそのままだったから、これらの機銃に使われる弾丸もたいへんな量となり、爆弾倉は機銃弾の貯蔵庫に変わった。この試作機をもとにB17Fから改造されたYB40が二〇機作られたが、すぐに役に立たないことが明らかになった。

YB40はXB40よりさらに武装が強化され、機首と尾部の銃座は二連装から四連装となり、中には四〇ミリ機関砲まで含めて三〇梃に達した型もあったという。

YB40の実戦参加は一九四三年五月のサン・ナゼール攻撃が最初だったが、機体が重すぎて爆撃機型のB17Fとの共同行動が難しく、爆撃終了後は軽くなった爆撃機とますます性能に差がついて、かえって編隊の足を引っ張ることになった。

そのうちに正式に前方武装を強化したB17Gが出現し、さらに間もなくP47、P51などの長距離援護戦闘機がつくことなどを考えると、この機体はまったく不要ということがわかり、わずか三ヵ月で出撃を取りやめてしまった。お役御免となった機体は本来の爆撃機に戻されたり、本国で射撃練習機として使われたという。

これより先、ヨーロッパより一足早く実戦の洗礼を受けていた日本の陸海軍でも、同じようなことが起きていた。

日中戦争も三年目に入った昭和十四（一九三九）年秋、日本海軍の十二試陸上攻撃機（Ｇ４Ｍ１）の試作一号機が飛んだ。その飛行試験結果は海軍の要求を大きく上まわり、九六式陸攻に代わる次期陸攻としてすぐにでも量産に移されるはずだったが、その前にこの高性能を生かし、魚雷や爆弾の代わりにその重量分を武装と防弾にあて、大航続力を生かした編隊救護機として使っては、という意見が海軍部内に強く起きた。

海軍G6M1（日本）

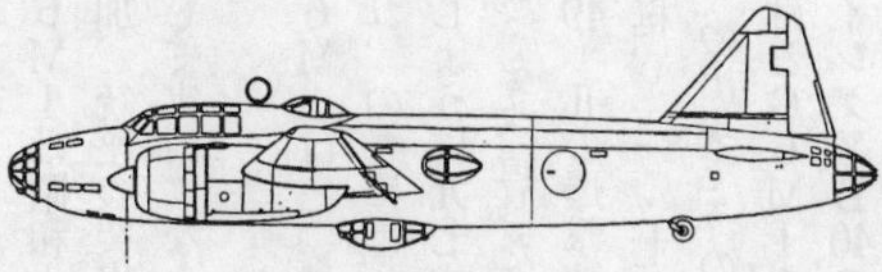

まだ「零戦」の出現より二年も前の話で、当時、首都重慶をはじめ奥地の都市攻撃に出動していた九六式陸攻の損害が予想外に大きく、とくに編隊の外側に位置した機が敵戦闘機にやられるケースが目立ったところから、陸攻隊の隊員たちの間ではここに配された機をカモ番機と呼んで嫌っていた。そこで、この位置に強力な火器と装甲を備えた機を配して損害を減らそうという考えから、編隊援護機（Ｇ６Ｍ１）として陸攻型（Ｇ４Ｍ１）より先に生産されることになった。

Ｇ４Ｍ１との大きな違いは、尾部二〇ミリ機銃の他に、胴体下面銃座を増設して二〇ミリ機銃各一梃を前後に配し、後上方の七・七ミリも二〇ミリに換装する、武装強化により乗員を一〇名に増やす、インテグラルタンクの前後壁に防弾ゴムを張るなどの諸点だった。

G6M1は昭和十五(一九四〇)年八月に完成したが、設計側が予想したとおり大幅な重量増加、銃座の突出による空気抵抗の増大に加え、重心位置の後退などによって飛行性能が低下して実用にならないという、ざっと三年後のボーイングYB40と似たような結末に終わった。

G6M1は三〇機生産されたが、実戦に使えないので練習機(一式大型陸上練習機)に転用され、のちには一式大型陸上輸送機として落下傘部隊の輸送などにも使われた。

同じように九七式重爆の被害の多さに悩んだ陸軍でも、次期重爆の一〇〇式重爆「呑龍」(キ49)を改造した多座戦闘機型のキ58を試作したことがあった。

キ49-Ⅱの爆撃装備をはずし、新設された胴体下面のポッドをはじめ、機体各部に二〇ミリ五梃、一二・七ミリ三梃を配した重武装機だったが、長距離援護のできる一式戦闘機「隼」の出現でその必要がなくなり、試作三機のみで終わったのは、海軍の「零戦」の出現におけるG6M1や、のちのP47「サンダーボルト」やP51「ムスタング」の出現における、ボーイングYB40の運命によく似ている。

そもそも日本の「隼」や「零戦」、少し遅れてアメリカのP47やP51のような長距離援護戦闘機が出現する以前は、複座以上の多座戦闘機をもってこれに当てようとする考えがあり、日本の陸軍二式複座戦闘機「屠龍」、海軍「月光」、ドイツのメッサーシュミットMe110、フランスのポテーズ63、イギリスのブリストル「ボーファイター」などが生まれた。しかし、これらの戦闘機は航続力の点では爆撃機に同行できても、多量の燃料を積むためにどうしても機体が大型で重くなるので、敵地上空で待ち構える俊敏軽快な単座戦闘機との空戦には分がなかった。それは、あの「バトル・オブ・ブリテン」の初期に手痛い損害をこうむって爆撃機援護の役から降りなければならなかった、メッサーシュミットMe110の教訓によっても明らかだ。

のちにこれらの戦闘機は、夜間戦闘機や戦闘爆撃機として活路を見出したことは良く知られている。これらの双発戦闘機とはべつに、単座戦闘機との格闘戦はあきらめ、いっそ爆撃機と同じ機体に、爆弾の代わりに多数の機銃や砲を装備して空飛ぶ要塞化し、多座戦闘機と呼ばれる機体をつくったのはフランスで、その着想は日本やアメリカより早かった。実戦を経験することなしに発想するところがフランスらしいが、洋の東西を問わず、人の経験や思考のよく似ていることに驚かされる。

●爆撃機の優劣のバロメーター

ヴィッカース「ウエリントン」――イギリス

爆撃機はその名のとおり爆弾を積んで爆撃を主任務とする飛行機だから、どれだけ爆弾を積めるかが、そしてそれをどれだけ遠くまで運べるかが、爆撃機の攻撃力、優劣のバロメーターとなる。したがって設計に際しては爆弾と必要な航続力を確保するための燃料搭載量を、できるだけ大きくしたい。

一定の搭載量の中で爆弾の量を増やそうとすると、つめる燃料の量を減らさなければならないし、航続距離を伸ばすために燃料搭載量を増やすと爆弾が減る。したがってこの両者を大きくするには、搭載量を増すための特別な工夫が要る。飛行機の総重量（全備重量）はエンジン出力などで決まってしまうから、あとはその中でいかに有効搭載量を増やすかであるが、機体そのものの重さ（自重）を軽くするために、特殊な機体構造を開発したのがイギリスのヴィッカース社だった。大圏式と呼ばれる竹で編んだ蛇籠のような特殊な構造で主翼や胴体を作り、それまでの構造法による飛行機では考えられなかった搭載量を可能にした。

ヴィッカース社では一九三〇年代の中期から後半にかけて、この大圏式構造を採用した双発重爆の「ウエリントン」と、単発軽爆の「ウエルズレー」という二種の爆撃機をつくったが、単発の「ウエルズレー」の搭載量は自重の七五パーセントにおよんだ。一九三八年にエジプト〜ポートダーウィン間の無着陸長距離飛行をやって、当時の世界記録をつくった機体では、搭載量が何と自重の一・四倍近かったという。軽量設計が得意の日本海軍の一式陸攻ですら、搭載量は自重の三三パーセントに過ぎなかったことを考えると、軽量構造としていかに大圏式が優れていたかがわかる。

とはいえ、なにぶんにも、複雑な曲面の小さな部材を継ぎ合わせて行く面倒な工程を必要とするから、およそ大量生産には不向きな機体だったが、その面倒な構造の「ウエリントン」を一万一四六一機もつくったのだから、イギリス人の辛抱強さには脱帽のほかはない。

ところで、第二次大戦当時の主な第一線爆撃機の燃料と爆弾の搭載量を見ると、ドイツはドルニエDo215が燃料一七二〇リッターで爆弾一トン、ユンカースJu88が二七〇〇から三〇〇〇リッターで一〜二トン、ハインケルHe111が五〇〇〇リッターで一トン、イギリスはブリストル「ブレニム」が一二八〇リッターで一トン、単発のヴィッカース「ウエルズレー」が二〇〇〇リッターで一トン、双発の「ウエリントン」が四五〇〇リッターで二トン、アメリカのノースアメリカンB25が三五〇〇リッターで一トン、四発のコンソリデーテッドB24が七〇〇〇リッターで四トン、ボーイングB17が六〇〇〇リッターで二〜二・五トンとなっている。

航続距離は爆弾搭載量や総重量によってかなり違うが、ざっといってDo215、Ju88、He111、ヴィッカース「ウエリントン」および「ウエルズレー」、ノースアメリカンB25など双発クラスが二〇〇〇～二五〇〇キロ、四発のB17やB24になると三〇〇〇キロを超えていた。

こうしたヨーロッパやアメリカの爆撃機の一般的な数値にくらべると、日本の爆撃機が重爆といいながら九七式、一〇〇式が一トン、四式が〇・八トン、海軍の九六式陸攻が同じく〇・八トン、一式陸攻が一トンで、爆弾搭載量が貧弱だった。その代わり九六式陸攻二三型（G3M3）は燃料五一八二リッターをつんで六二二七キロ、一式陸攻二二型（G4M2）は燃料六四九〇リッターをつんで六一〇〇キロと、燃料搭載量が四発機なみで、航続距離は四発機を超えている。

双発機でありながら四発機並みの燃料をつめたのは、空力及び軽量構造設計が優れていたことにもよるが、主翼内の燃料タンクを、別物を取り付けるのではなく、主翼の構造と一体になった、「インテグラル（作り付け）タンク」としたことが大きい。しかしこのことが、主翼のどこにも燃料タンクがあるので火がつきやすいという一式陸攻の最大の弱点になったことは前に述べたとおり。

第二次大戦で名をあげた四発重爆では、アメリカから応援のB17やB24とともに戦ったイギリスの三兄弟、アブロ「ランカスター」、ハンドレページ「ハリファックス」、ショート「スターリング」が有名だが、航続距離はせいぜい五〇〇〇キロどまりで、双発の九六式や一式陸攻に及ばない。これは作戦の場が広い太平洋だった日本海軍と、行動半径がヨーロッパ大陸のある範囲に限定されたイギリス空軍との違いで、航続距離を限って浮いた燃料の重量ぶんだけ爆弾を余分に積んだから、爆弾は六トン以上、アブロ「ランカスター」にいたっては最大一〇トンまで積むことができた。堅固な武装については前にふれたとおりで、本格的な戦略爆撃の幕開けの栄誉をになうことになった。

なお現代の戦略爆撃機の雄、ボーイングB52八発ジェット爆撃機は、総重量二二一トン、燃料搭載量は一七万四一二四リッター、爆弾搭載量はミサイルも含めて最大二九トンまでとなっている。

●双発から四発重爆へ
「スターリング」「ハリファックス」「ランカスター」――イギリス

一九三〇年代はじめのホーカー「ハート」からフェアリー「バトル」、ブリストル「ブレニム」などに至る軽爆黄金時代のイギリス空軍に、ひそかな転機が訪れたのは一九三五～三六年で、それまでの双発重爆を上回る大型長距離爆撃機の開発を各社に発注したのである。第一次大戦の戦訓を思い起こし、戦略爆撃の必要性を再認識したことや、アメリカでのB17の出現も刺激になったと考えられるが、第一次大戦中にいち早く空軍を独立させてRAFをつくったのと同様、とかく保守的と思われがちなイギリス人の先見性に敬服せざるをえない。六種の試作機のうち成功して量産されたのは年代順にショート「スターリング」（一九四〇年）ハンドレページ「ハリファックス」（一九四〇年）、アブロ「ランカスター」（一九四一年）の三機種で、アメリカのB17あたりにくらべるとお義理にもスマートとはいえないごつい形をしており、いかにも保守的なイギリス紳士かたぎそのものといった感じがする。しかしこの三兄弟が、アメリカから救援のB17やB24とともにのちに敵ドイツを屈服させ、勝利の大きな原動力になったのだから、軍用機は姿や顔ではなく、実力が評価のすべてだ。

四発三兄弟のなかでいちばん早く出現したのはショート「スターリング」で、大型飛行艇メーカーとして古い伝統を誇るショート社の作品だけに肩翼式としたため、地上では脚が異様に長いのが特徴だった。出現も早かったが他の二機種より性能的に劣っていたので、やがて爆撃機専門メーカーのハンドレページ「ハリファックス」や、アメリカのB17、B24が出現すると生産を打ち切られて飛行艇専門に戻ったが、一九四二年五月三十日のドイツのケルン市の爆撃では、一〇〇〇機もの「スターリング」が出動し、この美しい古都を一晩で壊滅させ、多数機による大規模な戦略爆撃時代の幕を開けた。

二番目のハンドレページ「ハリファックス」は、スマートでない点を除けば、大きさ、重さ、性能などアメリカのB17によく似た四発爆撃機である。ただしB17の初飛行が五年も前だったことを考えると、何度も言うようだけれどもB17の先進性には敬服せざるをえない。

亡くなられた佐貫亦男先生の名著『続々・ヒコーキの心』(光人社NF文庫)によると、この「ハリファックス」には、垂直尾翼の設計のまずさから、機体が裏返しになって急降下する悪癖があり、この解明に長い時間を費やして表舞台で活躍できるようになったのは、エンジンをロールスロイス「マーリン」からより強力な空冷星形のブリストル「ハーキュリーズ」に変えた一九四四年六月以降、すなわち連合軍によるノルマンディー上陸作戦のあとであった。ざっと一年も早く飛行していながら生産数で「ランカスター」より一二〇〇機も少ないのはそのせいである。

出生の順からいえば三兄弟の中で一番末っ子にあたるアブロ「ランカスター」は、そのもとをたどれば一九三九年に初飛行した双発のアブロ「マンチェスター」に突き当たる。「マンチェスター」はアブロ社が空軍の要求にしたがって、V型エンジンを二基くっつけてX形としたロールスロイス社の大馬力エンジン「バルチャー」(二四気筒一八〇〇馬力)を、二基装備した双発爆撃機として設計されたが、エンジンの出力からいって機体は当然四発級であった。

「マンチェスター」は二〇〇機生産されて一九四〇年秋から配備されたが、エンジンの不調に悩まされ、間もなく第一線から姿を消してしまった。しかし失敗作としてそのままほうむってしまうには惜しいと判断した空軍省が、エンジンをすでに実績のあるロールスロイス社製の「マーリン」四基に換えた「マンチェスター」Ⅲを作らせたところ、きわめて優秀であることがわかり、「ランカスター」と名付けて空軍拡張計画の最重点機種に取り上げ、アブロ社のほか数社で大量生産された。

アブロ「ランカスター」の最大の特徴は、最大で一〇トンにおよぶ無類の爆弾搭載量で、都市の夜間無差別爆撃だけでなく、特殊目的用に作られた大型爆弾により、一九四三年五月のメーネおよびエーデル両ダムの破壊や、一九四四年十一月の戦艦「ティルピッツ」撃沈などの偉功を立てた。

イギリス戦略爆撃隊の主力として合計七三七四機の「ランカスター」が作られ、第二次大戦中の出撃回数は実に一五万六〇〇〇回、爆弾投下量は六〇万九〇〇〇トンに達するという。

公平に見て「ランカスター」は、アメリカ軍のB17やB24に武装や速度などの点で劣っていたが、一〇〇〇機単位の大挙出撃によってドイツの主要都市を次々に壊滅させ、第二次大戦を勝利にみちびく原動力になった。しかもその基本構造が「ランカストリアン」輸送機、

イギリスの三大四発重爆

ショート「スターリング」

ハンドレページ「ハリファックス」Ⅱ

アブロ「ランカスター」

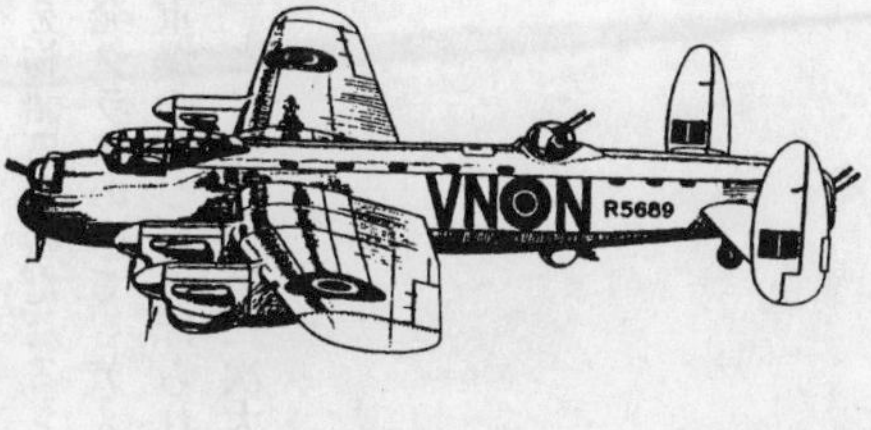

「リンカーン」爆撃機、「ヨーク」輸送機、海空軍の「シャックルトン」哨戒機へと戦後まで次々に引き継がれたのは、最初の基本設計がいかに優れていたかを物語るものだ。

超大型ボーイングB29の出現で中型爆撃機となってしまった四発クラスの中で、アメリカのB17、B24と並んで「ランカスター」が第二次大戦の三大傑作重爆の一つにあげられ、スーパーマリン「スピットファイア」、デハビランド「モスキート」とともに、第二次大戦イギリスの三名機といわれるゆえんである。

頑迷さが生んだ悲劇

●ハインケルHe177――ドイツ

エンジンの不具合から失敗作となった双発のアブロ「マンチェスター」をいち早く見限り、平凡だが信頼性の高いロールスロイス「マーリン」を使った四発に変えて大成功を収めた「ランカスター」に見られるイギリス人たちの柔軟性にくらべ、〝友邦〟ドイツの軍人たちの頭の硬さは信じられないほどだった。それは、彼らが自分たちがはじめる戦争は飛行機の数さえそろえれば十分に勝てると信じ、最後まで四発の大型戦略爆撃機を持たなかったということで、周到さと、優れた技術を持つドイツ人からは考えにくいことだが、まぎれもない事実だった。

一九三六（昭和十一）年八月から三九年三月まで、およそ二年半にわたるスペイン内乱に介入したドイツ空軍は、ハインケルHe111、ドルニエDo17、ユンカースJu87などの新鋭爆撃機を投入したが、それはあたかも新興ドイツ空軍の実戦テストのような役割を果たした。

この時の戦訓が、双発の中型以下の爆撃機で十分という考えに結びつくが、とくに印象が強かったのがユンカースＪｕ87急降下爆撃機で、水平爆撃よりはるかに実戦効果がみとめられるとして、ドイツ空軍部内には急降下爆撃機の信奉者が急増した。そしてＤｏ17やハインケルＨｅ111以後のすべての爆撃機にたいして、急降下爆撃性能を要求するようになったのである。

　これは技術を無視したものであり、無茶もいいところであった。総重量が四トンそこそこで、航続距離も短くてすむ身軽なＪｕ87なればこそ急降下による攻撃ができたのだし、それには急降下とそのあとの引き起こしの際の強大なＧに耐えられるよう、とくに機体を頑丈に作り、そのうえ急降下速度を制限するためのエアブレーキを備えるなどしてあったのである。

　それを新たに開発する重量一五トンのドルニエＤｏ217や三〇トンのハインケルＨｅ177にも要求したのだから無理もいいところだった。急降下から引き起こす時のＧの大きさは、機体の重量に比例して大きくなるため、機体構造が耐え切れず、補強、重量増大の悪循環を断ち切れなくなったのである。それにしても重さ三〇トンの機体に六〇度の降下要求は、あまりにもきつすぎた。

　ボーイングＢ17やアブロ「ランカスター」などが六〇度で降下する状況を考えて見るがいい。それは攻撃姿勢というよりは死のダイブ、すなわち墜落以外の何ものでもないではないか。

　ハインケルＨｅ177にはもう一つ、重大な泣き所があった。それは倒立Ｖ形のダイムラーベンツＤＢ605エンジンを二台並べて一つのプロペラをまわす（ＤＢ610）という、イギリスのアブロ「マンチェスター」と似かよった考えの特殊なエンジン装備をとったため、エンジンが過熱しやすく発火の危険性が大きいことだった。そのために試作二、四号および五号機をいずれもテスト中に事故で失うという、のろわれた機体となった。

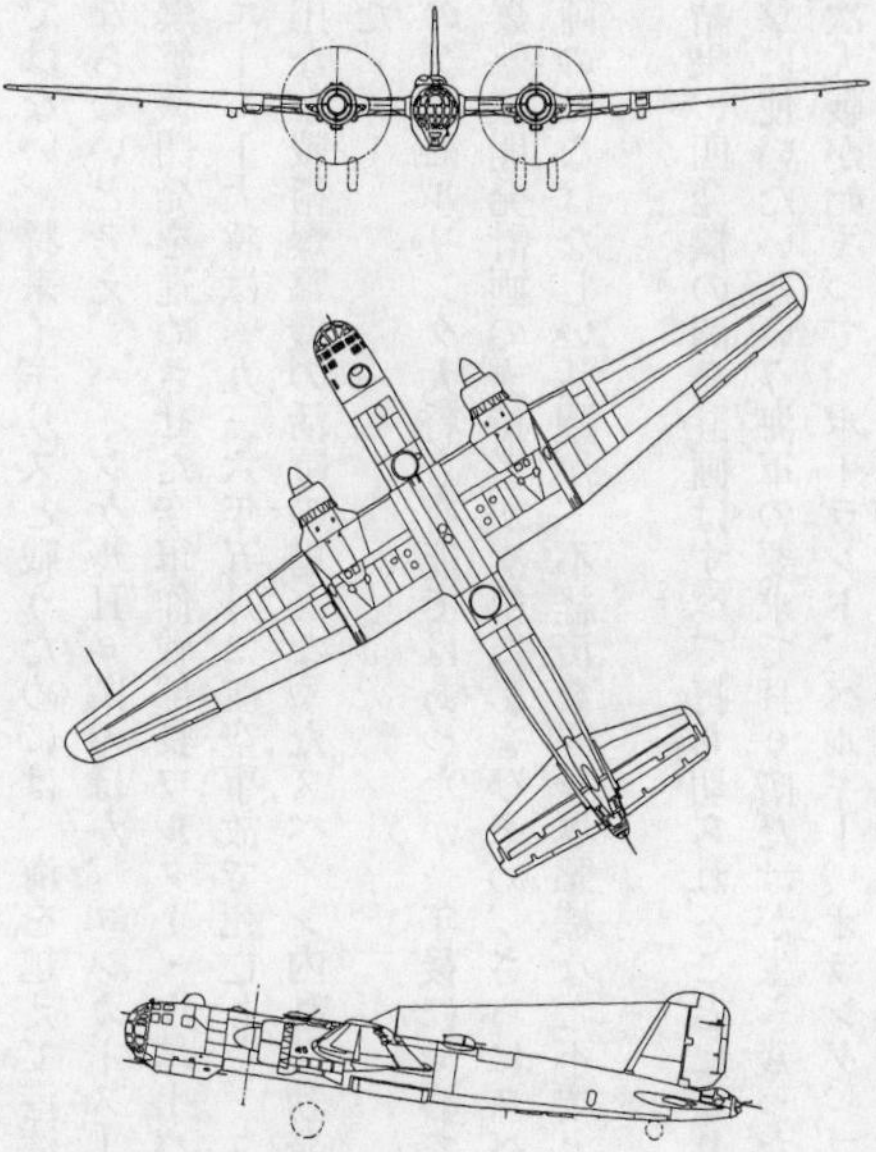

ハインケルHe177A-5（ドイツ）
全長21.9m　全幅31.46m　主翼面積100㎡
全備重量3万1100kg　最大速度472km/h　上昇限度8000m

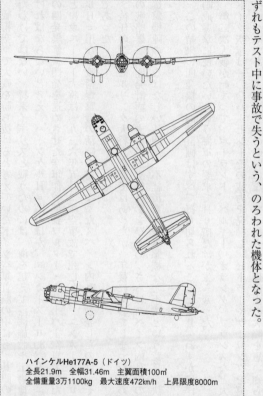

戦術空軍で大戦を勝ち抜けると考えていたドイツ空軍首脳の中にも、具眼の士がいなかったわけではない。将来イギリスと戦うためには、海を越えて港湾施設や工場地帯を爆撃しなければならないと考え、ハインケルHe177のほか、ユンカースJu89、ドルニエDo19などの四発爆撃機開発を進めさせた空軍作戦部長ワルター・ウエーバー空軍大将だが、惜しいことにウエーバー大将は一九三六年五月に航空事故で死亡した。ユンカースJu87やハインケルHe111など戦術爆撃機の活躍の場となったスペイン内乱が勃発したのは、その三ヵ月あとであった。

後任のケッセルリンク大将も有能ではあったが一年後にやめてしまったため、ウエーバーの戦略爆撃機開発計画の支持者が次第に影をひそめ、さらにスペイン内乱でのJu87や双発爆撃機陣のはなばなしい活躍が、不経済な四発爆撃機など不要という意見を決定づけてしまった。

この結果、四発機の開発計画はすべて打ち切られることになり、わずかに洋上での長距離哨戒爆撃に使いたいという海軍の要求でHe177だけが生き残った。

第二次大戦が始まって、ポーランド、ベルギー、オランダ、フランスなど大陸の戦闘ではドイツ空軍は一〇〇パーセントその威力を発揮し、ヒトラーやゲーリングを喜ばせたが、最後のつめであるイギリスとの戦いになって、彼らの軍備計画の欠陥を思い知らされる羽目になったのである。

航続距離や爆弾搭載量などの関係から、ドイツ空軍の攻撃はロンドンとその周辺に限られたため、イギリスはドイツ機に邪魔されることなく、戦闘機や次の反攻に備えた大型爆撃機「ランカスター」や「ハリファックス」の生産に励むことができたのである。

ロンドン爆撃は、日本海軍が中国の首都重慶にたいして行なったと同様、相手の戦力に与えるダメージより戦意喪失を狙ったものだったが、せいぜい一トン程度の爆弾しか持たない爆撃機一〇〇機ていどの空襲では、しょせん無理な望みであった。

そこでハインケルＨｅ177の開発が急がれたが、四発エンジンを二基ずつまとめて双発のようにしたエンジン配置と、六〇度の急降下要求がどうしても足かせになったので、設計者のハインケルはヒトラー総統に直訴して降下要求を解除してもらい、空軍省に隠れるようにして普通の四発にしたハインケルＨｅ277を試作したが、遅すぎてついに戦争の役に立たずに終わった。

結局、ドイツは日本と同様最後まで本格的な四発大型爆撃機を持つことなく戦争に負けたが、それは単に国力だけでなく、頭の柔らかさの差といえるかもしれない。

なおＨｅ177を日本でライセンス生産する計画があり、一九四四年五月に完成した三号機の武装をはずして燃料タンクを増設し、シベリア経由で日本まで飛んでくる計画が進められたことがあったが、中立条約を結んでいたソ連上空を無断で飛ぶのを恐れた日本側の反対で中止になった。

六発巨人爆撃機開発合戦の勝者
●コンベアB36「ピースメーカー」——アメリカ

歴史は繰り返すというけれども、第一次大戦末期に四発、五発、六発といった大型爆撃機をつくったドイツは、第二次大戦末期にもハインケルHe177やHe277のほかに四発、六発の爆撃機をいろいろ試作している。

一九四一年十二月の日本軍のハワイ真珠湾攻撃、およびアジア南方地域への進撃によってアメリカが参戦したが、このことから危機感を抱いたドイツ空軍当局は、ヨーロッパ大陸西岸の基地から大西洋を超えて、一気にアメリカ東海岸を爆撃できる長距離爆撃機の開発を、メッサーシュミット、フォッケウルフ、ユンカースの三社に命じた。このうちメッサーシュミットはすでにできていた四発試作機Me264を六発とし、機体も大型化したMe264Bの設計を進めた。

全幅四二メートル、全長二九メートルの寸法は、後述するアメリカのボーイングB29より幅は約三メートル長く、長さは約五メートル短かったが、小さい方の四発型Me264試作機が二機つくられただけで、六発のMe264Bは図面だけに終わった。フォッケウルフ社のTa400は、全幅四二メートル、全長二九メートル、総重量六二トンで、B29とほとんど同じ大きさの機体だが、会社が忙しくて試作に取りかかれず、これも図面のみだった。

ユンカース社のJu390はすでに完成していた四発型のJu280を六発化したもので、全幅五〇メートル、全長三四メートル、総重量七五トンは三機の中では最大だった。また三社の六発型の中では実機が完成した唯一の機体で、試作二号機は、フランスの基地からアメリカ東岸のニューヨークのすぐ沖合いまで飛び、往復三二時間に及んだ危険なテスト飛行に成功している。

しかし、戦況の悪化にアルミ資材や燃料不足などが重なり、一九四四年に空軍から発せられたレシプロ（ピストンエンジン）大型機開発中止命令で、すべての六発機計画は中止されてしまった。

ドイツがアメリカ本土を直接爆撃しようと考えたように、アメリカもまた第二次大戦勃発に先立つ一九三五年、大西洋を超えてドイツを直接爆撃できるような大型爆撃機の構想を描いていた。それは一万ポンド（約五トン）の爆弾を積んで一万マイル（約五三〇〇キロ）を飛べる爆撃機で、一万ポンドと一万マイルはどちらもテン・サウザンズだから、語呂合わせで「テン・テン・ボンバー」とよばれ、すでに陸軍から大型爆撃機XB15の試作を受注していたボーイング社を除くダグラス、ノースロップ、コンソリデーテッドの三社が応募した。

一番早く完成したダグラスXB19は性能不足、戦争が始まってから完成したノースロップXB35は無尾翼機で、堅実さが望まれる戦時下にあっては奇をてらいすぎて問題にならず、もっとも遅れて大戦末期に完成したコンソリデーテッドXB36が、テスト記号のXが取れて制式採用となった（コンソリデーテッド社は同じ航空機メーカーのバルティ社と合併してコンソリデーテッド・バルティ、略してコンベアになった）。

B36の開発着手は、B29の一九四〇年六月より一年以上も遅い一九四一年十月、そして初飛行は戦後の一九四六年八月だった。

B36の特長は何といってもその巨大さで、全幅七〇・一メートルはB29の一・六倍、全長も四九・七メートルで同じく一・六倍、総重量に至っては実に二・六倍もあった。エンジンは最初三〇〇〇馬力の六発で一万八〇〇〇馬力だったがこれでもパワー不足で、のちにB36Dでは六発のレシプロエンジンの外側に左右二個ずつのジェットエンジンポッドを取り付けて一〇発機となり、さらにB36Fではエンジンを三八〇〇馬力に強化した結果、高度一万メートルで時速六七〇キロを出す事ができた。

最初の部隊配備は戦争が終わって約三年後の一九四八年六月で、これを機にアメリカ空軍は爆撃機の分類を変更し、B36を重爆撃機（HB＝ヘビー・ボンバー）として、B29を中型爆撃機（MD＝ミディアム・ボンバー）に格下げした。

戦争に間に合ったB29は対日戦で大活躍したが、B36は冷戦の真っ只中にあってついに使われることなく、「水爆」と呼ばれた核融合爆弾の唯一の搭載機として、一九四八年から一九五四年までの六年間にA型からJ型まで合わせて三四〇機が生産された。そして一九五六年には保有機数が最多の二四七機に達したが、時代はジェットの時代に入ってすでに六発ジ

コンベアB36「ピースメーカー」（アメリカ）
全長49.7m　全幅70.1m
全備重量18万4500kg　最大速度661km/h　上昇限度1万2240m

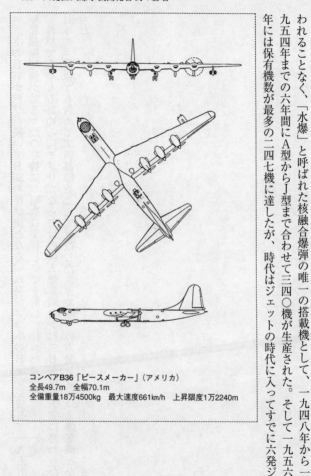

ェットのB47が飛び、続いてB36の後継機となる、八発ジェットのB52が完成して一九五五年に部隊配備が始まったのを機に、順次に交替して姿を消して行った。

世界でもっとも富める国アメリカならではの巨人爆撃機コンベアB36は、未完に終わった日本の「富嶽」も含めて実戦部隊機として就役した世界で唯一の六発レシプロ重爆撃機となった。

アメリカ本土爆撃計画

●試作超重爆撃機「富嶽」——日本

ドイツが海を渡ってアメリカ本土を空襲し、同じくアメリカがドイツを直接爆撃しようと考えて巨大な爆撃機を作ったように、日本にも太平洋を超えてアメリカを空襲できる飛行機をつくろうと考えた人物がいた。

その人物の名は中島知久平。飛行機は「富嶽」。あるテレビ局がこれを取り上げ、当時この飛行機の開発にかかわった人たちの証言をもとに構成した記録を放映したことがあった。そのとき筆者はテレビの原作ということで、『さらば空中戦艦富嶽』（徳間書店）という本を書いたが、たしかにそれは興味深いエピソードに満ちてはいたものの、いざ計画実現の可能性はとなると多分に首をかしげざるをえなかった。

開戦三年目にあたる昭和十八（一九四三）年一月末、中島飛行機のオーナーである中島知久平は、各製作所長ならびに設計部門の幹部ら二十数名を東京の三鷹研究所に集めて「必勝防空研究会」と名づけた会合を開き、巨大な六発爆撃機開発の構想を明らかにした。それは

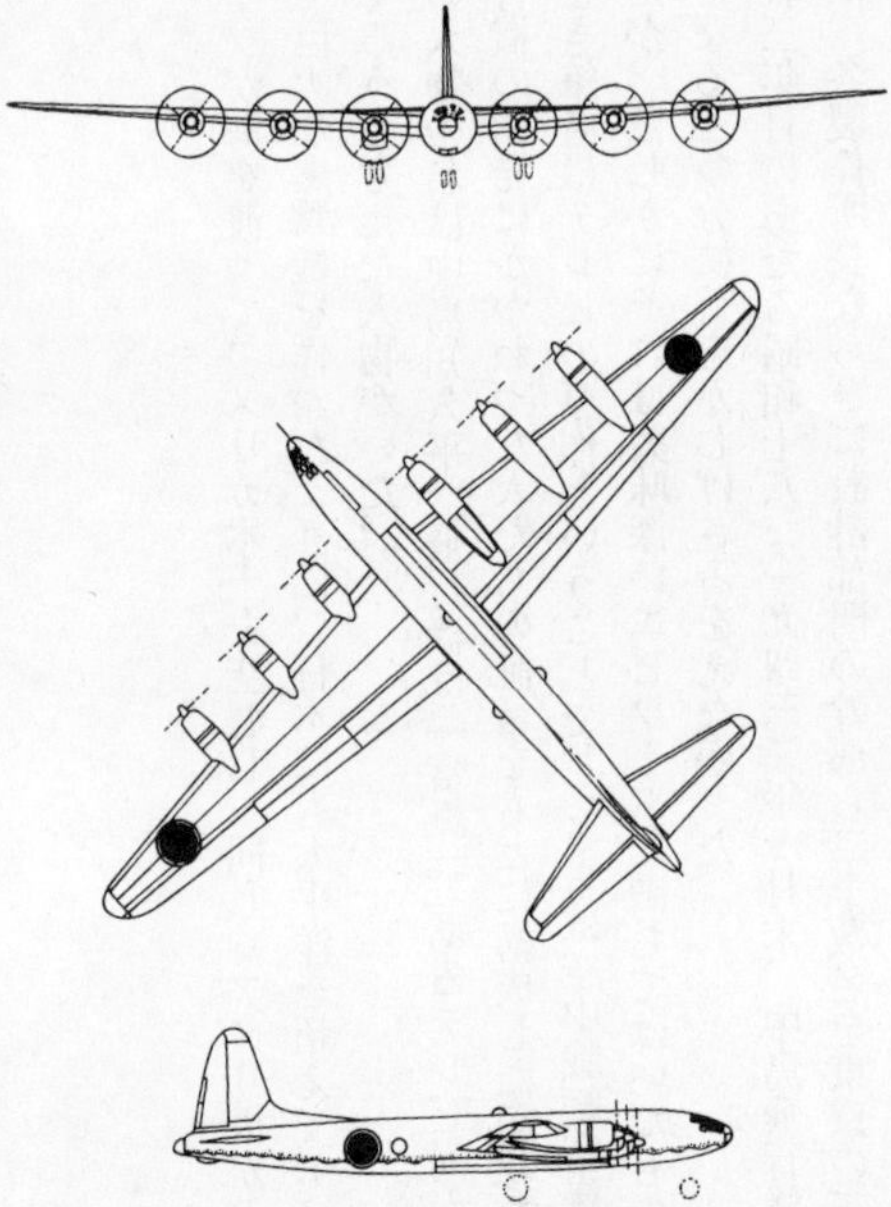

試作超重爆撃機「富嶽」（日本）
全長45m　全幅65m　主翼面積330㎡
全備重量16万kg　最大速度780㎞/h　上昇限度1万5000m以上

二〇トンの爆弾を積み、千島列島の基地からアメリカ本土を爆撃してドイツ占領下のフランスに着陸したのち、東回りで再び日本に帰還するという雄大なもので、この研究会に出席した設計幹部の一人は、

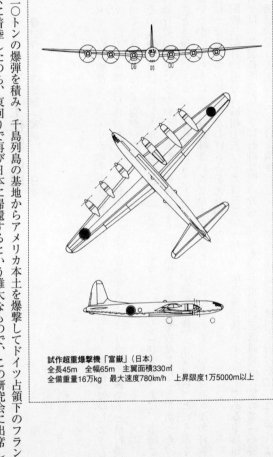

「まだB29の存在すらよく知られていなかった時代に、すでに六発のB36について知っていたこと、ジェットエンジンや成層圏飛行のことなど、中島さんの情報網の精密さに驚かされました」

と語っていた。

この試作機には「Z」の社内呼称が与えられ、ひとまず中島飛行機単独でスタートしたが、この時、アメリカではすでにXB29の試作二号機が完成して試験飛行に入っていた。事態は急を要する。しかもこんな巨大な飛行機が日本で果たしてできるのか。

中島飛行機には、群馬県内の小泉に海軍機設計部、太田に陸軍機設計部があって、それぞれ別個に設計開発を進めていたが、陸軍機設計部には四つの機種担当設計課のほかに、各設計課に協力するだけでなく、将来に備えて常に系統的な研究をやっている専門班というグループがあった。

この専門班では大型機についても重量別の基本設計をいくつもやっていて、七五〇

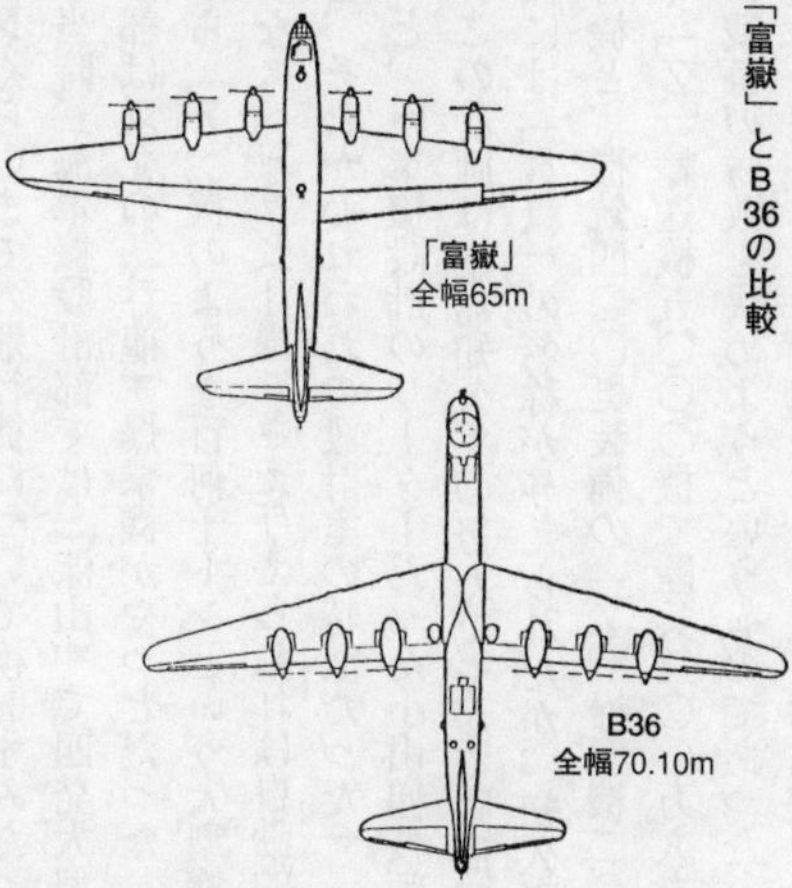

「富嶽」とB36の比較

トンくらいまでの飛行機について検討ずみだったという。したがって、われわれ陸軍機設計部では『深山』で四発大型機の経験を持っていたが、われわれ陸軍機設計部は双発の『呑龍』爆撃機がやっとだった。しかし、総重量一〇トンそこその『呑龍』から『Z』機のような百何十トンという大型機に移るのに、少しの抵抗も感じなかった。必要なスペック（仕様）さえ与えられれば自動的に設計に入れるよう設計室が組織されていたし、それがわれわれの設計室の特徴だった」

と、陸軍機設計のリーダーだった小山悌技師長が語ったのも決して単なる強がりではない。

この計画は中島知久平の努力でやがて陸海軍共同の国家的プロジェクトに発展し、「Z」機には「富嶽」の名称が与えられたが、知久平の構想のハイライトは、「Z」爆撃機四〇〇〇機と、機銃四〇〇梃装備の「Z」掃射機二〇〇〇機によるアメリカ本土爆撃と、これに続く「Z」輸送機五〇〇〇機で陸兵三〇〇万人を運ぶアメリカ攻略作戦で、これによって一気に戦争の勝敗を決めようというものであった。

「Z」機にはこの爆撃機、掃射機、輸送機の三種のほかに雷撃機型があり、作戦に応じてこれらの組み合わせを変えることになっていたが、その基本型となる「Z」機本体の技術的可能性は果たしてどうであったか。

全幅六五メートル、全長四五メートル、総重量一六〇トン、五〇〇〇馬力エンジン六基の合わせて三万馬力、高度七〇〇〇メートルで時速六八〇キロ、爆弾二〇トンを積んで航続距離一万六〇〇〇キロメートル……。これがあのボーイングB29をはるかに上回り、戦争が終わった翌年にやっと初飛行にこぎつけた六発のコンベアB36に匹敵する「Z」機＝「富嶽」の大まかなアウトラインだが、機体の設計そのものは、小山技師長もいっているように、いろいろ問題はあったにせよ、比較的順調に進んだ。

「富嶽」の設計でもっとも注目されるのはその主翼設計だ。主翼はいちばん厚いところで一メートル以上もあったが、強度を材料の許容限度ぎりぎりにとったため、最大の一六〇トンで飛びあがると、片翼三〇メートルの主翼は反り返って翼端が一・三メートルも上がる構造だった。このように翼がたわむやわな主翼構造は、戦後のボーイングB47、B52、その後に続く大型ジェット旅客機などに広く使われるようになったが、当時としてはかなり思い切った発想だった。

機体以外で最大のネックとされたのは「ダブルBH」と呼ばれた五〇〇〇馬力エンジンで、試作が思うように進まず、完成のめどが立たなかったところから、爆弾搭載量が四分の一に減るのを我慢してとりあえず確実なシングルBHで進むこととなった。

同盟国のドイツがそうであったように、負け戦になった戦争末期、日本でも大型爆撃機開発計画に混乱が見られた。

「富嶽」のプロジェクトが陸海共同で進められていた昭和十八年夏、陸軍はアメリカで開発が進んでいたB29より翼幅で五メートル、長さで三メートルほど大きい四発重爆の試作を川崎航空機に命じた。設計はどんどん進み、平行して生産工場の建設計画にも着手した。ところがこれとは別に、軍需省が飛行艇メーカーの川西航空機にアメリカ爆撃用の重爆の試作を命じた。しかしアメリカ爆撃ではすでに「富嶽」計画が進行中であり、どちらを取るか検討の末、昭和十九年はじめの会議で「富嶽」が生き残ることになったが、それも長くは続かず、戦局の悪化にともなってこの年の八月に「富嶽」の開発は事実上中止となり、六発超重爆撃機の夢はうたかたのように消えてしまった。

夢か幻か、「富嶽計画」のふしぎ

●大型機部隊運用の技術格差

「富嶽」プロジェクト中止決定の少し前の六月十四日、中国大陸の成都に展開した七五機のB29が北九州を空爆しており、サイパン、テニアンなどの島々が敵の手におちた以上、東京をはじめとする本土空襲が本格化するのは時間の問題と見られた。

東京都下の三鷹には「富嶽」のための巨大な生産工場が建設されつつあったが、こちらは設計図面の段階なのに、敵は機体の完成どころかすでに空爆体制をととのえてしまった。技術的な問題は別にしても、開発競争の遅れは決定的だったが、それにしてもふしぎでならないのは、「Z」機出現のタイミングについての中島知久平の考えの矛盾だ。

知久平が「Z」機による必勝戦策を提案したとき、占領したサイパンからのB29による日本本土空襲を、二年後の昭和十九年秋と予測した。それを防ぐには、こちらが先にアメリカ本土を空襲して、B29の生産を阻害しなければならない。とすると、わずか二年の間に「Z」機のような巨大な飛行機を何百機もそろえ、部隊を訓練して爆撃に出さなければならないが、そんなことが可能と本気で考えていたかどうか疑わしい。時間的に見て、まったく成り立つはずのない計画なのであるが、資源の面から考えてもそれは無理だった。エンジンをつくる耐熱鋼や強靭鋼などはもとより、機体をつくるアルミニウムの原料になるボーキサイトが枯渇し、木製化やスチール化がしきりに言われるようになっていたからだ。

ここで一歩も二歩もゆずって、時間と材料の問題は何とかなったとして次の大問題は、かりに数百機の「Z」機がそろったとしてその運用がうまくできるかどうかだ。

太平洋戦争が始まって二年目の昭和十七年秋、朝日新聞が「東京爆撃の野望、米〝空の要塞〟」の見出しで興味ある記事とともに写真、およびその説明図をのせている。戦時中の空気を知る意味でその一部を紹介しよう。

「近着の米紙ライフ四月六日号はB17E型『空の要塞』の写真を大々的に掲げてその威力を宣伝しているが、これも彼らの執拗《しつよう》な日本本土爆撃の企図を示すものにほかならない。皇軍の緒戦における赫赫《かくかく》の戦果と鉄壁の防衛陣は、開戦以来一〇ヵ月の間にわずか一回、それもまったく小規模の空襲を許したのみであり、その点わが本土は未だにほとんど爆撃の惨禍を受けていないといってよい。しかし現代の戦争に爆撃はつきものである。しかも戦は長期戦であり、敵は虎視《こし》眈々《たんたん》として反撃の機を狙っているのだ。国民はよろしく一致団結、緒戦の大勝に酔うことなく、国土防衛にいよいよ固い備えをすべきである」

ざっとそんな解説とともに載った写真の説明によると、B17E一機が戦闘活動をするためには乗員九名のほかに、地上整備員、技術員など地上の支援要員も含めると全部で三八名を必要とするとあり、このほかにガソリン、オイル、爆弾補給などの補助車両が要る。だから乗員一一名でB17より一回り大きいB29ともなるとどうなるか。

日本本土爆撃専門になったB29の最大規模の出撃は、一九四五年六月五日の神戸空襲の際の五三〇機だが、翼幅四三メートル、総重量も航続距離もB17の倍、爆弾搭載量は七トン以上という巨大な爆撃機を五〇〇機も一度に飛ばせるというのはたいへんなことだ。

飛行機だけあっても作戦部隊は機能しない。先のB17の例に見られるように、整備、燃料や弾薬を始めとする膨大な物資の補給はもちろんだが、これだけの飛行機を展開しておく広大な場所、発進誘導法、空中集合などを考えると、かりに日本で「富嶽」を作ることに成功し、国力をはたいて機数をそろえたところで、とても運用は無理だったに違いない。

日本が第二次大戦中に実用化した唯一の四発大型機は飛行艇だったが、南方戦線で作戦したある飛行艇隊指揮官が、

「わずか実質十数機の飛行艇を維持して行くのに、搭乗員を含めて約三〇〇〇名の隊員と多数の舟艇を持ちながら、それでも十分な整備、補給ができず、稼動機を最大限に維持することができなかった」

と語っていたように、こうした大型機の部隊運用に関して日本とアメリカの間には隔絶した差があった。

それだけではない。一回の出撃ごとに油もれしたエンジン整備に時間を費やさなければならなかった日本と、カバーを外して埃を払う程度の整備ですみ、しかもセル一発でエンジン

がかかるアメリカとでは、技術的にも勝負になりっこなかった。

それよりもっと決定的なのは燃料の不足で、この頃日本ではすでに飛行機用ガソリンのストックが底をつきはじめ、第一線部隊ですら訓練を制限しなければならないほど逼迫した状況にあったことだ。

「富嶽」は胴体内に四万リッターのガソリンを積むが、「零戦」が落下タンクのぶんを含めても、全部で九〇〇リッターそこそこだったことを考えると、こんな莫大《ばくだい》な燃料を必要とする飛行機を、何百機も回を重ねて飛ばすことなど日本にできるはずもなかった。

昭和十九年十一月一日、B29一機が東京上空に飛来した。マリアナ基地を発進した第三写真偵察中隊の一機で、一万メートルの高空から三五分間にわたり東京周辺の偵察を行なったが、その中にはやがて第一の爆撃目標となる中島飛行機武蔵野エンジン工場や、三鷹に建設中だった「富嶽」の組立工場も含まれていた。

このすぐあとに始まるB29による日本本土大空襲の前ぶれで、それは中島知久平の予言とピッタリ一致していたが、この三ヵ月前、「富嶽」の開発中止が決定されていた。それはあまりにも当然な帰結で、〝まぼろし〟の巨人機計画はわずか二年のみじかい幕を閉じたのである。

戦略爆撃は大兵力の同時集中使用と継続的な出撃なくしては効果がない、という第二次大戦の戦訓からすると、日本やドイツのような資源の乏しい国にはとてもできない〝大仕事〟であった。にもかかわらず中島知久平は、なぜ「富嶽」の開発を強行しようとしたのか。

それは「中島飛行機としての〝けじめ〟である」と、知久平はもらしていたらしいが、戦後の大型輸送機への技術転用の期待も含めて、たとえ戦争に敗れようとも、われわれはこれだけのことをやったのだという、後世の日本人に対するメッセージと受けとれば、納得できるような気がする。

乗り遅れた航空先進国

●アミオ351——フランス

アメリカ、イギリス、多分の身びいきも含めて日本、そして少しばかりソ連など各国の爆撃機、攻撃機を取り上げてきたけれども、第二次大戦までの航空先進国の中でフランスとイタリアだけがほとんど欠落してしまった。しかしこれは故意に無視したわけではなく、取り上げるに足る飛行機がなかったからである。

一九一九（大正八）年一月、日本陸軍はフランスのフォール大佐以下六三名の大教育団を招いて、飛行機操縦術からその運用に至る幅広い指導を受け、のちの陸軍航空発展の基礎を築いた。翌大正九年には海軍がイギリスのセンピル大佐一行の教育団を招いているので、いってみれば日本の航空にとって陸軍はフランス、海軍はイギリスが先生だったということになる。それだけではない、ニューポール（甲式三型）戦闘機やサルムソン（乙式一型）偵察機とともに、日本陸軍として最初の爆撃機となったファルマンF50（丁式一型）およびF60（丁式二型）もフランス製だったから、創生期の日本陸軍航空にとって当時のフランス空軍は偉大な師のような存在だった。

だから少なくとも第一次大戦後から一九三五年頃までは空軍王国を誇っていたが、熱心に勉強してめきめき力をつけてきた日本にくらべ、航空の進歩にいささか乗り遅れた感があったフランスは、飛行機の数も性能もまったく非力な状態で、第二次大戦を迎えなければならなかった。

隣国であり敵国のドイツでは、すでに最大速度四〇〇キロ／時を超えるハインケルＨｅ111、ユンカースＪｕ88、ドルニエＤｏ17など強力な爆撃機を大量に用意していたのに、固定脚で最大速度三〇〇キロ／時に満たないアミオ143や二三〇キロ／時のブロック200などがまだ使われていたのだから話にならない。

フランスも決して新機種開発を怠っていたわけではなく、開戦当時アミオ351、リオレ・エ・オリビエＬｅｏ451、ラテコエール570など、いちおう世界水準に達していた双発爆撃機群に機種を更新する途中だった。

アミオ351は、一九三六年に一人乗りの長距離郵便機として出現した美しい機体で、その高性能に目をつけた空軍の要求で四座の双発爆撃機となったところは、はじめ旅客機としてスタートしたイギリスのブリストル「ブレニム」やハインケルＨｅ111と似ている。最大速度も四八〇キロ／時でいちおうの水準にあったが、フランスがドイツに降伏した一九四〇年六月までの生産数がたった一三二機では話にならず、ドイツ軍の電撃的な進撃の前に、大半が地上で破壊されてしまった。

リオレ・エ・オリビエLeo451もアミオ351とほぼ同クラスの機体で、主翼は中央翼と外翼で二段の上半角を持ち、二枚の垂直尾翼を支える水平尾翼の角度とほぼ同じという凝った設計だった。

四人乗りの中型高速爆撃機として大いに期待されたが、これまた休戦までの生産数が三六〇機で、圧倒的に優勢なドイツ軍にあえなく活躍を封じられてしまった。

ラテコエール570は、アミオ351やリオレ・エ・オリビエLeo451よりも新しい、一九三九年に出現したひとまわり大きい双発四人乗りの爆撃機だったが、性能的にはLeo451に劣り、翌年六月にはフランスが降伏したこともあって結局は生産されなかった。

ふるわなかったフランス爆撃機陣の中にあって異色だったのは、複座または三座戦闘機、複座軽爆、三座偵察機の三用途に使われる、いわゆる多用途軍用機のポテーズ630だ。

フランス双発機に多く見られる双垂直尾翼を採用したポテーズ630は、少しばかり敵国ドイツのメッサーシュミットMe110に似ているが、一九三六年四月に初飛行したあと、フランス海軍向けの632急降下爆撃機、空軍向けの633軽爆撃機、チェコスロバキア向けの輸出型636、長距離援護戦闘機の671などに発展したが、これまたフランスが早い時期に降伏したため、見るべき活躍もないままに消えてしまった。

フランスはポテーズ630を試作した当時、ほかにも同じ規格でアンリオ220、ロアール・ニューポール20、ブレゲー690などの双発多座戦闘機を試作している。

かんじんの爆撃機よりも援護戦闘機に力を入れていたかのように見えるのはいささか奇異

だが、ヨーロッパ大陸の中の陸軍国であるフランスとすれば、専守防衛で戦闘機に軍備の重点を置くのは当然であり、ジェット時代に入ったフランス戦闘機の充実ぶりがそれを雄弁に物語っている。

爆撃機不毛国の雄

●サヴォイア・マルケッティＳＭ79「スパルヴィエロ」――イタリア

かつてイタリアは日本とドイツとの間で三国同盟を結び、イギリス、アメリカ、フランスを主とする連合軍と第二次大戦を戦ったが、連合軍がイタリア本土に上陸するとあっさり降伏してしまった。フランスの対ドイツ降伏から三年三ヵ月あとの一九四三年九月のことで、それまでもあまり頼りにならなかったイタリア空軍は壊滅した。

そんなわけで、イタリアの爆撃機にもこれといって特筆されるような機体はないが、日本は日中戦争での爆撃機不足を補うため、そのイタリアから当時まだ新鋭機だったフィアットＢＲ20を一〇〇機買った（実際に入手したのは八八機）。ところがテストしてみると性能はカタログデータを下回り、こちらの不慣れもあってろくな活躍もないままに、国産の九七式重爆ができるとあっさりお払い箱になってしまったことは前に述べたとおり。

そんな、悪くいえば不毛だったイタリア爆撃機陣の中にあって、ひとり活躍して気を吐いたのがサヴォイア・マルケッティＳＭ79「スパルヴィエロ」（タカ）三発爆撃機だ。

ＳＭ79はイタリアの航空技術が成熟の頂点に達していた一九三五年に快速輸送機として誕生し、翌三六年九月に、有効搭載量二トンで距離二〇〇〇キロのコースを平均速度三八〇キロ／時で飛ぶ世界記録を樹立し、そのほかいろいろな記録規定により合わせて七種の国際記録を更新して三発機の優秀性を示した。当然ながら空軍の注目するところとなり、早速艤装を改めて爆撃機に転用された。

元来、中爆あるいは重爆といわれる機体は、たいてい双発あるいは四発と相場が決まっていたが、なぜかイタリアは三発が多く、先のフィアットＢＲ20は例外中の例外だった。そもそも三発は安全性を主とする旅客機などに多く見られた形式で、第一次大戦後はフォッカー、ユンカース、フォード、アームストロングホイットワースなど三発機が花盛りだった。しかし爆撃機となると前方視界や射角が狭くなるので、ほかの国ではほとんど姿を消してしまったのに、なぜかイタリアだけが頑固に三発を守り、サヴォイア・マルケッティＳＭ79、カントＺ１００７、同506Ｂ（水上機）など数種の三発爆撃機があった。

中で唯一の成功作であるＳＭ79は、エンジンが五六〇馬力×三の一型から一〇〇〇馬力×三の三型まであり、この三型では最高速度四七五キロ／時を出して、一応列強の高速爆撃機の水準に達していたが、のちに爆撃照準席と銃座を設けるため、機首のエンジンをなくして双発としたＳＭ79Ｂ型では、パワー不足で最大速度が四三〇キロ／時に低下してしまった。かつてシュナイダーカップで、マッキ高速水上機がイギリスのスーパーマリン水上機と覇を競った、あのイタリアの熱い血と技術はどこに行ってしまったのであろうか。

ＳＭ三型は乗員が正副操縦士、後上方銃手、後下方銃手、胴体側方銃手の五名で、航法、無線通信、機関士は各銃手を兼務した。武装は操縦席の後上部に一二・七ミリ旋回銃一、胴体後下部に一二・七ミリ旋回銃一、胴体の左右両側に七・七ミリ旋回銃各一があり、そこまでは普通並みだが、操縦席の上に一二・七ミリ固定銃一というのが変わっている。機首にエンジンがついているために前方旋回銃を設けるスペースがなく、仕方がないので固定銃で辻《つじ》褄《つま》を合わせた感がないでもないが、前上方から迫ってくる敵戦闘機にたいし機首を向けて立ち向かうつもりだったのだろうか。

爆弾搭載量は三型で一・五トンだったが、魚雷を積み地中海でイギリス空母「イーグル」を撃沈したこともあり、三発爆撃機時代の最後を飾る傑作機だったといっていいだろう。

なお少数ではあったが、イタリアにも四発の戦略爆撃機はあった。その代表がピアッジョP108だが、イギリスのアブロ「ランカスター」やアメリカのボーイングＢ17などにくらべると二流の感は免れず、実戦にもほとんど参加しなかった。ランボルギーニやフェラーリのような芸術的なマシーンを作るイタリア人たちにとって、しょせん無粋な軍用機など性があわないのかもしれない。

新兵器ミサイル登場

●V1・V2号——ドイツ

連合軍がノルマンディー海岸に上陸してちょうど一週間目の一九四四年六月十二日、ロンドン上空に異様なうなりを発した物体が飛来して市民を驚かせた。それはドイツが負けいくさを一気に挽回しようと科学技術力を総動員してつくりあげた報復兵器V1号だった。この夜、ロンドン目がけて発射された一〇発のうちの一発で、このあとのV1号による大々的な攻撃の幕開けであり、三日もすると攻撃は本格的になって、日に一二〇発から一四〇発のV1号が発射されるようになった。

以後この攻撃は、連合軍地上部隊がすべてのV1号発射基地を占領した八月下旬まで執拗に続けられ、総数は八六一七発にのぼった。

このV1号はシンプルな構造のパルスジェットエンジンを装備したフィーゼラーFi103飛行爆弾で、巡航速度は六四〇キロ／時、航続距離は二四〇キロだったから、ドイツ占領下のフランスのカレー海岸からドーバー海峡越しにロンドンを攻撃するのに十分であった。

爆鳴《ばくめい》弾とも呼ばれたV1号は不気味なジェット推進音を発し、それが頭上でハタと止むと次にくるのは落下、そして爆発だったので、人々はその音を聞くと恐怖に身をすくめた。しかも弾頭には約九〇〇キロの爆薬が装塡されていたので、市街に落ちればその威力は相当なものだった。

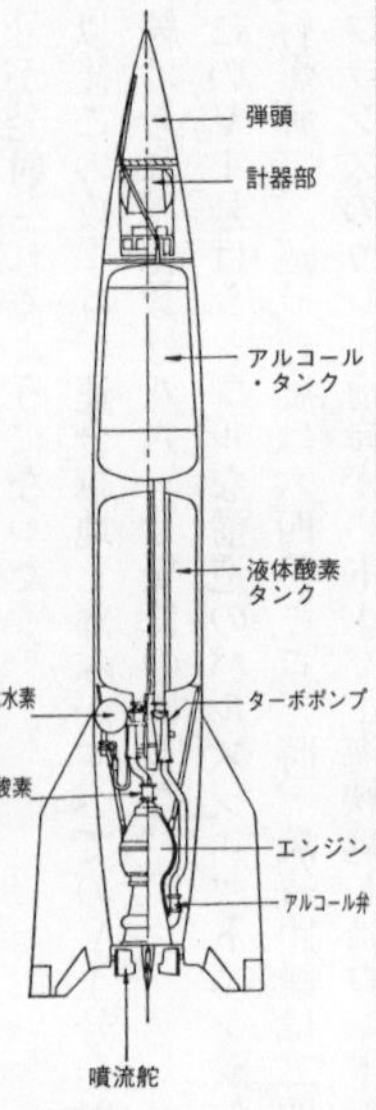

V2ミサイルA4の構造

V1号は地上のランチャーから発射されたが、V1号を胴体下に懸垂できるように改造されたハインケルHe111から発射誘導するようにしたのもあった。有人飛行爆弾とでもいうべき日本海軍の「桜花」同様命中率が悪く、ほとんど戦果を上げることができず、少しばかりイギリス人たちをおどろかせたに過ぎなかった。

連合軍の発射基地占領によってV1号の脅威が去って間もない一九四四年九月はじめ、今度はまったくあたらしい強力な報復兵器V2号によるドイツ軍の攻撃が開始された。ロケットエンジンを使った全長一四メートル、直径一・六五メートル、総重量一二・九トンの大型飛翔体で、垂直に発射されたのち、超高空を音速の四、五倍のスピードで飛ぶため、戦闘機や地上の対空砲火で撃墜できたV1号とちがって、連合軍側はドイツが降伏するまで有効な防御対策を見出すことができず、少なからぬ損害をこうむった。

Ｖ２号は発射された一三〇〇発のうち目標のロンドン市中に落ちたのは半分に満たない五一八発だったというから、技術的には未熟だったが、これが核爆弾運搬手段としての戦後のアメリカ対ソ連の大型ミサイル開発競争の導火線になった。

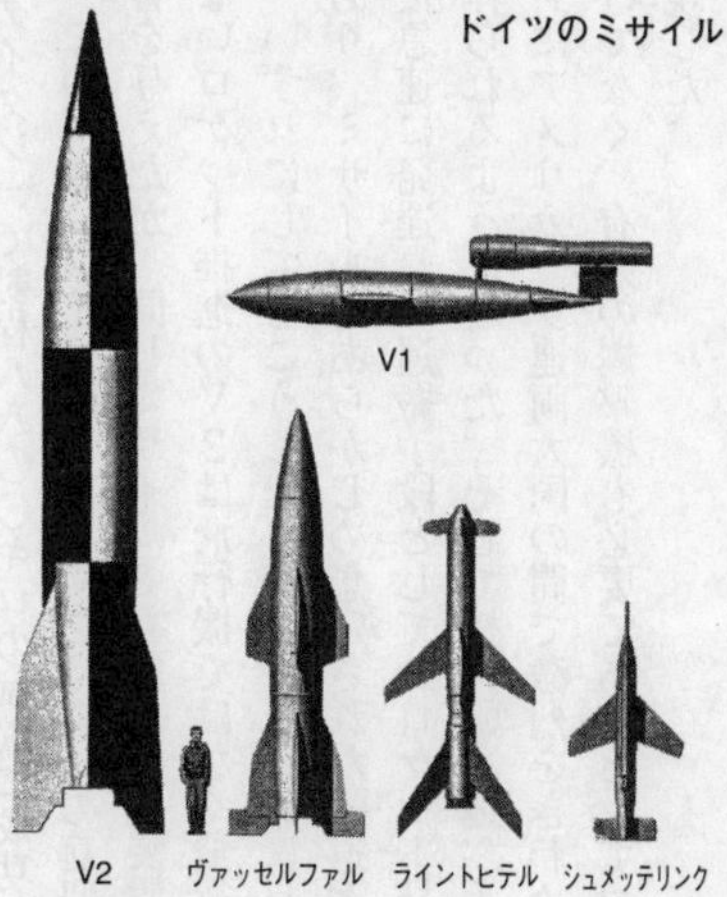

ドイツのミサイル

大戦末期、アメリカ軍を主とする連合軍とソ連軍は東西からドイツ本土に進撃したが、ソ連軍が先にＶ２号の研究所や工場を占領し、大勢の研究者、技術者だけでなく数千名の工員まで押さえてしまった。

アメリカは主任研究者のフォン・ブラウン博士をはじめ、ソ連軍占領地からかろうじて拘束を逃れた研究者、技術者約一〇〇名とＶ２号の部品を確保できただけだったので、この分野では一時ソ連がアメリカをリードし、一九五七年には航程八〇〇〇キロのＩＣＢＭ（大陸間弾道弾）の発射実験に成功し、同年十月には人類史上初の人工衛星「スプートニク」を打ち上げてアメリカを慌てさせた。アメリカが人工衛星の

「エクスプローラー」を打ち上げたのは、ソ連に約一年遅れの一九五八年であり、ＩＣＢＭ「タイタン」で射程八八〇〇キロの試験に成功したのは二年遅れの一九五九年だった。

このようにドイツのＶ１、Ｖ２は戦後の兵器としてのミサイル（飛翔体）開発に大きな影響を与えたが、同じミサイルでも翼と推進装置を持つＶ１は無人の飛行機であり、翼をもたないロケット推進のＶ２は飛行機ではなく飛行弾あるいは弾道弾と呼ぶのが適切だろう。

いずれにしてもこうしたミサイルを正確に目標に命中させるには精密な誘導装置が必要であり、ミサイルをあらかじめ想定された弾道どおりに飛翔させるための制御技術の開発が戦後急速に発達し、運搬手段としてのロケット技術の進歩とあいまって多様な核爆弾が大量に作られるようになった。そして核弾頭を運ぶ手段としてのミサイル開発競争は、冷戦をバックにアメリカ、ソ連両大国の間で激烈をきわめたが、その一方では、無人の巨大ミサイルだけでなく、有人の爆撃機も必要であるとしてコンベアＢ36のような超大型の戦略爆撃機も出現した。

レシプロエンジンを積んだＢ36のあとはジェット機に変わり、六発ジェットのボーイングＢ47や八発ジェットの同Ｂ52を出現させているし、イギリスやソ連もジェット戦略爆撃機を装備している。個々の機体についてはあとで述べるが、核弾頭の威力はどんどん増大し、アメリカやロシア（旧ソ連）が保有している水素爆弾の威力は広島型原爆の一〇〇〇倍に達するといわれる。もっとも初期の広島や長崎に落とされた原爆ですら、たった一機の原爆搭載機Ｂ29で大都市ひとつを壊滅させてしまったのである。

そうなると五〇〇機とか一〇〇〇機といった大編隊による空襲など過去の語り種になってしまい、戦略爆撃機などまったく無用の存在になってしまうおそれがある。B52のあとの世界の爆撃機開発の迷いは、ミサイルか爆撃機かの選択のほか、爆撃機そのものにも大きな変革が求められていることを示している。

まだあったドイツの新兵器

●親子飛行機爆弾「ミステル」――ドイツ

パルスジェットの飛行爆弾V1号、ロケットの弾道弾V2号などの画期的な新兵器を出現させたドイツの技術者たちは、この二者とはちがった親子式飛行機爆弾ともいうべき新兵器「ミステル」（やどり木）を開発した。

これは無人の爆撃機に爆装し、その上に仮装した有人の戦闘機によって操縦して、目標近くで切り離すという、V1号やV2号のような新技術ではないが、在来技術による奇想天外な発想の新兵器である。攻撃に使われる無人の爆撃機の機首には、一方向に強大な貫徹力をもつ特殊弾頭が装備されていた。第二次大戦の初期、フランス国境の要塞「マジノライン」の、普通の爆弾では破壊しにくい厚いベトンで固められたトーチカを爆破するために考案されたものだ。それが「ミステル」につながったそもそものきっかけは、一九四二年にドイツのグライダー研究所がメッサーシュミットMe109戦闘機の下にグライダーを吊り下げて運ぶ親子飛行機の実験をしたことにあった。

グライダー曳航のための爆撃機や輸送機を使わなくてすみ、しかもグライダーを切り離したあとは戦闘機をそのまま制空や地上の援護に使えるというのがミソだった。しかし、この方法はグライダー（したがって兵員や貨物）の空輸には向かないことがわかったので、グライダーの機首に前記の弾頭を装着して、グライダー爆弾として目標に突入させる実験に切りかえた。

実験の結果は兵器として有望と見られたので、「子」機をスピードの遅いグライダーに代えて高速爆撃機のユンカースＪｕ88とし、「親」機のＭｅ109と組み合わせて「ミステル」と命名し、一九四三年七月から十月にかけて一五組作った。

「ミステル」による攻撃法は、敵レーダーにキャッチされないよう超低空で飛び、目標の手前約五キロの地点から高度七六〇メートルに急上昇して直進、二四〇〇メートルの地点で一五度の緩降下に入り、目標まで一六〇〇メートルの地点で「子」機のＪｕ88を切り離し、「親」機のＭｅ109は急上昇反転して帰投するというものだった。

一方、切り離された「子」機は自動操縦装置によって飛行を続け、高速で目標に激突して爆発するのだが、この飛行爆弾には破壊力を増すため弾頭に特殊なしかけがしてあり、もし命中すれば絶大な威力があった。

「子」機のＪｕ88の機首に装着された弾頭には一・七トンの爆薬（火炎爆薬と鋼鉄破壊用爆薬の混合体）が装着され、前方の円錐形の空洞になった部分とは、銅やアルミのような柔らかい金属隔壁で仕切られている。空洞の前方は爆薬の雷管に点火するための触角として長く突き出し、この触角が目標に激突すると、触角先端の電気押圧ヒューズが作動して雷管に点火し、爆弾が炸裂する。

爆弾の後方には放物線状の分厚い球形抵抗面を形成しているので、弱い仕切りがある前方にのみ炸裂する。その瞬間、この軟金属の仕切りが溶解して液状となり、円錐形の中心から細いジェット噴流となって前方に吹き出す。この金属溶液は音速（地上付近で秒速三三〇メートル）の二〇〜二五倍というすさまじい速度エネルギーを持ち、「ミステル」の弾頭直径（一・八メートル）の四倍、すなわち厚さ七・二メートルまでの鋼鉄を貫徹する力がある。実際問題としてそんな装甲などありえないから、「ミステル」の攻撃に耐えられる目標など存在しないことになる。

目標の外殻装甲部を貫徹したあとは強烈な内部破壊となり、針状ジェットの行く先にあるものを瞬時に蒸発、気化してしまうという恐るべき兵器だった。

「ミステル」の弾頭は交換できるよう、取り外し式で、目標に最適の爆発を起こさせるために触角の長さの異なる二種があり、触角が長ければ針状ジェットは狭く深く、短かければ広く浅く貫徹する。訓練の際は普通のＪｕ88の機首を装着し、実戦の際に弾頭へ換装するようになっていた。

さてこれだけの威力を持つ「ミステル」への期待は大きく、一九四四年六月には最初の一五組をもって初の出撃をする予定だったが、戦局の急展開と変化で計画がたびたび変更になり、ほとんど戦果は上がらなかった。このあと一九四五年春には、対ソ戦に投入するため一

○○組の「ミステル」が用意されたが、予想以上に敵の進攻が速く、戦局転換の切り札とはなり得なかった。もし予定通りに作戦が進められ、ゴーリキー周辺の水力発電所攻撃が行なわれていたら、イギリス空軍のアブロ「ランカスター」爆撃機による、ドイツの水力発電所

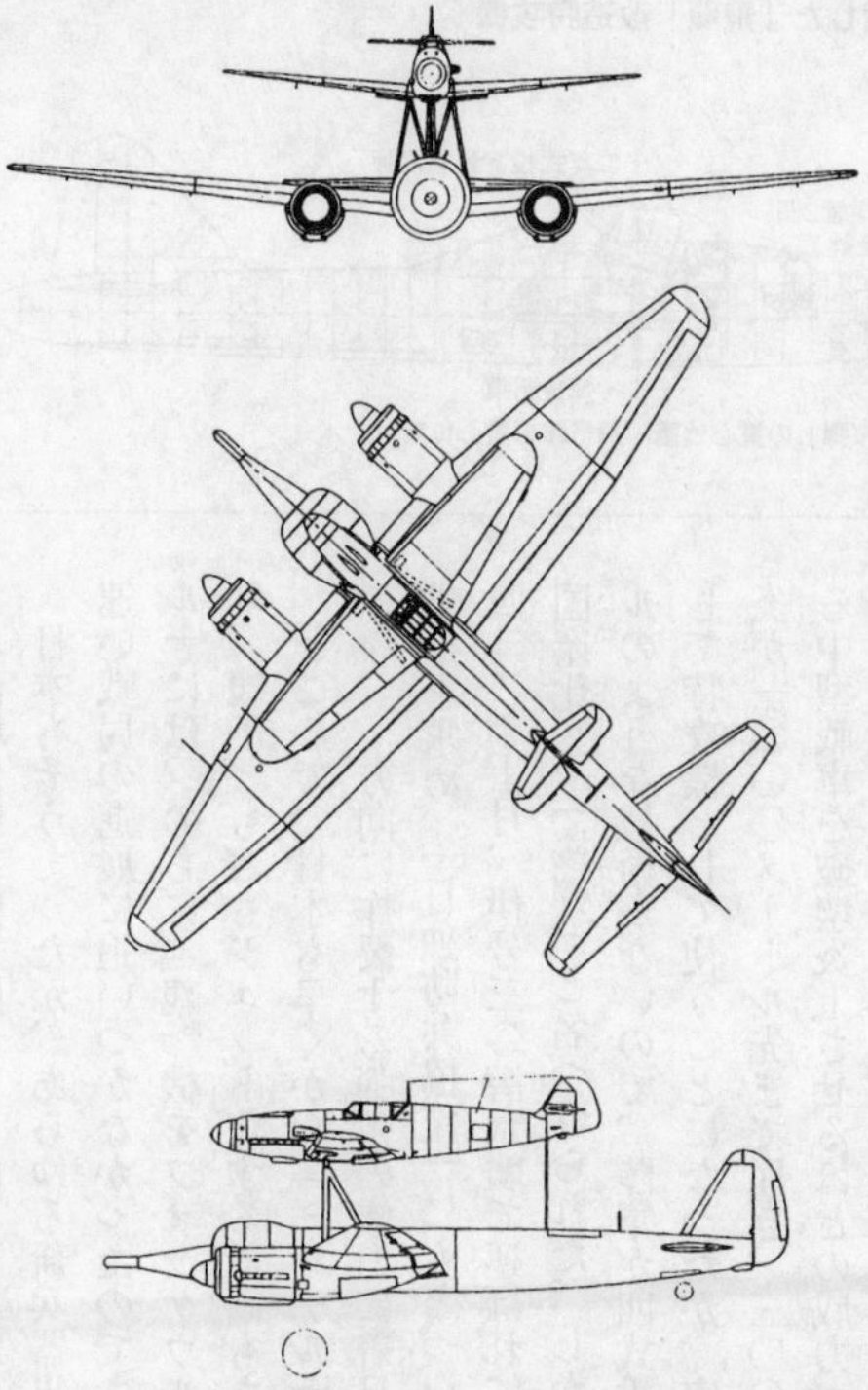

親子飛行機爆弾「ミステル」（ドイツ）

「桜弾」を装備した「飛龍」改造特攻機

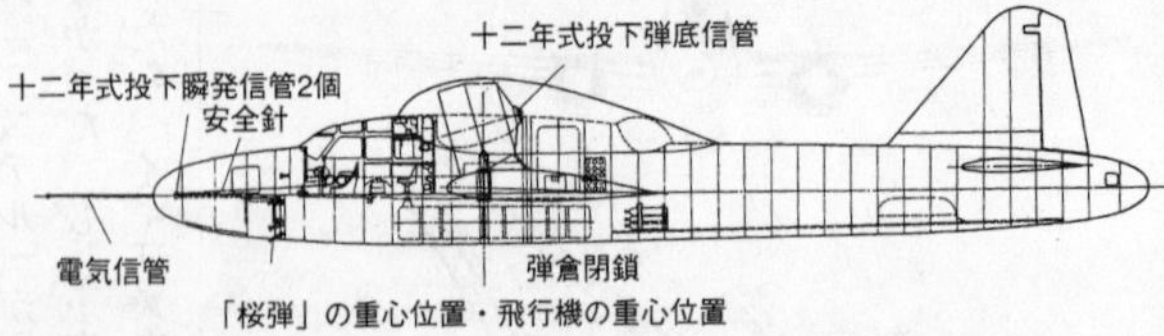

ダム破壊作戦と好対照になったことと思われる。

日本もそうだったが、あらゆる新兵器出現のタイミングが、速い戦局の進展に追いつかなかったのである。なお「ミステル」には、のちに「親」機をフォッケウルフFw190に変えたり、親子ともどもジェット化する計画もあった。

ところで、日本も早くから「ミステル」に使われたのと同様な、一方向に炸裂する弾頭の威力に着目してドイツに技術供与を求め、「日独防共協定」にもとづいて昭和十七（一九四二）年十月、伊号三〇潜水艦で運ばれてきた資料をもとに国産化し、「桜弾」と名づけられた。しかしドイツのミステルのような技術がないので、陸軍が四式重爆「飛龍」に装着して特攻機として使うことになったが、実験では爆発時の火炎が一〇〇〇メートル先まで届き、三〇〇メートル前方にある中型戦車を破壊炎上させるほどの威力だったという。

「桜弾」の直径は一・八メートル、重量二・九トンで、一発を「飛龍」の中央翼桁間の上部胴体内に装備し、この重い爆弾を運ぶため機体は徹底的な軽量化がはかられていた。

昭和二十年以降、少数機が生産され、八〇〇キロ爆弾二個を胴体内に固着した、同じ四式重爆の特攻機「ト号」とともに、四月から五月にかけて沖縄周辺の機動部隊攻撃に出撃したが、わずかに二機の突入が確認されただけで、戦果のほどは不明である。なお昭和二十年六月には本機によるサイパン島攻撃の秘密部隊が編成され、八月十六日に出撃する予定で訓練していたという。

それにしても同じ種類の爆弾を使いながら、ドイツは戦闘機によって誘導される無人の爆撃機、日本は有人の爆撃機そのものを突入させるというところに、死生観の違いだけでなく、彼我の大きな技術格差を思わずにいられない。このことは有人滑空爆弾ともいうべき海軍の「桜花」も含めた特攻機全体についていえることで、かつて航空技術者の一人として戦争に参加した筆者にとって、いまだに心晴れない問題である。

なおこの「桜弾」と同じ原理を使った「夕弾」という小型爆弾もあった。「夕弾」は炸薬〇・七キロ、弾子の重量約一・〇キロの小爆弾三六個を一つの容器に収容した総重量五二キロの爆弾で、飛行機から投下後、自動的に容器が開いて小弾子がバラバラに飛び出して地上の目標を破壊する。陸軍がニューギニア方面や沖縄の敵飛行場攻撃に使って大いに効果をあげたといわれる（「桜花」および日本にもあった誘導ミサイル「イ号」については拙著『戦闘機入門』を参照されたい）。

ノースロップ・グラマンB2「スピリット」（アメリカ）　ステルス性を高めるため、胴体や尾翼のない全翼機となっている。1988年、カリフォルニアの空軍基地で初公開。

ジェット爆撃機の出現

●アラドAr234「ブリッツ」――ドイツ

第二次大戦の末期、ドイツの航空工業は健闘していた。連合軍機による猛烈な工場爆撃をものともせず、一九四四年には、一九四二年と四三年の生産合計よりも多い、四万機を超える飛行機を生産した。ところが天然資源を持たないドイツの燃料不足は深刻で、せっかく作った飛行機の多くは飛べないまま、地上に置かれて連合軍機の攻撃にさらされていた。そんな中でわずかに気を吐いたのが、ロケット機のメッサーシュミットMe163「コメート」と低質の燃料で飛べるジェット機のMe262「シュワルベ」だった。

大戦末期に出現したMe163は連合軍爆撃機の邀撃に活躍したが、Me262も本来は戦闘機として開発された機体だ。初飛行はMe163より九ヵ月おそい一九四二年七月で、時速一〇〇〇キロの高速はヒトラー総統と空軍当局を狂喜させた。その高速に目をつけたヒトラーの意向で、爆撃機として生産することになったMe262A2a型は、五〇〇キロ爆弾二発または一トン爆弾一発を胴体下につけ、武装は戦闘機型と同じ三〇ミリ機関砲四門の強力なものだった。

初出撃は一九四四年五月の連合軍ノルマンディー上陸作戦のときだったが、数が少なくて目立った戦果は上げられなかった。そこでヒトラーの考えが変わってこの年の九月、Ｍｅ262を戦闘機として使うことを認め、爆撃機隊とは別に戦闘機隊が編成されて、翌四五年五月六日、連合軍に降伏するまで活躍した。

レシプロ機とは異次元ともいえるその威力のほどは、終戦少し前の一九四五年三月十九日の戦闘が物語っている。

この日、一二五〇機のアメリカ軍爆撃隊が、強力な戦闘機の護衛の下にベルリン空襲にやってきたが、邀撃したわずか三七機のＭｅ262「シュワルベ」は、敵爆撃機二四機と戦闘機五機を撃墜し、自軍の喪失はたった二機にすぎなかった。第二次大戦中の最優秀レシプロ戦闘機ノースアメリカンＰ51「ムスタング」といえども、最大速度で三〇〇キロ／時も速い一〇五〇キロ／時の高速ジェット戦闘機には手も足も出なかったことがわかる。

そんなわけでＭｅ262は元来が戦闘機なので、純粋に世界初の実戦に登場したジェット爆撃機となると、Ｍｅ262より一年遅れの一九四三年六月に飛んだ、アラドＡｒ234「ブリッツ」となる。

Ａｒ234には、ハインケルＨｅ111のような透明なガラスで覆われた機首の前端に、ただ一人の乗員のための操縦席があり、三車輪式の降着装置とあいまって、地上、空中ともに前方視界は抜群によかった。大型なぶん機体重量はＭｅ262より三トン以上も重く、エンジンは推力八九〇キロの同じユンカース「ユモ」004Ｂ二基だったので、最大速度は七五〇キロ／時に低下したが、それでも連合軍の最速戦闘機Ｐ51「ムスタング」より速く、敗色濃厚となった終戦間近の時期、Ｍｅ262とともに活躍してドイツ空軍の最後を飾った。

Ａｒ234は、初期のＢ０およびＢ１は偵察機としてつくられ、一九四四年のＢ２から主力の

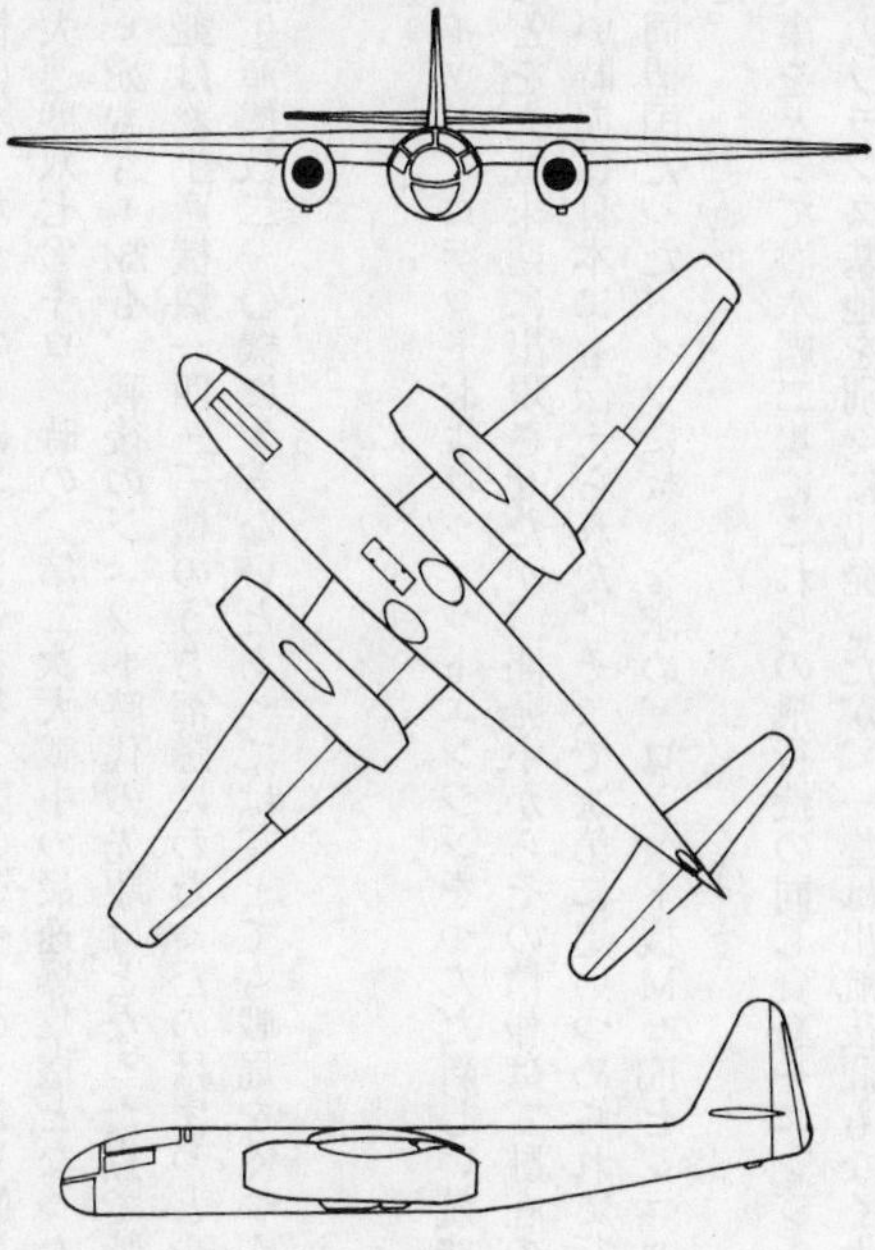

アラドAr234「ブリッツ」（ドイツ）
全長12.64m　全幅14.41m　主翼面積26.4㎡
全備重量8410kg　最大速度705km/h　上昇限度1万1500m

爆撃機になったが、のちにエンジンを推力九〇〇キロのＢＭＷ003に代えて四発化したＣ１では最大速度八七〇キロ／時の、第二次大戦中の最速爆撃機となった。

Ｍｅ262もＡｒ234も、戦後のジェット時代の先駆けとなった点で特筆される機体だったが、Ｍｅ262は総生産機数一四三三機のうち部隊にわたったのはずっと少なく、Ａｒ234にいたっては総生産機数二一〇機にすぎないとあっては、とても戦局をくつがえす力にはなり得なかった。

ドイツは、ロケットおよびジェットエンジンをつんだ新しい航空機Ｍｅ163、Ｍｅ262、Ａｒ234などを大戦末期に出現させたが、開発中からその情報は、駐在の陸海軍武官を通じて比較的早い時期に日本にも伝えられた。そこで次第に追いつめられて行く戦局を何とか打開しようと同盟国だったドイツに救いを求め、ロケット機Ｍｅ163とジェット機Ｍｅ262の国産化を決めた。

大事をとって潜水艦二隻にこれらの飛行機の同じ資料やエンジンなどを積んで、ドイツ占領下のフランス基地を別々に出発したが、一隻は出航後間もなく大西洋上で撃沈された。もう一隻はシンガポールまで無事に到達したものの、日本に向けて出航後、台湾南方のバシー海峡で待ち伏せしていたアメリカ潜水艦に撃沈されたので、はるばるドイツから運んできた貴重な資料やジェットエンジンの実物は海に沈んでしまった。

さいわい、シンガポールから飛行機でひと足先に帰国した巌谷英一海軍技術中佐が携行した両機に関する技術資料があったので、これをもとに機体およびエンジンの開発試作が始まり、Ｍｅ163コピー機は「秋水」と名づけられて、終戦間近の昭和二十（一九四五）年七月七日、「橘花」と命名されたＭｅ262コピー機は同八月七日初飛行した。結果は「秋水」が上昇途中にエンジンストップで墜落、「橘花」は初飛行に成功したが第二回目の飛行で離陸に失敗して墜落、四日後に終戦という、両機ともはかない運命に終わった。

昭和二十年のいつごろだったか覚えていないが、航空技術研究所からとなりの陸軍航空工廠の工場内の一角に移っていたうす暗い設計室で、マイクロフィルムから拡大プリントされたＭｅ262の平面図を見たときの驚きは、今も筆者の記憶に鮮明である。

ジェットになって爆撃機が変わった

●戦闘機の爆撃機化

第二次大戦末期に現われたジェット機は、プロペラ効率によってスピードの限界と考えられていた時速七〇〇キロ台の壁をいとも簡単に破り、音速（高度一万メートルで時速一〇七六キロ）をも超えてしまった。

それは戦闘機だろうと爆撃機だろうと機体の大小、軽重をとわないし、ジェットエンジンが生み出す強大なパワーは、スピードだけでなくあらゆる飛行機の有効搭載量を飛躍的に増大させた。その結果、それまでの戦術的用途に使われていた、レシプロエンジン付きの中型爆撃機や軽爆撃機の存在が危うくなったが、このことは第二次大戦が終わって間もない一九五〇年六月に勃発した朝鮮戦争によって明らかにされた。

朝鮮戦争は、大戦後南北に分かれた韓国と北朝鮮の、それぞれ背後にあったアメリカとソ連との代理戦争でもあったが、この時代は各国の第一線機はまだレシプロエンジン機とジェット機とが混在する時代であり、アメリカ軍はＢ29、Ｐ51、Ｆ4Ｕ、Ｂ26など第二次大戦機を使う一方で、ロッキードF80、同F94、リパブリックF84、ノースアメリカンF86などジェット戦闘機をも投入した。

この中で最初に戦術爆撃機として活躍したのはダグラスB26「インベーダー」だったが、レシプロ機全盛時代には優秀機だったB26「インベーダー」も、北朝鮮軍が繰り出したソ連製のジェット戦闘機、ミグ15のためにその活躍を封じられてしまった。ミグ15を駆逐するため、アメリカ軍はジェット戦闘機のリパブリックF84「サンダージェット」を差し向けたが、軽くて運動性のいいミグ15にかなわなかった。そこでミグ15のことは、名戦闘機P51「ムスタング」を生んだノースアメリカン社のジェット戦闘機F86「セイバー」にまかせ、F84は最大二トンに達する搭載量を生かして戦闘爆撃機として使うことにした。

これが当たった。低空性能のいいF84は、第二次大戦機のP51や海軍の艦上戦闘機F4U「コルセア」などとともに戦場上空を飛びまわり、ナパーム弾やロケット弾攻撃をあびせたから、北朝鮮軍にとって恐怖の存在となった。ちなみに、F84は朝鮮戦争の全期間を通じて爆弾五万四二七トン、ナパーム弾五五六〇トン、ロケット弾二万二一五四発を北朝鮮軍に浴びせたが、高性能ゆえにその損害は驚くほど少なかった。

つまり、強力なパワーの発生が可能なジェットエンジンの出現による飛行機の搭載量の増加は、小型の戦闘機といえども、レシプロエンジンの中型爆撃機、あるいは重爆なみの爆弾を携行できるようになったため、戦術爆撃にはジェット戦闘機を当てればいいことになった。

戦闘機の爆撃機化、すなわち戦闘爆撃機的な使い方は、レシプロエンジンの高出力化にと

アブロ「バルカン」（イギリス）

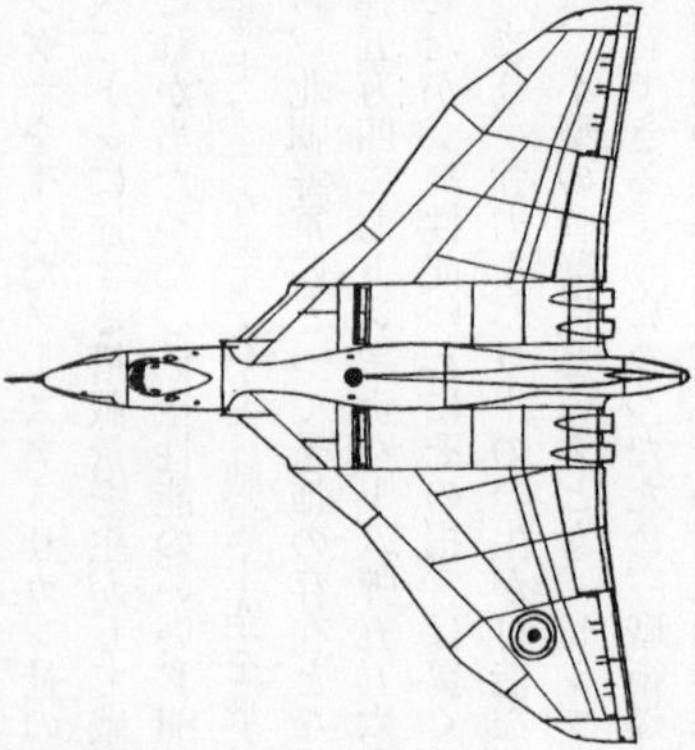

もなって第二次大戦の終わり頃からさかんになっていた。アメリカのＰ47、Ｐ51、イギリスのデハビランド「モスキート」、ブリストル「ボーファイター」、ドイツのメッサーシュミットＭｅ110、Ｍｅ210などがそれだが、パワーがあって搭載量の大きいジェット戦闘機の出現は、それを中爆の領域にまで広げてしまったのだ。この結果、搭載兵器が自由落下式の爆弾から誘導爆弾、ミサイル、ロケット弾などに変わったこともあって、それまでの軽、あるいは中型爆撃機のカテゴリーは次第に消滅し、一括して攻撃機と呼ばれるようになった。もちろん、魚雷攻撃を主体としたかつての日本海軍の攻撃機とはまったく違う。

一方、爆撃機設計者にとって魅力的な〝戦闘機より速い爆撃機〟の願望は、燃料消費をいとわなければいとも容易に実現できるようになり、アメリカ、イギリス、ソ連など各国で次々に大型のジェット爆撃機が作られるようになった。

まずアメリカであるが、第二次大戦後の数年間はアメリカにもさまざまな迷いがあり、四発ジェット偵察爆撃機のノースアメリカンＲＢ45、六発ジェットのボーイングＢ47、同じくマーチンXB48（二機のみ）、レシプロエンジンのB29の発展型B50、三発ジェットのマーチンB51、八発ジェットのボーイングB52、双発ジェットのマーチンB57、四発ジェットのコンベアB58「ハスラー」、双発ジェットのダグラスB66「デストロイヤー」（＝A3「スカイウォリヤー」）、八発ジェットのコンベアYB60と、手探りのようにいろいろな爆撃機をつくっている。しかしこの中で本当に成功したのはボーイングB47とB52、ダグラスB66、それにイギリスの技術を買って作ったマーチンB57くらいなものだ。もっとも海軍の攻撃機まで入れるとずっと増えるが。

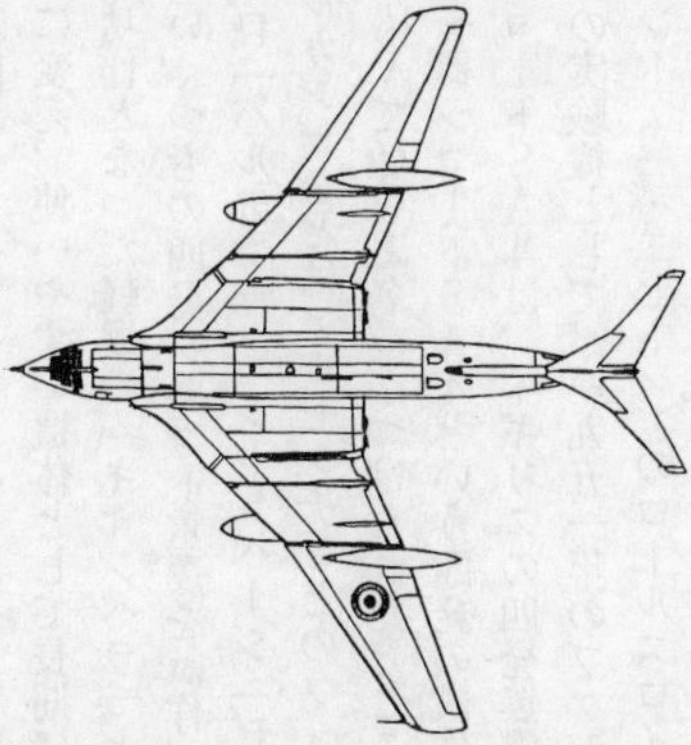
ハンドレページ「ビクター」（イギリス）

多産型のアメリカにくらべると、イギリスは少ない試作で成功作を生みだし、効率のいいところを見せている。その第一が、イギリス初のジェット爆撃機として大成功を収めたイングリッシュ・エレクトリック「キャンベラ」で、アスペクト比が小さい大きな面積の主翼と、搭載エンジンのロールスロイス「エーボン」とのマッチングがよく、高空での操縦性をはじめ各種性能にすぐれていたため、適当な戦術軽爆撃機を持たなかったアメリカ空軍が目をつけ、B57としてマーチン社にライセンス生産させた。

B57はエンジンもオリジナルのロールスロイス製から国産のカーチスライト「サファイア」に変え、使いやすい機体として長期にわたって飛んだ。

成功作となった軽爆の「キャンベラ」と前後して、イギリスは一九五一年から五二年にかけていくつもの四発ジェット重爆を試作しているが、このうちヴィッカース「バリアント」、アブロ「バルカン」、ハンドレページ「ビクター」の三機種はいずれも採用されて量産され、「バルカン」などはアルゼンチンとのフォークランド紛争で実戦参加した。この三機は、いずれもVで始まる名前がつけられたところから3Vボンバーと呼ばれたが、実はこのほかにもう一機ショートSA4という四発の試作爆撃機があった。

ショートSA4は、イギリスの四発爆撃機としてはヴィッカース「バリアント」に次ぐ二番目の実験機として、一九五一年のファンボローショーでお目見えしたもので、推力七二〇〇ポンド（三・二七トン）のロールスロイス「エーボン」二基を、上下に重ねて一つのナセルに収めたエンジン装備が特徴だったが、「バリアント」に敗れて制式とならず、3Vの仲間入りはできなかった。

この時代、同じように試作のみに終わったジェット爆撃機にはソ連のイリユーシンIℓ16四発とフランスのシュドSO4000双発がある。

イリユーシンIℓ16はレシプロエンジン時代の古い設計の機体の翼に、ジェットエンジンを四基並べてつけた平凡な機体で、最高速度も推定六四〇キロ／時のたいしたことはない機体だったが、このあとミヤシシチョフM4「バイソン」、ツポレフTu16など、西側を恐れさせる優秀機を生み出す設計演習の役割を果たしたと考えられる。

ソ連のIℓ16にくらべると、さすがにフランスのシュドSO4000はリファインされた姿態をしており、双発ながらイスパノ製ロールスロイス「ニーン」エンジンの高性能と合わせて音速に迫る九二〇キロ／時の最高速を出し、大いに期待されたが、予算上の都合で日の目を見ることができなかった。

時代により、それぞれのお国の事情によって飛行機の運命もさまざまだが、こうしてみると技術的にも国力の面でもアメリカの強さがずば抜けていることがわかる。

おそるべきジェットパワー

●B36を上まわる三菱F1の力

爆撃機と戦闘機の間にあったスピード差の壁を破り、戦闘機より速い爆撃機の出現を容易にしたのは、ジェットエンジンの強大なパワーであるが、筆者がそれを実感したのは、かつての日本陸軍戦闘機「飛燕」の取材で航空自衛隊岐阜基地を訪れたときのことだ。当時、まだ旧陸軍航空のOBたちが現役で在籍中だったので、その話を聞くために行ったのだが、ここには空自の実験航空隊があり、たまたま実験中の三菱T2ジェット練習機と、T2を支援戦闘機に改造したF1が相次いで離陸するのを目撃した。

いとも軽々と上がってゆくT2に対して、両翼および胴体下面のラックに爆弾をいっぱいつけたF1が長い滑走の末に、いかにも重そうに各務原の空に上がって行くのを見て、現代のジェット戦闘機とは何とすごいものだろうとつくづく思った。

あとから調べてわかったことだが、このとき三菱F1が爆弾ラックにつけていたのは、五〇〇ポンド爆弾（もちろんダミー）が片側二個の両翼で四個、これに胴体下の四個を加えて八個の合わせて四〇〇〇ポンドだから、ざっと一・八トンにもなる。第二次大戦の日本陸軍の四式重爆が最大一トン、九九双軽にいたってはわずか四〇〇キロだったから、昔の日本陸軍の基準でいえば、爆弾を一・八トンも携行できるF1支援戦闘機は〝超〟重爆撃機ということになってしまう。それだけではない、戦闘機でありながらF1の総重量は一三・七トンにも達し、これは四式重爆と同じでありながら最大速度はマッハ一・六だから約三倍にもなる。この恐るべき爆弾搭載量とスピードは、機体設計の進歩もさることながら、その多くは装備されているジェットエンジンの強大なパワーによるものだ。

一般にレシプロエンジンのパワーは馬力（ps）、ジェットエンジンは推力（スラスト）何ポンドあるいはキロで表わされるので比較しにくいが、ごく大まかではあるが次のような数式で推力を馬力に換算することができる。

推力馬力（THHP）＝F×V÷七五（ps）

F　ジェットエンジン推力（静止）kg

V　航空機の速度　m／s

先の三菱F1を例に計算してみよう。

F1は推力（静止）三三二〇キロの双発で六六二〇キロ（kg）だから、飛行速度一六〇〇キロ／時（km／h）としてこの式に当てはめると、一六〇〇キロ／時は秒速四四四メートルだから、六六二〇×四四四÷七五＝三万九一九〇推力馬力となり、ジェットエンジン四基を追加装備したD型以前の超大型レシプロエンジン爆撃機、コンベアB36（三八〇〇ps×六＝二万二八〇〇ps）をはるかに上回るパワーを持っていることになる。

小型の戦闘機ですらこれだから、たとえばジャンボ旅客機のボーイング747あたりになると、推力二五トンのジェットエンジンが四基で一〇〇トン。時速九〇〇キロで飛んだ場合の推力馬力はざっと三三万三〇〇〇psだから、これを第二次大戦の最優秀重爆撃機ボーイングB29に使われていたレシプロエンジンのライトR3350（二二〇〇ps）でまかなおうとすると、一五〇基以上を必要とし、エンジンのお化けみたいになって飛行機として成り立たない。

戦闘機、爆撃機、旅客機を問わず、第二次大戦以降、今日にいたるまでの航空機の進歩は、電子技術とこうしたジェットエンジンの強大なパワーに支えられているのであって、ドイツが先鞭をつけた動力革命の結果、以前には考えられなかったような威力が航空機に与えられ、大型小型を問わず高性能の新鋭機が次々に出現するようになった。

ところで、手塚治虫の人気漫画「鉄腕アトム」は一〇万馬力だそうだから、ジャンボ旅客機は巡航で飛ぶ場合、やや力をセーブした四体のアトムに引っ張られているようなものと考えると楽しくなる。

●世界初の戦略ジェット爆撃機

●ボーイングB47「ストラトジェット」——アメリカ

第二次世界大戦でもっとも活躍した四発重爆撃機B17、B29を生んだボーイングは、戦後のジェット時代になってもB47、B52とアメリカ空軍SAC（戦略空軍）の主力爆撃機を開発したが、その第一弾となったボーイングB47につながる、爆撃機計画がアメリカ陸空軍から出されたのは、一九四三年秋（空軍はまだ独立していない）のことだった。しかし最初の案は計画の段階で失敗が明らかになったため、半年後にあらためてジェットエンジンによる中型爆撃機の提案要求が、各メーカーに提示された。

最大速度五〇〇マイル／時（八〇〇キロ／時）、実用上昇限度四万フィート（一万二〇〇〇メートル）、行動半径一〇〇〇マイル（一六〇〇キロ）が主な要求内容で、ボーイングをはじめノースアメリカン、コンベア、マーチン四社の競作になり、それぞれXB45（ノースアメリカン）、XB46（コンベア）、XB47（ボーイング）、XB48（マーチン）の機体番号が与えられた。

ノースアメリカンXB45（アメリカ）

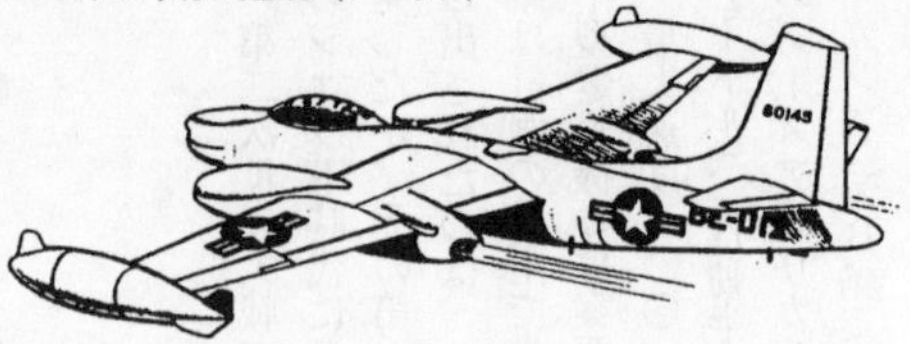

ボーイングは最初、直線翼の主翼、四基のジェットエンジンを胴体上部に埋め込んだ設計だったが、間もなく主翼を直線翼から三五度の後退角がついた後退翼とし、エンジンも後部胴体に二基が追加配置された。このレイアウトは空力的にはよかったが、安全性などに問題があったので、エンジン配置については多くの研究の末、六基とも後退角のついた主翼下面にエンジンポッドとして吊り下げ装備するよう改められた。

降着装置は特徴があり、二組のダブル車輪を爆弾倉の前後に配した自転車式で、地上での横安定のため内側エンジンポッドに引込式の補助車輪が設けられていた。

ＸＢ47の試作一号機は一九四七年十二月十七日に初飛行した。前年六月にはプロペラ機として最後の戦略爆撃機となったコンベアＢ36が飛んだばかりであり、時代はプロペラからジェットへと急速に変わろうとしていた。

各社の試作機による比較審査の結果、ボーイングの試作機がもっとも成績がよく、Ｂ47「ストラトジェット」として正式採用になった。

Ｂ47の設計上のもっとも大きな特徴は、薄くたわみやすく作られた主翼で、最大積載時には翼端で五メートルも反り上がったという。もっとも佐貫亦男先生の著書『続・ヒコーキの

ボーイングXB47（アメリカ）

心』（光人社ＮＦ文庫）によればこの数字はちょっと怪しいようだが、やわな主翼構造の概念はつぎのＢ52にも引き継がれ、今では大型ジェット機設計の常識となっている。これを最初に設計に取り入れるにはさぞ勇気がいったことと思われるが、こうしたやわな主翼構造の概念はすでに日本で「零戦」に取り入れられており、未完に終わったけれども六発の超重爆「富嶽」の主翼設計にも控えめながらそれがあった。

薄型の主翼は燃料搭載スペースの確保が難しいので、胴体内にそのスペースを置くしかないが、燃料消費による重心位置の変動を考えると、できるだけ重心に近いことが望ましい。ところがそこには爆弾倉があり、積載予定の核爆弾の大きさでスペースが制約される。さいわい核技術の進歩でより強力な核爆弾をずっと小型にすることが可能になったため、二番目の量産型であるＢ47Ｂでは爆弾倉のスペースを減らして燃料搭載量を増やすことができた。この結果、燃料搭載量はＢ29の約三倍の一万七〇〇〇ガロン（六万四〇〇〇リッター）以上で、航続距離は三〇〇〇マイル（四八〇〇キロ）以上になった。しかも空中給油システムの進歩により、機首部に空中給油受け口が設けられたＢ47Ｂ以降は、フライング・ブーム式の空中給油を受けて、さらに航続距離を伸ばすことができるようになった。

マーチンXB48（アメリカ）

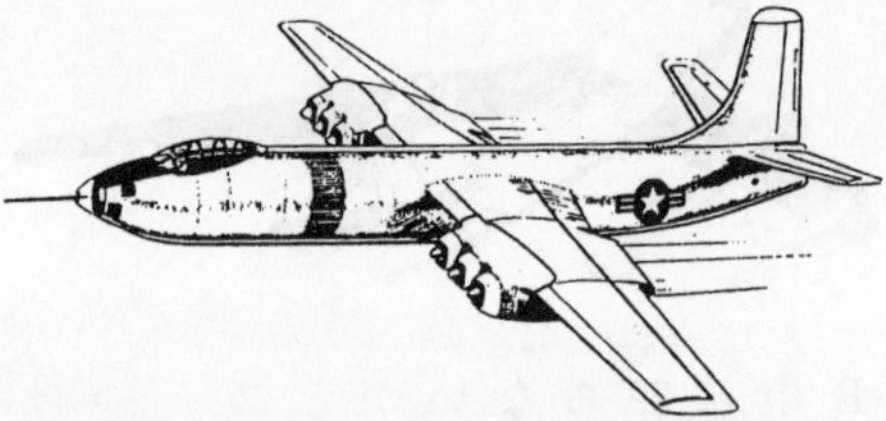

Ｂ47の本格的な量産が行なわれたのはＢ47Ｂからで、一九五一年秋に最初の実戦部隊が編成されたあとはしだいに勢力を広げ、ピークの一九五七年には四〇爆撃航空団、約一四〇〇機のＢ47が配備されるまでになった。しかも二年前の一九五五年にはさらに大型のボーイングＢ52の部隊配備も始まっていたから、アメリカ戦略空軍の兵力は強大なものになっていた。

戦時でもないのにこれほどの爆撃兵力の増強が行なわれたのは、当時の冷戦の相手国、ソ連の動向に対するアメリカのおそれがあったからだ。

この頃はまだロケット技術が未熟でＩＣＢＭが開発途中だったので、当然ながら潜水艦搭載のＳＬＢＭもなく、核兵器による戦略攻撃の主役は、唯一の運搬手段である大型長距離爆撃機であった。

ところがそのソ連の内情は秘密主義の国とあってよく分からず、それがよけいにアメリカ人たちの不安を助長した。

そんなアメリカをいっそう慌てさせたのが一九五四年春のメーデーに、四発ジェットのミヤシシチョフＭ４「バイソン」と、強力な双発ジェット中型爆撃機のツポレフＴｕ16「バッジャー」を登場させ、さらに翌五五年のツシノ航空ショーで、四発ターボプロップのツポレフＴｕ20（95）「ベア」をデビューさせたソ連側の示威行為だった。しかもこの航空ショーでは、これら三種の新型爆撃機をいずれも編隊飛行させる余裕すら見せたからたまらない。「ソ連は多くの新型爆撃機を、しかも大量に保有し、その兵力はアメリカを上まわるものがあるのでは！」という危機感をつのらせ、ソ連との「ボマー・ギャップ」（ボマー＝ボンバー、爆撃機）を埋めるため、爆撃機生産に要する国防予算の大幅な増額が承認された。それだけではない。レシプロエンジン機のコンベアＢ36はもはや旧式であるとして早く退役させ、代わりにＢ47とＢ52を増強する方針が決まり、Ｂ47の生産は延長され、Ｂ52の装備計画は三倍に拡大された。

この結果、Ｂ47は二〇四二機という大量の機体が作られ、一九六五年に退役した時点でまだ七〇〇機も残っていたので、空軍は使われなくなった機体の処置に悩まされることになった。

あとでソ連の戦略爆撃機装備の実状は、アメリカがそれほど恐れるほどでもなかったことが判明したが、「ボマー・ギャップ」をことさらに強調したのは、あるいはアメリカ議会内の防衛族議員の陰謀であったかもしれない。

Ｂ47は全幅三五・四メートル、全長三三・五メートルで、Ｂ36や次に出現したＢ52にくらべれば小ぶりで、Ｂ52が出現すると中型爆撃機に格下げされてしまったが、総重量は最大で一〇〇トンに達する押しも押されぬ重爆撃機だ。にもかかわらず乗員は機長、副操縦士兼銃手、爆撃手兼航空士のたった三人で、これで戦略爆撃機として長時間飛行するのはさぞ辛かったろうと同情されるが、多くの革新的な試みを取り入れた点で、間違いなく爆撃機の歴史に欠かせない一機だ。

戦後のソ連戦略爆撃機

●ツポレフTu4——ソ連

世界最強の空軍国アメリカを疑心暗鬼にさせ、「ボマー・ギャップ」を埋めると称してB36、B47、そしてB52などの大型戦略爆撃機開発と、急速配備に狂奔させた、当の相手ソ連の戦略爆撃機は一体どうなっていたのだろうか。

そもそもソ連戦略爆撃機の歴史は、帝政ロシア空軍の四発爆撃機が、第一次大戦の末期にそこそこの活躍をしたのに始まる。その後消長はあったものの一九三〇年代に入って、イタリアのドウエ元帥の空軍論の影響を受けて四発爆撃機への関心が復活し、TB1、TB3などが出現した。

TB3は別名ANT6と呼ばれる固定脚の四発重爆で、当時まだ小学生の低学年だったが飛行機に関心を持ちはじめていた筆者は、この巨大なTB（テーベー）あるいはANT（アーエヌテー）爆撃機の写真を見て、子供心にも「こんなのが空襲にやってきたらこわいな」と思った記憶があり、この爆撃機の存在は当時の日本にとってかなりの脅威になっていたことは間違いない。

とはいうものの、沿海州の基地から日本海を超えて東京を空襲するにしてもたかだか一〇〇〇キロそこそこであり、今にして思えばTB1やTB3は明らかに時代遅れの機体であった。そのためソ連は爆撃機開発の立ち後れを解消するのに苦労し、一九四二年にADD（アヴィアツィア・ダーリネヴォ・ディスツヴィア。長距離航空隊）を創設した。その時の主力はアメリカから供与された九〇〇機のノースアメリカンB25「ミッチェル」双発爆撃機だった。その後、国産のイリューシンIℓ4双発爆撃機や、少数のペトリヤコフPe8四発爆撃機などが加わったが、爆撃隊員の技量の低さもあってほとんど戦略爆撃らしい活躍はなかった。功名はもっぱら地上部隊の作戦に呼応して地上攻撃にあたった、イリューシンIℓ2やペトリヤコフPe2などに奪われたので、創設二年後には戦術空軍の中の一航空隊に格下げされてしまった。しかし、目の前でアメリカやイギリス爆撃隊の、ドイツに対する戦略爆撃の猛威を見せつけられたソ連軍首脳は、優秀な戦略爆撃機の必要性を痛感して焦っていた。そこへ降ってわいたような事態、アメリカの最新鋭四発重爆撃機ボーイングB29が三機も手に入るという幸運が転がり込んできたのだ。

それは一九四四年八月二十日のことだった。

中国奥地の成都を基地とするB29の、日本北九州に対する爆撃はこの年の六月に始まっていたが、この日の昼間、北九州の八幡製鉄所の爆撃にやってきたB29六一機のうち、被弾した三機がソ連領内に不時着し、搭乗員は身柄を拘束、機体は押収されてしまった。その後、搭乗員は抑留生活を経てイラン経由で帰国することができたが、機体はついに返還されず、「そのやり方は連合国将兵に対するものではなく、まるで敵国に対するのと同じだ」と、アメリカ側を憤激させた。

それは当時、中立条約を結んでいた日本へのソ連側の気づかいだといわれたが、ソ連は天からの贈り物のようなこのB29を早速生かし、名設計者ツポレフに命じて完全なコピーを作り上げ、ツポレフTu4の名で量産化した。

機体だけでなく、エンジンまでそっくり真似てつくられたTu4は一九四六年夏に初飛行し、翌年、創設されてわずか一年のソビエト連邦戦略空軍DA（ダーリナヤ・アヴィアツィア。DAは厳密には長距離航空軍とでもいうべきだが、アメリカのSACに対応するものとして、便宜上戦略空軍とした）に引き渡された。その後Tu4はDAの主力爆撃機として一九五三年には三航空隊合わせて約一〇〇〇機が配備され、中国へも約四〇〇機が供与された。

B29のソックリさんだから寸法諸元や外形はもちろん、性能に至るまでよく似ているのは当然だが、連合国として同じ陣営のアメリカの飛行機を返さなかったばかりか、コピーして堂々と自軍の制式爆撃機にしてしまう神経の図太さには恐れ入ってしまう。

Tu4は西側諸国からは「ブル」の愛称で呼ばれたが、ソ連でもレシプロエンジン機の重爆はこれが最後だった。このあとジェットやターボプロップの時代になると、性能的に西側の戦略爆撃機に十分対抗できる優秀な機体を続々と出現させ、アメリカをはじめ西側諸国に恐れを抱かせるようになったのである。

遅れた合衆国空軍独立

●戦略空軍創設

ヨーロッパではボーイングB17とコンソリデーテッドB24の大群を、犠牲の多い昼間爆撃にくり出して、ドイツを屈服させるのに大きく貢献し、アジアではボーイングB29による無差別都市攻撃、最後には世界初の原子爆弾まで使って日本を降伏に導くなど、アメリカは勝利への航空兵力、とくに戦略爆撃の貢献の大きさを十分に経験もし、かつ知り尽くしていた。にもかかわらず、空軍の独立は他の列強諸国にくらべてずっと遅かった。

アメリカにおける空軍の独立は、前述のようにウイリアム・ミッチェル少将によって多年にわたり強く提唱されていたが、つねに陸海首脳部の反対で否決されてきた。というより、あまりにもその意見が過激であるが故に、ミッチェル個人への反感がそれを助長したといえるかもしれない。

その後、第二次大戦の経験、イタリアのドウエ元帥、ドイツのゲーリング元帥らによる空軍独立作戦の成果、さらには日本海軍航空部隊による、真珠湾先制攻撃の経験などを踏まえて検討を加えた結果、太平洋戦争が終わった直後の一九四五年八月末に、陸軍航空隊主要作戦部隊である本土航空軍から、陸、海軍と並んで戦術、戦略、防空の三大機能を総括する独立した空軍の創設が提案された。同時に、アメリカ本土内の基地から原子爆弾を積んで世界のどこへも出撃できる、「戦略航空軍」の創設という構想も国防省に上がっていた。

こうした気運のもとに翌四六年三月、本土航空軍は防空軍、戦術空軍、戦略空軍に三分割され、さらに一九四七年九月十八日を期して陸軍航空隊が陸軍から離れ、アメリカ合衆国空軍USAFとして独立した。なかで最大の兵力はSAC（ストラテジック・エア・コマンド。戦略空軍）で、第一次、第二次両大戦の経験から空軍の活躍は陸軍に従属したものでなく、進んで陸海軍兵力の手の届かない敵地の奥深く進入して軍需兵器生産拠点を爆撃し、戦争遂行能力を奪って敵の息の根をとめるという戦略的任務をになう。

SACの創設はソ連戦略空軍DAより一年遅いが、この三ヵ月後には新時代の六発ジェット爆撃機、ボーイングB47が飛んでおり、旧式なアメリカのB29のコピーで始まったソ連DAを機材の面でひとまずリードした。

空軍の独立にともない、アメリカ海軍の航空隊は、艦隊作戦に従うものとして従来どおり海軍航空隊として残し、基地航空隊もそのまま残された。このほか海兵隊（マリーン）も独自に航空隊を持ち、空軍と二つの航空隊は、それぞれ独自に行動するが、もちろん必要があれば協力する。

アメリカより三〇年近く先に空軍を独立させたイギリスは、陸海軍機を統合して一本とし、その中で陸軍部と海軍部とに分け、陸軍機は本土防空、地上作戦協力、敵地爆撃などを担当、海軍機は主として空母及び艦隊に従って行動する戦闘機、攻撃（または雷撃）機、および広い海面をパトロールする哨戒機とから構成され、この点がアメリカ空軍とは違った組織となっている。

戦後の最優秀戦略爆撃機

●ボーイングB52「ストラトフォートレス」――アメリカ

第二次世界大戦が終わった一九四五年の時点で、アメリカの爆撃機開発は新動力のターボジェットに傾きつつあり、その最初のものが一九四七年末に初飛行したボーイングB47だったが、その一方では、ターボジェットの燃料効率がまだ低かったこともあって、SAC（戦略空軍）はその創設後間もない一九四六年六月、ボーイング社にターボプロップ（ジェットエンジンのエネルギーを推力ではなく回転力として取り出してプロペラを駆動する）エンジンの戦略爆撃機の研究を命じた。

これを受けてボーイングでは、当時試作中だったライトXT35「タイフーン」というターボプロップエンジン六基の、いってみればB29を大型化して六発にしたような案を提示した。これはサイズはB36とほぼ同じという巨人機だったが、重量は五〇パーセントも重く、エンジンの性能が十分でなかったこともあって、軍が要求する航続距離はとても得られそうもなかった。そこで何度か設計変更の末、一九四八年七月に最初の案よりやや小型で軽い後退角のついた、主翼の四発ターボプロップ案を提出した。

それでもなお軍の要求する六〇〇〇キロ近い航続距離にはとどかなかったが、空中給油技術の発達もあってSACではとりあえずXB52として試作二機の発注を決めた。しかしその後ターボプロップの発達が思わしくなく、この間にターボジェットが著しく進歩し、ボーイングの野心作六発ジェットのB47も飛んだため、その成果と空軍の要求も取り入れて八発のジェット化した案に発展した。

エンジンは二個ずつにまとめて四つのポッドにおさめ、B47の成果を入れて三五度の後退角のたわむ主翼下面にぶら下げた、いってみればB47の拡大版のような機体になった。それからなお設計の改良が加えられて、最初の六発ターボプロップ案からざっと六年たった一九五二年四月十五日にYB52として初飛行に成功した。

この頃は核兵器の発達が著しいにもかかわらず、ロケット技術の遅れでICBM（大陸間弾道ミサイル）がアメリカ、ソ連両国ともにまだ完成していなかったため、核の運搬手段としての戦略爆撃機が重視され、ソ連との「ボマー・ギャップ」へのおそれも手伝って、アメリカ空軍はYB52の初飛行を待たずに量産機を発注するという手回しの良さで、その後A型からH型に至る改良を加えられながら一〇年間生産され、総生産機数は七四四機に達した。

なおB52の成功で、平行して開発されていたコンベア社のYB60は量産されないことになった。YB60はB36を八発のジェット化したような、単に巨大なだけの平凡な機体だっただけに、ボーイングの技術の新しさが際立った。

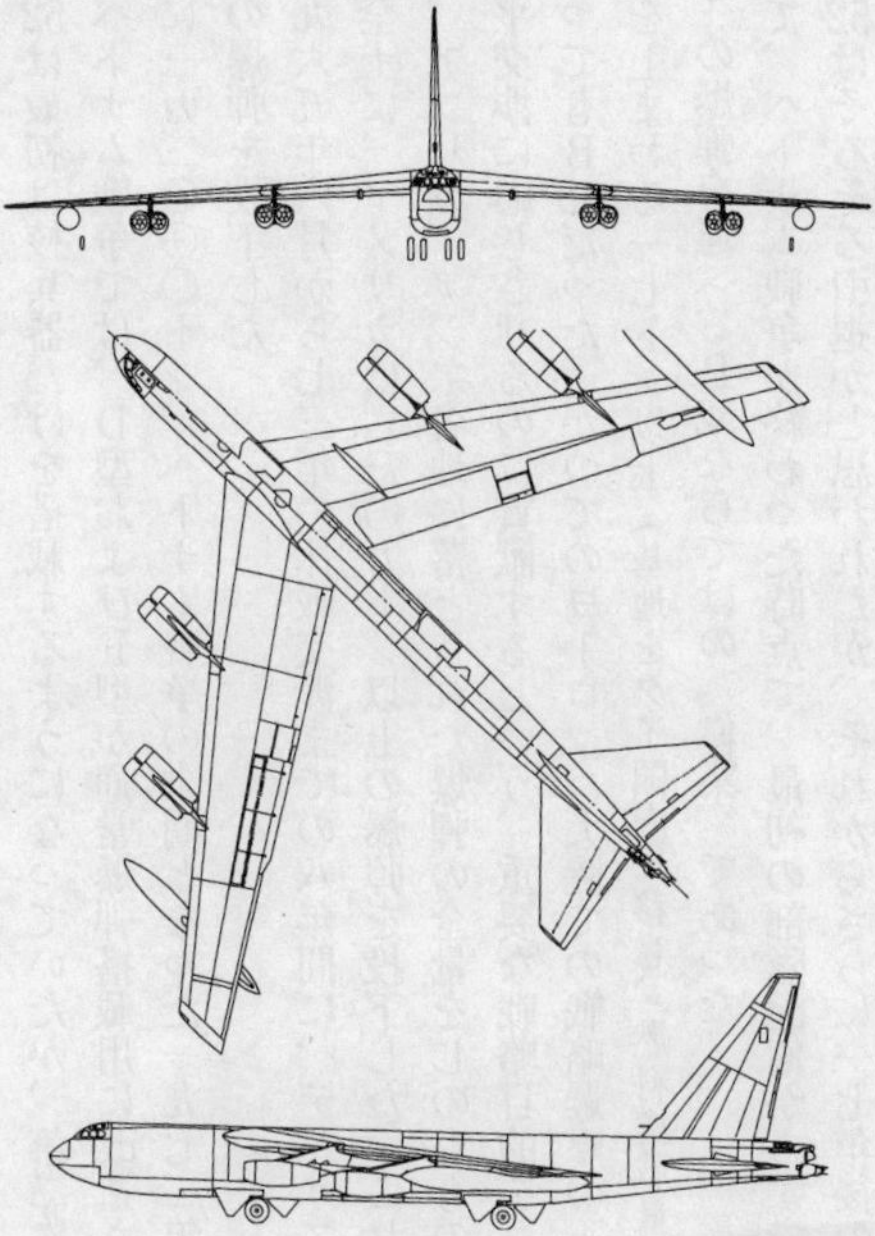

ボーイングB52「ストラトフォートレス」（アメリカ）
全長48.07m　全幅56.42m
全備重量22万1350kg　最大速度1040km/h　上昇限度1万6765m

　Ｂ52の実戦部隊への配備は急がれ、一九五五年六月のＢ52Ｂ型からだったが、それは一年前に姿を現わしたソ連の戦略爆撃機ミヤシシチョフＭ４「バイソン」に刺激されたからで、このあとしばらくは両国の間で戦略爆撃機の配備競争が続くことになる。

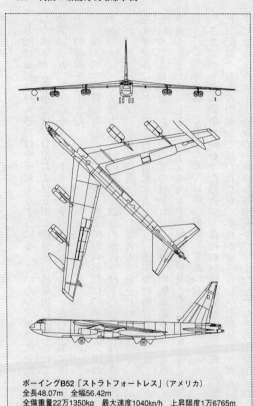

B52は最初は核兵器だけを搭載するようになっていたが、第二次大戦後二〇年たって参加したベトナム戦争では、D型およびF型が通常爆弾搭載用に改造されて出撃し、最初の六ヵ月間に三万二〇〇〇トン、ベトナム戦争の末期となった一九七二年には一年間で実に五五万トンの爆弾を投下した。

一九六五年六月から七三年の休戦交渉までの八年間に、テキサス州の広さに匹敵するベトナム全土に、アメリカは六三〇万トン以上の爆弾を投下した。これは第二次大戦中にヨーロッパ、アフリカ、アジア各地に落とされた爆弾の全量をしのぐもので、しぶとい北ベトナムを和平交渉に応じさせるのに貢献するという、重要な戦略目的を達成したが、その主役は何といってもB52だった。かつてのヨーロッパ大陸での戦略爆撃の王者ボーイングB17の機体重量を上まわる一七トン以上（基地をタイ国内に移し、燃料搭載量を減らしてからは三〇トン近く）の爆弾を運べるB52ならではの〝偉業〟であった。

さて、ベトナム戦争が終わった時点で、最初の部隊配備からすでに二〇年近くもたっていたB52はそろそろ引退かと思われたが、それからさらに一七年後の一九九〇年に起きたイラクによるクウェート侵攻のいわゆる湾岸戦争で、またしてもその出番が求められた。通常爆弾を満載して出撃したB52はクウェート領内のイラク軍陣地に猛烈な爆撃を加え、多国籍軍の進撃を容易にして勝利に導いたことは今なお記憶に残る。

二〇〇〇年の時点では、ざっと四〇年に及ぶ長い現役生活の中で、本来の目的である核攻撃には使われなかったものの、再度の局地戦争で重要な役割を果たしたB52にもようやく休息のときが訪れようとしている。

B52Hのデータは次のとおり。

プラット・アンド・ホイットニー製TF33P3ターボファン・エンジン×八（推力は一基あたり七・七トンで、八基合わせるとB47の三倍以上の推力となる）、全幅五六・四二メートル、全長四八・〇七メートル、最大離陸重量二二一・三五トン、最高時速一〇四〇キロ／時（高度六一〇〇メートル）、航続距離一万二一〇〇キロ、兵装、尾部に二〇ミリ六銃身のバルカン砲一門、通常爆弾（主翼下面の爆弾ラックも入れて五〇〇ポンド×一〇八発）もしくはSRAM（短距離攻撃ミサイル）二〇発＋自由落下型核爆弾。

米ソ〝ボマー・ギャップ〟の実態

●ミヤシシチョフM4「バイソン」――ソ連

平時にもかかわらず、アメリカをしてB47を二〇四二機、B52を七四四機という大量生産に走らせたソ連戦略空軍DAの実態は果たしてどうであったのか。

前述したようにソ連の戦略爆撃隊は、第二次大戦中に自国領内に不時着したB29をそっくりまねてつくったツポレフTu4に始まっている。

Tu4は戦後に出現してから一〇年近くもDAの主力の座を占めたが、この間に、ソ連はより高性能の新型爆撃機の開発を大急ぎで進めた。その最初のものが一九五四年春のメーデーに登場した四発ジェットのミヤシシチョフM4「バイソン」と、ツポレフTu16「バッジャー」だった。

M4「バイソン」は全幅五三・一四メートル、全長五一・三メートル、総重量一九〇トンのいわばアメリカのB52に匹敵する大型爆撃機で、デビュー二年後の一九五六年からDAに配備が始まり、月産一〇機の割合で生産が進められたが、その実態は秘密のヴェールに包ま

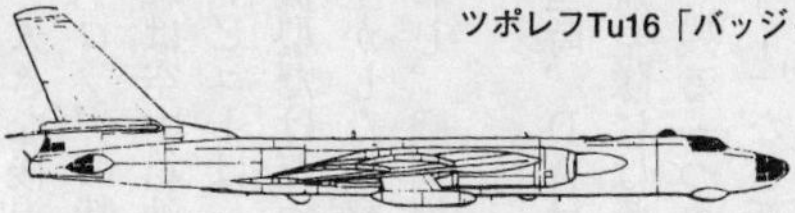

ツポレフTu16「バッジャー」（ソ連）

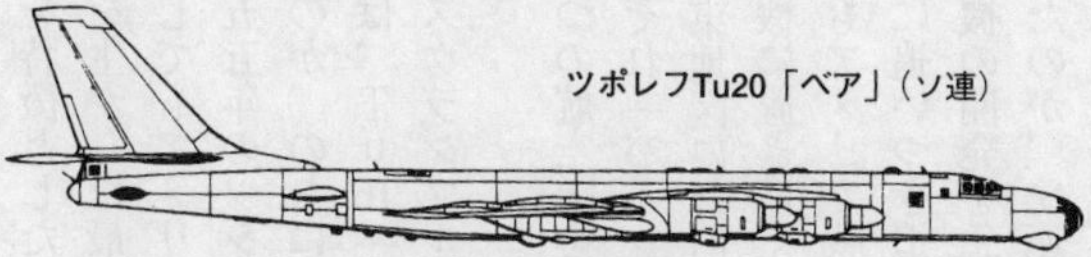

ツポレフTu20「ベア」（ソ連）

れ、アカ狩りの、いわゆるマッカーシー旋風などアメリカ国内にさまざまな波紋を巻き起こした。しかし初期の生産型はエンジンの燃料効率が悪く、爆弾四・五トン搭載で一万一二〇〇キロ、九トンだと四八〇〇キロの航続力しかなく、これではアラスカまで行くのがせいぜいで、とてもアメリカ本土を爆撃する能力はなかったから、やはりアメリカは幻影におびえていたことになる。

Ｔｕ16「バッジャー」は「バイソン」に先立つ一九五四年に就役したソ連で最初に制式になったジェット爆撃機で、全幅三三・五メートル、全長三七メートル、総重量六七・五トン、最大速度九〇〇キロ／時（高度一万三〇〇〇メートルで）はアメリカのＢ47クラスだが、空中給油なしの航続距離六八〇〇キロ、戦闘航続半径三二〇〇キロは明らかに戦術爆撃機の範疇に入り、これまたそんなに恐れるほどのものではなかった。

ＤＡの第三の翼であるツポレフＴｕ20「ベア」は前二者と異なり、タービンで二重反転プロペラをまわすターボプロップ機で、機体の大きさ、重量ともにほぼ四発ジェットのM４「バイソン」並みで、大きな後退翼を特徴とした。性能的にも「バイソン」と同クラスだが、燃費のいいターボプロップの特徴を生かした最大一万八〇〇〇キロに及ぶ航続距離は段違いで、北極を経由すれば空中給油なしでもアメリカ本土の往復攻撃が可能だった。

デビューは一九五五年のツシノ航空ショーだが、B52並みの長寿命機で、はじめは通常爆撃機型だけだったのが、のちに対地、対潜ミサイル装備型、偵察型などが出現し、長航続力を生かした偵察型は、Tu16「バッジャー」とともに西側陣営や日本周辺にもしばしば姿を現わし、戦闘機のスクランブルを促した。

当時、DAは三つの航空隊を持ち、このうちモスクワ地区とカルパチャ・キエフ地区にある航空隊にはそれぞれ「バイソン」と「ベア」合わせて五〇〇〜六〇〇機が配備されていたが、残る一つの極東地区には旧式なTu４を主とした三〇〇〜三五〇機だったので、「バッジャー」など新鋭機に置き換えようと生産が急がれていた。したがってこの時点では、性能的にも兵力の面でもアメリカ戦略空軍SACがソ連のDAを上回っていたのである。しかしアメリカのSACに追いつき追い越そうというDAの努力は目覚ましいものがあり、後述するように新鋭爆撃機の開発を急ぐとともに、機材の改良も盛んに行なわれた。

中でも大きかったのが、ソ連爆撃機の弱点だった航続力を伸ばす空中給油システムの開発で、アメリカが採用していた、胴体内の燃料を翼端からのホースで他の機体に給油するプローブ・アンド・ドローグ方式や、タンカーの尾部から突き出した給油棒で給油するフライングブーム方式を実用化した。

アメリカの追従ではあったがこの新技術の開発で、ソ連爆撃機の泣き所だった航続力が改善され、一、二回の空中給油でアメリカ本土の攻撃が可能となり、爆撃機約一五〇〇機、人員一一万〜一二万名を擁したDAは本当の意味で脅威の存在となったといえよう。

アラド Ar234「ブリッツ」（ドイツ）　世界初の実戦に登場したジェット爆撃機。ジェット戦闘機 Me262「シュワルベ」とともに独空軍の最後を飾った。

アブロ「バルカン」（イギリス）　ヴィッカース「バリアント」、ハンドレページ「ビクター」とともに、3V ボンバーと呼ばれた 4 発ジェット重爆撃機。

ボーイング B47「ストラトジェット」（アメリカ）　世界初の戦略ジェット爆撃機。冷戦を背景に、1957年には40の爆撃航空団、約1400機が配備された。

ボーイングB52「ストラトフォートレス」（アメリカ） 1955年の実戦配備以来、ベトナム戦争や湾岸戦争に出動、長期にわたる現役生活を続けている。

ツポレフTu16「バッジャー」（ソ連） 戦略空軍の主力だったTu4に代わる新型機として、1954年に就役。ソ連で最初の制式ジェット爆撃機となった。

ボーイング・ノースアメリカンB1「ランサー」（アメリカ） 最新の電子装備、新材料、新工法の採用で生産コストが高騰するという難点が見られた。

ベトナム爆撃隊の恐怖の体験

●B52を襲った地対空ミサイル

核兵器搭載手段としての戦略爆撃機の出番は、さいわいにしてアメリカ、ソ連ともになかったが、ベトナム戦争ではボーイングB52が通常爆弾用に改造されて出撃し、攻撃の主役を演じた。その損害はわずか二パーセント以下という少なさであったが、高射砲に代わる地対空ミサイルの発達は、第二次大戦末期に日本本土を蹂躙したB29爆撃隊員たちより多くの恐怖を、B52搭乗員たちに与えた。

かつてのB29の出撃から二〇年以上たった一九六五年六月十八日、B29が飛び立ったのと同じグアム島の飛行場から、二五機のB52F爆撃機がベトナムに向けて飛び立った。この日を境にB52のベトナム戦争への介入が始まったが、雑誌「丸」(昭和五十四年一月、三九〇号)にのったアメリカ空軍第四五四戦略爆撃大隊のW・パーキング少佐の爆撃行の手記(訳編・遠藤欽作)は、その恐怖の体験をよく伝えている。以下はそれから抜粋して筆者が再構築したものである。

Ｂ52Ｆは、七五〇ポンド爆弾二七発を機内の爆弾倉に格納し、二四発を主翼の下のパイロンに吊り下げ、合わせて五一発、三万八二五〇ポンドの爆弾を搭載することができた。

そのＢ52に与えられた作戦目的は、ベトコンのひそんでいるとみられるジャングル地帯に、七五〇ポンド（三四〇キロ）から一〇〇〇ポンド（四五四キロ）の爆弾を投下することに始まり、その後ホーチミン・ルートの爆破、南に下ってラオス国境近くの爆撃、そして北ベトナムの聖域ハノイ・ハイフォン地区へのいわゆる北爆へと広がっていった。

出撃は、まずブリーフィングから始まった。大きなビルのブリーフィング・ルームの三分の二は、集まってきたＢ52の搭乗員によって占められた。場内は静かであったが、少し神経質になっていた。

ブリーフィング・オフィサーが、チャートを使って説明を始めた。

ターゲットはベトナムの北部であった。場内が何となくざわついた。なぜなら、敵の防空体制が万全であるといわれるゾーンに突入しろ、といわれたからだ。それまでは、ジャングルのベトコンをやっつけるのだとばかり思っていたのが、ベトコンたちが近代兵器を自分たちの手足のように操ると聞かされ、それまで抱いていた黒い〝パジャマ〟を着た百姓姿のベトコンのイメージがすっかり吹き飛んでしまった。しかも対空砲火はレーダー管制であり、複雑な電子妨害兵器もつき、地対空ミサイルだってあるという近代的な軍隊なのである。

一人のパイロットが聞いた。

B52G胴体内部配置図

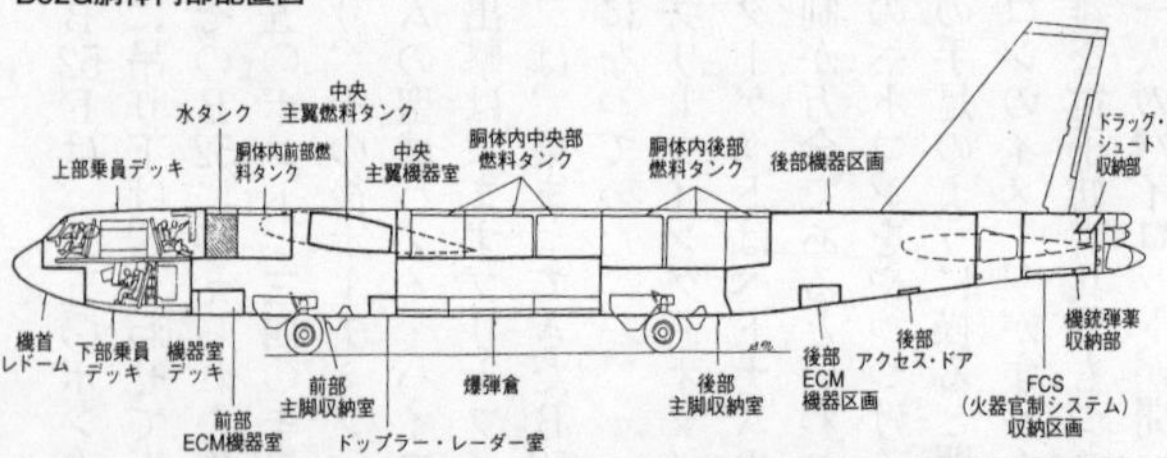

「なんで、こんな特別なアプローチをしなきゃならないのか。まるで、ミサイル陣地の中に突っ込んでいくようなものじゃないか」

ブリーフィング・オフィサーが、ルート・マップを使って説明を始めた。

「心配される理由はよく分かるが、問題は空中混雑のコントロールにある。つまり、低空は地上部隊を支援する攻撃機が飛んでいる。また、攻撃のあと先には偵察機が飛行する。それから無人偵察機が、攻撃の効果を写真にとるためにやってくる。そのうえ、救難用のヘリコプターが飛びかい、さらに海軍の攻撃機と偵察機が南シナ海上の空母から発進してくる。そんなわけで、Ｂ52は特別なアプローチ・ルートを取らねばならないことを了解していただきたい」

説明が終わるや、ターゲット・ホルダーや緊急用品の入ったバッグが、パイロットとナビゲーターに手渡された。もう行くしかない。誰もがしぶしぶと立ち上がり、列線へと向かった。

Ｂ52の搭乗員は機長、パイロット、爆弾投下のボタンを押すオブザーバー、ナビゲーター、電子妨害を担当するエレクトロニ

ボーイングB52「ストラトフォートレス」の変遷図

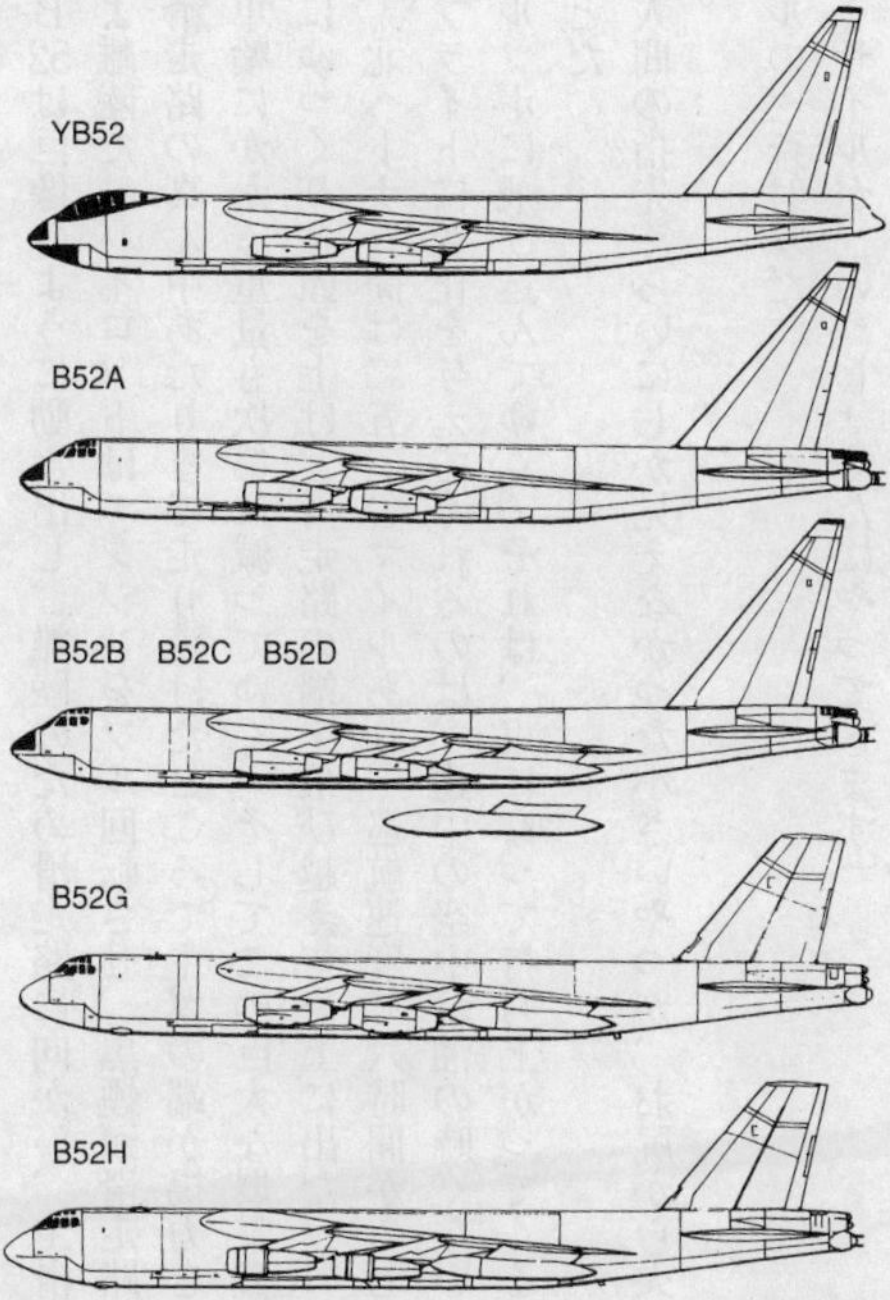

ック・カウンターメジャー、それにオペレーターと射手の七人だ。
全員が乗り込むと、B52のエンジンがほえだした。特徴のある遠吠えの調子から、轟々という耳を圧する音に変わった。アンダーソン基地だけで、三〇〇ものジェットエンジンがほ

えだしたのだから大変だ。

やがてB52は巨像のように動き出し、離陸のため滑走路に向かい、主滑走路の角を曲がっていよいよ離陸だ。パイロットはエンジンをフル回転させ、黒煙が滑走路上にいきおいよく流れた。滑走路の真ん中あたりまで走り続けたところで主翼の端が揚力を得て上方にぴんとあがり、車輪にかかる重量も次第に減ってゆく。そしてこの巨大な爆撃機は、まるでうすのろのようにゆっくりと頭を上げ、滑走路の端を飛び越えて海上に出た。

グアム〜北ベトナム間は二五三〇マイルあり、巡航速度で六時間から七時間もかかる。この単調なフライトに変化を与えてくれるのは、途中の空中給油の時ぐらいなもので、このあと恐怖のルツボに飛び込んでゆく。それは、束になって打ち上がってくるミサイルの洗礼を受けることだ。

はじめ人間の指先ぐらいにしか見えなかった小さいやつが、お尻から火を吹きながら上昇してくる。

ミサイルの一斉射撃だ。

「五発のミサイルが、いっしょくたにやってきます」

「こちら側からは、一八発のミサイルが向かってきます」

「一発が通過」

「こちら側は二二発！」

機内は蜂の巣をつついたような騒ぎで、恐怖のため足が地につかない。金切り声が飛びかい、やがてそれが悲鳴に近いものに変わってゆく。ミサイルの数もややオーバーに数え過ぎているかもしれないが、この束になって下から接近してくるミサイルの数を、冷静に数えられるほど心の余裕を持っていられる者は、果たして何人いるだろうか。

ようやく爆弾を全部投下し、バンクして帰路につく。うしろを振り返ると、三番機がミサイルの矢ぶすまの中にあった。すると、その一発がB52の巨体を直撃した。

私は第二次大戦の映画を何回も見たことがある。爆撃機が被弾すると爆発し、一定の軌道に乗って落下してゆくように見えたが、B52の場合は違っていた。空中で一時停止するように見えたが、そのあとで機体が四つか五つに分裂し、一つ一つがまっすぐに落ちて行った。

今まで見たこともない、まさに地獄絵だった。クルーはみんなやられたと思ったが、あとになって五人が生存していたことがわかった。彼らは脱出して捕虜になったが、あとで帰国した。

任務を終えたB52爆撃隊は、静かな海上をグアムに向かった。再び、長いフライトが続くことになるが、戦闘の緊張のあとの気の抜けたような時である。

やがてアンダーソン基地のアプローチに一機、また一機と降りてゆく。フラップを下げ、脚をおろし、滑走路に接地する。

スピードをゆるめ、誘導路に入ってゆくと、揚力を失った主翼がだらりと垂れ下がる。その翼端を見て、副操縦士がふとつぶやいた。

「十八時三十分です。つかれました」

搭乗員たちは一日の三分の二を飛行機の中で過ごしていたことになるが、戦場上空の恐怖の時間は、この全体の時間に比べればごく短時間にすぎない。しかしこの短時間の、下から吹き上がってくるミサイルの一斉射撃への恐怖は、体験した者にしかわからない、たまらなく切ないひとときだったのである。

短命に終わった初の超音速爆撃機

●コンベアＢ58「ハスラー」――アメリカ

「戦闘機より速い爆撃機を」というのは日本でも欧米の列強諸国でも、爆撃機設計者たちの変わらない悲願だった。そしてこの願いがしばしば著名な高速爆撃機を生んだが、その極めつけが第二次大戦末期にアメリカが日本を屈服させるために使ったボーイングＢ29で、そのすぐれた高空性能と合わせて日本の戦闘機はまともな攻撃ができず、ついに武装を外して体当たりにまで及んだ。

戦闘機の追撃を振り切る高速爆撃機は、第二次大戦後ジェットエンジンの急激な性能向上によって実現が容易になったが、それはまず世界一の軍事大国アメリカに始まった。

戦争が終わって四年たった一九四九年、アメリカ空軍は核爆弾の小型化に対応して、これをマッハ二・〇級の超音速で運べるような機体の開発を計画した。二年前に初飛行した亜音速のボーイングＢ47の後継機とするつもりだったようだが、数社のコンペで勝ち残ったコンベア社の設計に対してＢ58の正式名称が与えられ、一九五二年八月に試作が発注された。

一九五六年に初飛行した試作一号機は、三角形のデルタ翼に中央でくびれた形の胴体を組み合わせた斬新な、いかにも新時代の爆撃機誕生を思わせるもので、アメリカ空軍の希望の星となるかに見えた。事実、その性能はすばらしく、戦略空軍内のレーダー爆撃競技で優勝したり、長距離を時速一〇〇〇キロで高度一五〇メートル以下で飛び続けるといった新しい戦法へのたたかい対応性を実証したりした。中でも極めつけは一九六一年五月十日に樹立した三〇分間で二〇九五キロ/時の速度記録で、この記録に対する賞を受け取るため五月二十六日、ニューヨークからパリに飛んだときにも、両市間五八七〇キロを三時間二〇分弱で飛び、三四年前のリンドバーグの記録を実に十分の一に短縮するという壮挙をやってのけた。

この飛行は速度記録樹立のトロフィーを受け取るためであると同時に、パリ航空ショーでの展示も兼ねていたが、ショー最終日の六月三日に墜落するという悲運に見舞われ、その名「ハスラー」(活動家、やり手)としての栄光もこれを機に急速にしぼんで行った。

これだけ優れた素質を持ちながら、B58「ハスラー」が大成しなかったのは、重大な欠陥、すなわちコンパクトすぎた機体ゆえに、このあとの空中発射式の長距離対地ミサイルの装備不能、少ない燃料搭載スペースに起因する航続距離の短さ、爆弾と往路の主燃料を積んだポッド方式の運用上の不安などに加え、長い滑走距離を必要とすることなどがあって、使用上に著しい制約があったからだ。このためその生産は一一六機で打ち切られ、わずかに二個航空団に配備されただけで、一九七〇年には全機が退役してしまった。

これで超音速戦略爆撃機不在となる恐れがあったが、このピンチを救ったのが、B58に代わって登場したゼネラルダイナミックスＦＢ111だ。

ＦＢ111は、世界初の可変翼戦闘・攻撃機Ｆ111から発達した機体で、原型のＦ111は重量過大で戦闘機としては良い出来ではなかったが、その並外れた速度、搭載量と優れた電子装備の活用により超音速戦略爆撃機として生まれ変わったものだ。爆撃機化に際してはエンジン、主翼、タイヤなどが強化されたが、何といっても本機のすごいところは爆弾搭載量で、たった四トンのＢ58の四倍以上の一七トンも積む。これは七五〇ポンド（三四〇キロ）通常爆弾にして実に五〇発ぶんに相当する。

ちなみにＢ58とＦＢ111の諸元を比べてみると（カッコ内はＦＢ111）、全幅一七・三二（二一・三四）メートル、全長二九・四九（二二・四〇）メートル、自重二四（二一・六）トン、最大速度マッハ二・一（二・五）で、開発コンセプトの失敗とその後の技術の進歩がこの大きな差を生んだといえる。言葉を変えて言えば、Ｂ58は最高の性能を求めて限界設計をやったが故に改良の余地の少ない飛行機になってしまった点で、かつての日本海軍の「零戦」と相通じるような気がしてならない。逆にＦ111は戦闘機としては余裕のあり過ぎる設計だったが故に、爆撃機として活路を見出すことができた。余裕は時に無駄に通じるが、Ｆ111の場合はいい方向に作用したといえる。

ＦＢ111は一九七一年までに七一機が生産されて二個航空団に配備され、Ｂ58の後継機が決まらない超音速戦略爆撃機の穴を埋める役を果たしている。

迷走する戦略爆撃機

●B70「バルキリー」からB1「ランサー」へ——アメリカ

B47の後継機としてマッハ二・〇を越すB58「ハスラー」を送り出したアメリカ空軍は、今度はB52の後継機としてB70「バルキリー」の開発に着手した。ときに一九五七年十月で、空軍の要求は「五万ポンド（二二・七トン）の爆弾を積んで、高度二万メートルをマッハ三・〇の速度で一万一〇〇〇キロメートルを飛べること」という欲張ったものだった。

コンパクトすぎて使い道が限定されてしまったB58の失敗にこりたか、大量の爆弾を積んでより速く、より高く、より遠くへという過酷な空軍の要求にこたえてノースアメリカンの技術者たちが提案したのは、胴体下面に六基を並べた一体式のエンジン装備、デルタ翼の先に長く伸びた機首にカナード（先尾翼）をつけた特異な形態を持った大型の機体だった。

斬新なのは形だけでなく、高速にともなって発生する高熱対策として、機体は全面的にステンレスのハニカム（蜂の巣状）サンドイッチ構造を採用し、とがった機首には（加工費などを加えると）金より高価なチタン合金を使うなど、B58の経験をさらに発展させたかずかずの新しい材料技術が使われた。しかし、この飛行機もついていなかった。

技術の枠をつくして試作二機の製作に着手したものの、このころからＩＣＢＭ（大陸間弾道弾）をはじめとする弾道ミサイルの急激な発達による戦略爆撃機の存在価値への疑問が生まれ、計画は再三の変更のあと途中でキャンセルされてしまった。試作中の二機は大型高速機の研究機として試作が継続され、一九六四年になってやっと完成した。そして翌六五年には計画どおり最大速度マッハ三・〇を達成したが、この年の六月、カリフォルニアの砂漠上空で宣伝写真の撮影中に空中衝突で失われ、研究そのものも自然消滅してしまった。

Ｂ70の存在意義を一層希薄にしたのは、その初飛行の翌六五年に始まったベトナム戦争による戦訓だった。それは数多くの示唆をもたらしたが、その最たるものは、それまでにも指摘はされていた地対空ミサイルの発達にともなう脅威の増大だった。さいわい相手が小国ベトナムだったので、まずミサイル陣地を徹底してつぶすことによりのちの大きな被害を避けることができたが、高空を高速で侵攻することがかえって危険であることが明らかになった。このため高空を高速で飛ぶより、超低空を地形に追従しながら飛べる軽快な飛行性や、レーダーに発見されにくいステルス性が要求されるようになったのである。

さてＢ70の失敗が明らかになり、加えて戦略爆撃機の存在そのものへの疑問も生まれた。そこで技術の枠をつくしたＢ70「バルキリー」計画が挫折したあと、アメリカ空軍はＩＣＢＭなどとの兼ね合いから、次期戦略爆撃機をどうするかで結論が出せないまま空白のときを過ごしたが、結局は有人爆撃機の有用性は捨て難く、開発は続けるべきであるとの結論に達した。

爆撃機の最大の魅力は、その攻撃力の大きさと同時にすぐれた機動性にある。たとえば、老兵になったとはいえボーイングB52は投下式なら二〇メガトン（広島型原爆の一〇〇〇～二〇〇〇発分に相当）、誘導ミサイル式でも一二メガトンの破壊力のものを運ぶことができ、その威力は多弾頭の戦略ミサイルに十分匹敵する。そして、もしICBMによる奇襲を受けても空中退避が可能だし、撃ちっぱなしの戦略ミサイルにはない、反復攻撃ができるという長所は捨て難い。ICBMにくらべて維持費に膨大な金がかかり、国防に要する費用にくらべて効果という点で疑問が残るが、といって報復能力の維持という点では欠かすことはできない。

散々迷った末の結論は、速度はB70ほど速くなくてもいいが、低空飛行で地形に沿って敵の奥地深く侵攻できるような、運動性のいい超音速爆撃機の構想だった。B70計画キャンセルのあと、この研究は引き続きノースアメリカン社によって行なわれていたが、同社がロックウェル・インターナショナル社に吸収されてノースアメリカン・ロックウェルとなり、新しく「B1」の呼称で開発が進

ボーイング・ノースアメリカンB1「ランサー」（アメリカ）

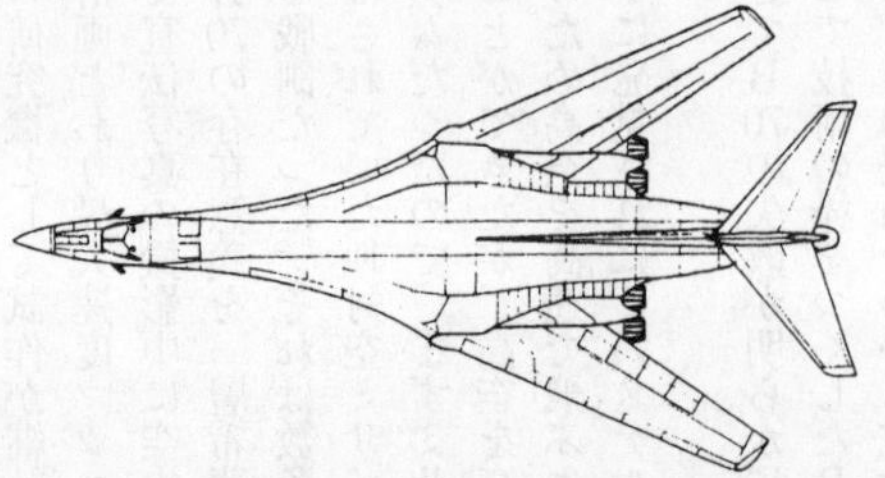

められた。

　Ｂ１は低高度を高速で飛べるよう機首部分に地形追従レーダーを装備したほか、赤外線監視装置、ドップラーレーダー（電波の発生源が近づくときは振動数が高くなり、遠ざかるときは低くなる現象を利用して対地速度を精密に測るレーダーで、コンピューターと組み合わせて現在位置を割り出すドップラー航法に使われる）などを備え、コクピットも操縦系統も金に糸目をつけず最新のハイテクで固めた結果、機体のコストがひどく上昇した。

　ぜいたくなのは電子装置だけではない。機体もＢ58、Ｂ70と発達してきた新材料、新工法をふんだんに採り入れたほか、低速から超高速までの広い速度範囲をカバーするためにゼネラル・ダイナミックスＦＢ111のような可変後退翼を採用した。可変翼は、主翼の中間前縁付近に設けたピボット（支点）を中心に一五度から六七・五度まで後退角を変化させるようになっているが、総重量二二〇トン近い機体を支えるピボットとあって、この加工と組み立てもＢ１のコストを押し上げる要因になった。

「ランサー」（槍騎兵）と名づけられたＢ１試作一号機の初飛行はＢ70の失敗からざっと一〇年たった一九七四年十二月になり、マッハ二・〇の最高速を達成したが、あまりにも高価なことと戦略爆撃機への迷いもあって七七年六月、カーター大統領によって生産は見送られることになり、四機の試作のみに終わるかと思われた。

　そんなＢ１のピンチを救ったのが、強いアメリカの復活をめざしたレーガン大統領の就任で、実用型となったＢ１Ｂの初号機が、Ｂ１Ａの初飛行から一〇年たった一九八四年に飛んだあと、量産に入った。量産機のB型は主としてコスト面からと考えられる細部の改良が加えられた結果、最大速度はマッハ一・二五に低下したが、約一五〇メートルの低空を音速のマッハ一・〇に近い高速で飛ぶことができるようになった。

そのすぐれた低空飛行性とともに、本機の大きな魅力の一つは機体内の爆弾倉に約三四トン、機外に約二六トン、合わせて約六〇トン、AGM89Bまたは129A空中発射巡航ミサイル(ALCM)なら最大二〇発を運べる強大な搭載能力にある。しかし、生産数は計画では二四〇機だったのが半数以下の一〇〇機に削減されたり、開発の前にノースアメリカンからロックウェルへ、さらに一九九六年夏、ロックウェルからボーイング・ノースアメリカンへと社名が三度変わるなど、数奇な運命を背負った飛行機となった。したがって本機は厳密にいえばボーイング・ノースアメリカンB1と呼ぶべきだろう。

B1「ランサー」B型の諸元は全幅四一・六四メートル(主翼展開時)/二三・八四メートル(後退時)、全長四四・八四メートル、総重量二一六トン、エンジンGEF101-GE-102(推力一三・九トン)×四、最大速度マッハ一・二五、航続距離一万二〇〇〇キロで、老兵ボーイングB52の初飛行以来、実に三十数年もしてからやっと生まれた本格的な後継機だった。

ソ連戦略空軍の星

●ツポレフTu26「バックファイア」——ソ連

アメリカがB58、B70、B1と悩みながら、やっと望む戦略爆撃機を探り当てるまでの間、ソ連も着々と対抗機の開発を進めていた。といっても、ソ連戦略空軍DAは、速度の遅いターボプロップ機のツポレフTu20「ベア」を除くと、アメリカのB52に対抗できるような長い航続距離を持つ戦略爆撃機を持っていなかった。

ソ連領内の基地からアメリカ本土を攻撃するような遠距離はICBMにまかせ、爆撃機は中距離をカバーできるていどの中型で良いとする考えからで、DAの主力だったツポレフTu16「バッジャー」の後継機としてツポレフTu22「ブラインダー」が開発されたのは一九六〇年代のはじめだった。ところがこの飛行機はスピードこそ音速を超えてマッハ一・五二を出したものの、航続力がたった二二〇〇キロと短いのが欠点だった。さらに失敗を決定的にしたのが対空ミサイルと防空システムの進歩にともない、もはや危険きわまりない空域となった高々度・高速侵攻に代わる低高度・高速侵攻性がないことだった。少し前に開発され

ツポレフTu26「バックファイア」B/C（ソ連）

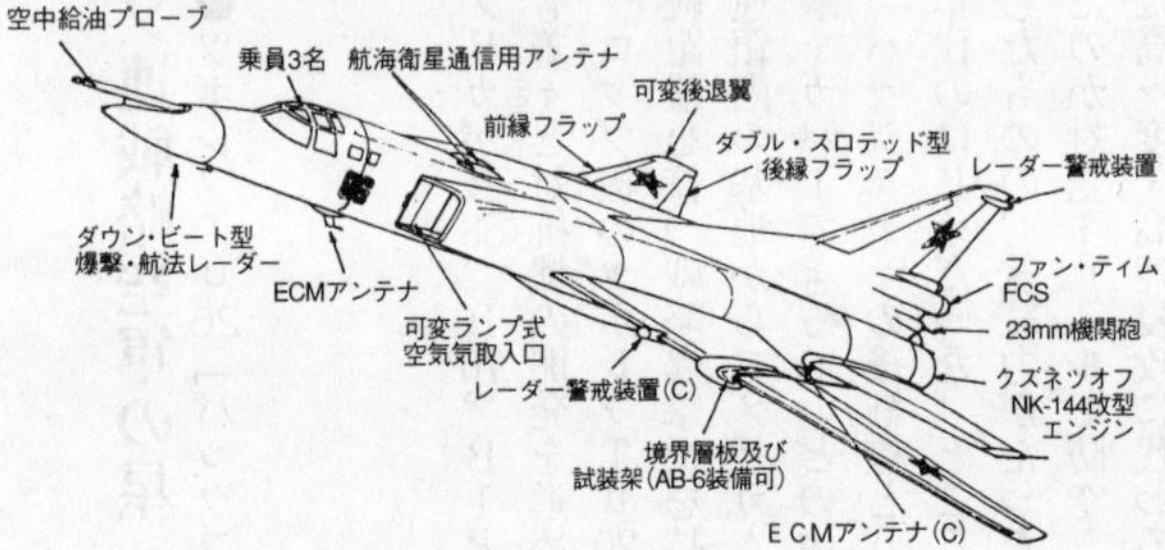

たアメリカのＢ58「ハスラー」や、そのあとのＢ70「バルキリー」と同じ過ちを犯したのである。

そこでこのＴｕ22「ブラインダー」をベースに新しい機体の開発が進められたが、もっとも大きく変わったのは可変後退翼の採用と、大出力のアフターバーナー付きターボファンエンジンの装備で、その設計構想はふしぎにもアメリカのロックウェルＢ1と同じだった。エンジン換装とともにその取り付け位置を垂直尾翼付け根の両側から後部胴体内に移し、操縦席後方の胴体側面にエアインテークを設けたため、原型のＴｕ22とはまったく印象の異なる外観となった。

この新しい試作機は一九六九年八月三十日に初飛行したが、早速西側の偵察衛星の発見するところとなり、「バックファイア」のコードネームがつけられ、そのテスト飛行は衛星によって常時監視されるようになった。

「バックファイア」は最初Ｔｕ22Ｍの呼称で呼ばれていたが、まったく違った飛行機になったことから形式名がTu26に変わった。ほぼ同じ時期に設計が進行していたアメリカのB1の三分の二ていどの大きさで、航続距離も短く、爆弾搭載量も一〇トンていどでB1の数分の一にすぎないが、空中給油によって航続距離が一万七〇〇〇キロ以上に延びてアメリカ本土爆撃も可能になったため、警戒すべき戦略爆撃機として西側に強いインパクトを与えた。

Tu26の成功を受けてDAはM4「バイソン」、Tu16「バッジャー」やTu20「ベア」などからの更新を急ぎ、西側の予想を上回る月産五〜六機のハイペースで生産された結果、「バックファイア」Bと西側で呼ばれたM2型が約二一〇機、機体各部に改良を加えエンジンもより強力なものに変えたM3型が約二五〇機生産されて部隊配備についた。

「バックファイア」の本格的な配備が始まったのは一九七五年のことで、主として北西部のスカンジナビア半島に近いムルマンスク、モンゴルに近いイルクーツク、シベリアのベーリング海に面したペトロパブロフスク、北極に近いノバヤゼムリヤなどの基地に配備されたが、ノバヤゼムリヤ基地から発進して空中給油を一回受ければ、ゆうにアメリカ全土をカバーすることができる航続力を持っていた。

一九八〇年に始まったアメリカとソ連両国の間のSALTⅡ（第二回戦略兵器削減交渉）ではこれが取り上げられ、「バックファイア」を戦術爆撃機とするか削減の対象となる戦略爆撃機とするかで両国の意見が対立するなど、その存在が西側にとって一方ならぬ脅威であることを強く印象づけた。

アメリカのB1などに比べて、爆弾搭載量がそれほど多くない「バックファイア」の持つ

ツポレフTu160「ブラックジャック」(ソ連)

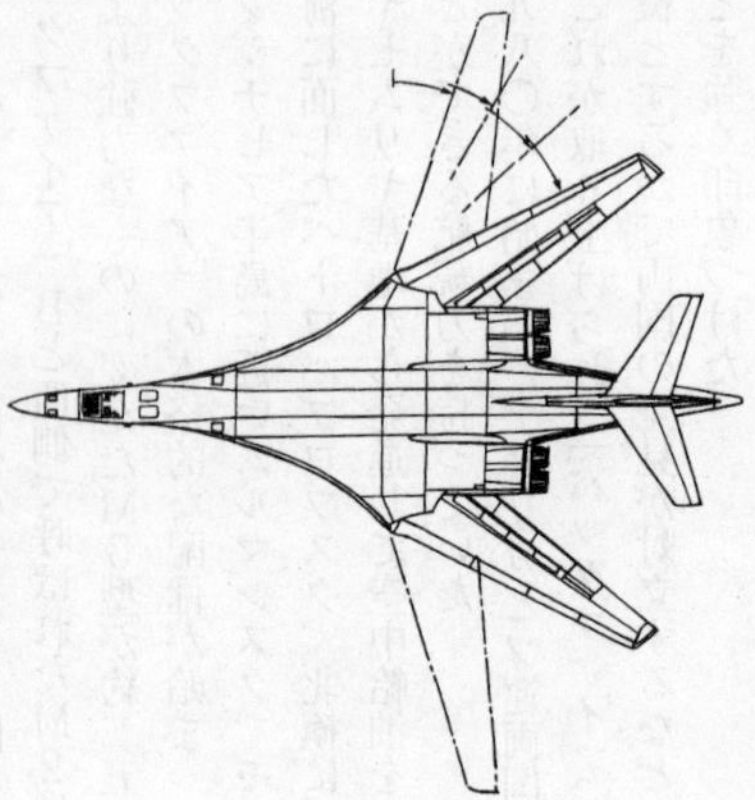

最大の武器は、ＡＳ６「キングフィッシュ」と呼ばれる二発の巡航ミサイルで、これまで無敵だった世界最強のアメリカ海軍空母機動部隊にとって、唯一最大の〝天敵〟と恐れられるようになった。

ツポレフＴｕ26「バックファイア」の要目はＭ３型で次のとおり。

全幅三四・二八メートル（主翼二〇度展開時）／二三・三二メートル（六〇度後退時）、総重量一二五トン、エンジンＮＫ－25（推力二五トン）×二、最大速度マッハ一・九、乗員四、爆弾最大一〇トンもしくは巡航ミサイルＡＳ６「キングフィッシュ」二発。

さてＴｕ26「バックファイア」の思いがけない成功に気をよくしたソ連が、次期戦略爆撃機として開発したのは、「バックファイア」と同じ可変後退翼を採用し、エンジンを四発に強化した大型機ツポレフＴｕ160「ブラックジャック」だった。その可変翼といい、双発の

「バックファイア」とは異なる中央翼下面の四基のエンジン装備法といい、一足先に飛んでいたアメリカのB1「ランサー」とそっくりだった。しかし幅、長さ、総重量ともB1よりひとまわり大きく、当時最大だったボーイングB52よりも大きい、超音速爆撃機としては世界最大の機体となった。しかも高空でマッハ一・八八、超低空でもマッハ一・〇二の超音速飛行が可能で、そのうえ航続距離も一万二三〇〇キロとあって、アメリカにとってはTu26「バックファイア」に続く新たな脅威となった。

なおアメリカがカナード付きデルタ翼のノースアメリカンXB70「バルキリー」を飛ばせてから七、八年して、ソ連も同じようにマッハ三・〇を狙ったスホーイT4という機体を試作したが、離着時の視界をよくするため超音速旅客機「コンコルド」同様に機首が下がるようにしたほかは、外形及びエンジンレイアウトなどが「バルキリー」にそっくりだった。

技術的必然の結果とはいえ、こうも似かよった機体が出てくると、アメリカとしても神経を尖らさざるを得ないだろう。

究極の戦略爆撃機

●ノースロップ・グラマンB2「スピリット」——アメリカ

振り払っても振り払っても後を追ってくるソ連に対して、アメリカは一挙にその差をひろげる決定的なカードを切った。一九八八年秋、カリフォルニアの空軍基地で公開されたノースロップB2「スピリット」がそれで、翼を広げたときのTu160「ブラックジャック」よりわずかに短い全幅五二・四三メートルの機体は、ふつうの胴体や尾翼が見られない全翼機で、しかもすべて直線で構成された西洋凧のような平面形をしている。

これは敵のレーダー電波の反射を極限まで少なくすることにより、ステルス性を高めるよう検討された結果生まれた形で、直線で構成された主翼前縁の後退角は三三度、逆VとWの文字をつなげたような形の後縁もすべてこの三三度の角度に揃えられ、電波の反射や錯乱を極力押さえようという試みである。さらに電波吸収を徹底するよう主翼外皮表面に電波吸収材を張り、機体の内部構造にも電波反射率の高い金属に代わる複合材料を多用するなど、ステルス性を高めるために最大限の努力が払われている。

ステルス能力をはかる目安の一つにRCS（レーダークロスセクション。レーダー有効反射面積）というのがあり、ステルス性を多少意識して設計された先のB1「ランサー」のそれは約一平方メートルで、それでもB52「ストラトフォートレス」の一〇〇分の一に近かったといわれる。ところが徹底してステルス性を追求したB2のRCSはそのB1のさらに約一〇分の一、すなわちB52の約一〇〇〇分の一という驚異的な数字とあってはB2の侵入を予知することはきわめて困難になった。

「ステルス」とは「こっそり」「隠密に」などを意味し、それから艦船や航空機がレーダーなどに見つかりにくいことをステルス性が高いなどというようになったもので、本格的なステルス機としては湾岸戦争でイラク軍防空施設のミサイル攻撃に活躍したロッキードF117「ナイトホーク」戦闘機がよく知られている。B2はそれよりさらに進んだステルス性が与えられるとともに、地対空、あるいは空対空ミサイルの赤外線ホーミング（熱を感じて自動的に追尾すること）を避けるため、大きな赤外線発生源となるジェットエンジンのアフターバーナーは装着せず、エンジン排気を翼上面から冷気流に拡散させて排出するなどの熱ステルス対策もなされている。

B58、XB70がより高速を狙って進化したのに対し、つぎのB1では最大速度をXB70のマッハ三・〇から半分以下の一・二五に落とし、戦法も低空飛行性能および操縦性の向上に力を注いだ。戦闘機より速い爆撃機をめざして、ひたすら高速化路線を突っ走ってきた爆撃機の大きな思想転換であるが、B2ではこれをさらに徹底させ、低空を亜音速のマッハ〇・八で飛ぶようにした。したがって、B2の最大の武器はスピードよりステルス設計にもとづく隠密性であるが、その大きな搭載力と搭載兵器の多様さもまた魅力だ。

中央部胴体下面のわずかなふくらみの内部には二列の爆弾倉があり、爆弾ラック、もしくは回転式拳銃リボルバーの弾倉に似たロータリー・ランチャーを装備する。通常爆弾、誘導爆弾、核爆弾などのほか、短距離攻撃ミサイルSRAM、空中発射巡航ミサイルALCMなど最大で一八トンまで搭載可能で、B52が湾岸戦争中にイラク地上軍にたいして行なったような、通常爆弾によるじゅうたん爆撃なら、五〇〇ポンド（二二七キロ）爆弾を最大八〇発まで搭載できる。しかも電子装置の発達は、この大きな破壊力を持った爆撃機を、たった二名の乗員でまかなってしまうのである。

B2の最新型では、アメリカ陸海空三軍で共同開発した、投下後の爆弾がGPS（全地球位置測定システム。カーナビなどでおなじみの複数の航法衛星からの電波を受信して位置をつかむ航法システムで、多くの旅客機に標準的に装備されている慣性航法装置INSの一〇〇倍から一〇〇〇倍という高い測距精度を持つ）から受信したデータにもとづいて正確な位置に自身を誘導する、JSOW／JDAMと呼ばれる空対地攻撃システムによる精密攻撃ができる。

JSOW（ジョイントソウ）は、敵の防空圏外（スタンドオフ）から攻撃する長さ四・一メートル、重さ約五〇〇キロの滑空爆弾で、目標から約七〇キロの地点で投下されたあと両翼を開いてグライダーとして飛行し、目標の約二五〇メートル上空で弾頭に装備された子爆弾を散布する。

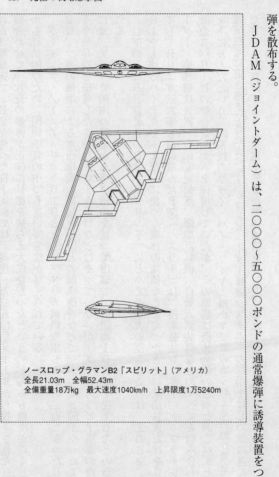

JDAM（ジョイントダーム）は、二〇〇〇～五〇〇〇ポンドの通常爆弾に誘導装置をつ

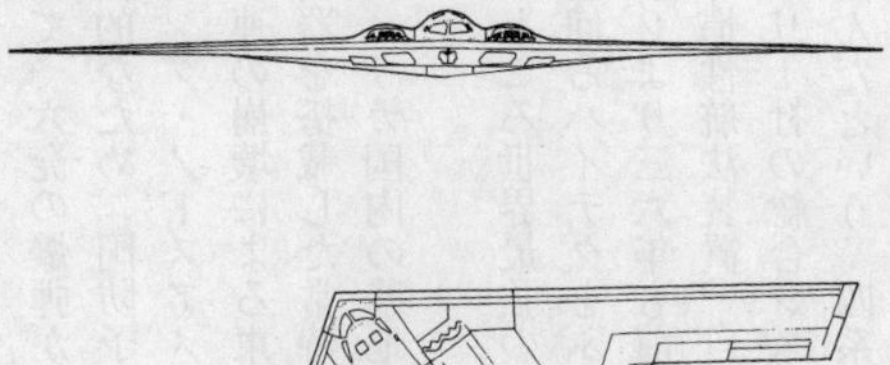

ノースロップ・グラマンB2「スピリット」（アメリカ）
全長21.03m　全幅52.43m
全備重量18万kg　最大速度1040km/h　上昇限度1万5240m

けた誘導爆弾で、B2を使った投下実験では、高度一万二五〇〇メートルから投下された三機合わせて一六発の爆弾が正確に目標を捕らえ大成功だったという。どちらも精度が高くしかも経済的なため、国防予算の中でも高い優先度が与えられている。

ボーイング・ノースアメリカンB1BとともにアメリカÁ戦略空軍SACの主力となったB2は、ソ連の崩壊による東西冷戦の終結と中国との関係改善などで、かつてB52がやったような核兵器を搭載した常時パトロール飛行などはやっていないが、ユーゴスラビア空爆の際には、アメリカ国内の基地から空中給油を使って出撃し、前記のJDAMを投下したといわれる。

目下のところ世界最強のB2「スピリット」にとっての最大の泣きどころは、先のB58、B1を上回るハイテクをふんだんに使った機体の高価なことだ。たとえば航法装置だけを見ても、B2より三六年も前に飛んだB58「ハスラー」は、捜索航法レーダー、ドップラーレーダー、慣性航法装置、自動安定装置、爆撃計算機、自動天測装置などのすべてを組み合わせたスペリー社の総合システムを採用していたが、その価格は機体全体のざっと四〇パーセントに及んだという。四系統のフライ・バイ・ワイヤ（動かす必要のある舵とその動作量を、電気信号に置き換えて各舵面に伝えるコンピューター操縦システム）の採用をはじめ数段進んだB2となれば、こうした電子装置が機体価格を押し上げる大きな要因となることは間違いないだろう。

一九八八年秋にB1の一号機が公開されたとき、空軍は一三三機を買う予定だったが、当時の一機あたりの価格が五億ドル（約五五〇億円）で、もし古くなったB52を廃棄して既存のB1B約一〇〇機と新しいB2一三三機で戦略爆撃機隊を編成するとなると、日本円にしてざっと一〇兆円にもなると見積もられた。これには議会が承知せず、一九九一年に七六機に削減したところでソビエト連邦が崩壊して冷戦の緊張も緩んだことから、その後、調達計画はさらに二一機に縮小されてしまったため単価はさらに上がり、一機二〇億ドル（約二一〇〇億円）になってしまったという。B2関係者にとっては残念なことだが、できることならこのままずっと増えない状況が続いて欲しいものである。

B2「スピリット」の諸元は次のとおり。

全幅五二・四三メートル、全長二一・〇三メートル、総重量一八〇トン、エンジンGEF118－GE－100（推力八・六三トン×四）、最大速度マッハ〇・八五、航続距離一万二三〇〇キロ、乗員二名。

なおノースロップ社は一九九四年五月にグラマン社を買収して社名がノースロップ・グラマンに変わり、B2の機名もノースロップ・グラマンB2となった。

爆撃機よ、どこに行く

●戦略爆撃機の存在意義

アメリカのボーイングB47、同B52、イギリスのヴィッカース・アームストロング「バリアント」、アブロ「バルカン」、ハンドレページ「ビクター」などのいわゆる3Vボンバー、ソ連のツポレフTu16「バッジャー」、ミヤシシチョフM4「バイソン」など、ジェット化した大型戦略爆撃機が花ざかりという時代が第二次大戦後しばらく続いた。しかし戦略爆撃も核爆弾を使うようになると、陸上のサイロ（ミサイル発射用地下基地）から発射する無人のICBM（大陸間弾道弾）や潜水艦から発射される核弾頭付き弾道ミサイルSLBMの発達で、運搬手段としてわざわざ有人の爆撃機を使わなくてもすむようになった。しかも技術の進歩で核爆弾が小型化すると、大型爆撃機でなくとも運べる。

機体が小型化すると燃料積載量の関係で航続力が問題になるが、空中給油や航空母艦に搭載することによってそれも解決される。

さらに大型戦略爆撃機の存在を脅かすのは、地対空あるいは空対空ミサイルの進歩で、高射砲の届かない高空を大編隊で悠々などというのは過去の夢物語にすぎなくなってしまった。

一方、攻撃側からすると、空対地ミサイルの進歩が爆撃の様相を変えた。一発で広大な地域を破壊しつくしてしまう核弾頭は別として、たとえばイラン・イラク戦争や湾岸戦争などでは、通常弾頭の近距離ミサイルが使われてそれなりに効果をあげたし、とくに湾岸戦争やその後の地域紛争などでは、空中発射用のミサイルによる超精密爆撃＝ピンポイント爆撃が効を奏している。そうなると残るはそれを運ぶのが航続力の大きい大型機か、航続力の不足を空母発進や空中給油で補う中型以下の飛行機かの問題だが、通常爆弾による戦術的用途だけなら中型以下のほうが効率がいいのはいうまでもない。

結局、大型の戦略爆撃機は、大容量の核弾頭をつけた巡航ミサイルの運搬機くらいしか使い道はなくなってしまう。そうでなければボーイングB52のように、地域紛争での戦術爆撃に使うかであるが、これは費用対効果という点からすると、恐ろしく無駄な使い方だ。

かつてB52爆撃機隊を維持するに必要な年間経費は、ICBM、SLBMを合わせた戦略兵力三本柱の約半分にも達したといわれ、このような超大型爆撃機をまとまった数だけ運用するとなると、その経費は膨大なものとなる。それだけではない。飛行機搭載の巡航ミサイルの進歩は、爆撃機の必要性に一層の疑問を投げかけた。

アメリカとソ連との間のSALTⅡでも焦点になった巡航ミサイルであるが、その攻撃方法はこうなる。

巡航ミサイルを搭載した爆撃機は低空を一直線に爆撃目標に向かって飛び、敵のレーダー

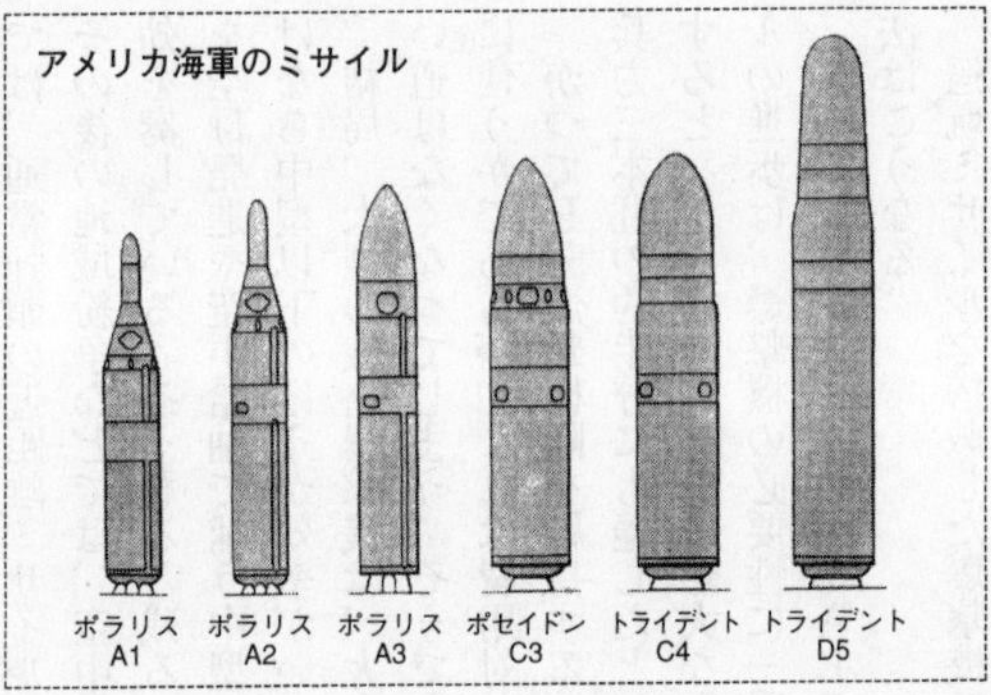

アメリカ海軍のミサイル

電波に捕捉される手前でミサイルを発進させる。その際、たとえば「一五〇メートルの高度を保て」とコンピューターに指令しておくと、巡航ミサイルは電波高度計で一五〇メートルの対地高度を維持しながら目標に接近し、突入する。母機そのものはミサイルを発射してすぐ反転し、敵が待ち構える防空区域に入らずにすむから、何も高価なB1やB2を使う必要はなく、むしろC5「ギャラクシー」やC130「ハーキュリーズ」のような大型輸送機の方が、その広い貨物室内により多くのミサイルを搭載できるからはるかに効率がいい。

もうこれからはかつてのB17の一万機以上、B24の二万機近くといった大型爆撃機を大量に作るようなことはありえないし、技術の高度化とあいまって、これから開発される戦略爆撃機の一機あたりの単価はきわめて高額なものとなり、国防上の費用対効果の点からしてさすがの超大国アメリカといえども二の足を踏まざるをえないのはB2の例を見ても明らかだ。そんなところから、かつては戦争の勝敗がカギを握っていた戦略爆撃機も、今はその存続そのものが疑問視されているし、戦術的任務を負った中型あるいは軽爆撃機は戦闘機や攻撃機に

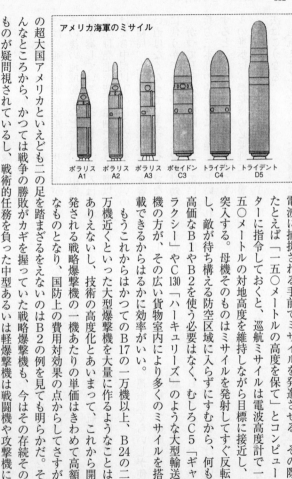

取って代わられ、爆撃機（ボンバーもしくはボマー）の呼称がきわめて影の薄い存在になりつつあるという印象は避けられない。軍用機ファンとしてはいささか寂しい気がするが。

話は変わる。

アメリカ国防総省は二〇〇〇年二月はじめ、総額二九一一億ドルに達する二〇〇一会計年度の国防予算案を発表した。日本円に換算すると実に三二兆円（一ドル一一〇円として）を越す巨費だ。

アメリカは東西冷戦の末期から国防費を減らす傾向にあったのを一九九九年あたりから増やす方向に方針を変えた。新しい国防予算の中で、新兵器の購入費用は六〇三億ドルだが、このうち航空戦力近代化の目玉とされているのは戦略爆撃機ではなく、次世代型のJSF（総合攻撃戦闘機）で、他はユーゴスラビア空爆の戦訓にもとづく電子偵察機や電子戦用機、精密誘導爆弾などの購入となっている。

こうしたアメリカにとって大変に気がかりなのが一九九九年暮れにロシアが行なった新型ICBM「トーポリM」発射実験成功のニュースで、あたかもアメリカが二〇〇〇年に入ってから行なったNMD（本土ミサイル防衛）計画の実験に失敗しただけに、大きな脅威と映っているに違いないが、アメリカの国防計画の動きは日本にとっても無縁ではない。なぜならアメリカと共同で技術研究を進めているNTWD（海軍戦域防衛）では日本も相応の費用分担が求められているし、航空自衛隊のF2支援戦闘機では散々もめた末の共同開発となったいきさつもある。さらに北朝鮮のテポドン発射に関連して偵察衛星の開発や戦域ＴＭＤ（ミサイル防衛）構想への参加問題も浮上し、日米安保体制も含めて日本の安全をどうするかを改めて真剣に考えなければならない。

もとより戦争はやってはならないし、二度とやりたくないけれども、危険から家族や自分自身を守らなければならないように、自分の国も外からの攻撃に対して敢然と防衛する意志と力を持つことは絶対に必要だ。専守防衛の日本に爆撃機はいらないが、侵略に対してそれを跳ね返すだけの備えを怠ってはならないだろう。

参考文献＊鴨下示佳著「爆撃機メカニズム図鑑」（一九九九年六月・グランプリ出版）＊佐貫亦男著「ヒコーキの心」（一九九五年二月・光人社NF文庫）＊木村秀政著「世界の軍用機・第二次世界大戦編」平凡社カラー新書（一九七七年・平凡社）＊野沢正編集「日本航空機総集・三菱編」（一九五八年十二月・出版共同社）＊カール・バーガー著／加登川幸太郎訳 第二次世界大戦ブックス「B29」（一九七一年三月・サンケイ新聞出版局）＊ピーター・スミス著／野田昌宏訳 第二次世界大戦ブックス「ユンカース急降下爆撃機」（一九七四年六月サンケイ新聞出版局）＊横森周信著 第二次世界大戦ブックス「艦攻と艦爆」（一九八〇年六月・サンケイ新聞出版局）＊淵田美津雄・奥宮正武共著「ミッドウェー」（一九八二年二月・朝日ソノラマ）＊世界の傑作機「コンソリデーテッドB24リベレーター」（一九七一年十二月）「ボーイングB17フライングフォートレス」（一九七二年四月）「四式重爆撃機飛竜」（一九七四年六月）「ハインケルHe111」（一九七五年六月）「アブロ・ランカスター」（一九七七年八月・以上文林堂）＊「丸」特集「重爆撃機」（一九六一年十月号・潮書房）＊「丸」特集「東西名機50選」（一九六三年六月号・潮書房）＊「丸」特集「高速爆撃機のすべて」（一九七六年一月号・潮書房）＊立花正照「現代版／超音速爆撃機の夢と現実」（「丸」一九七六年一月号・潮書房）＊大多和達也「不沈艦〝必殺の雷撃法〟入門」（「丸」一九七七年十一月号・潮書房）＊江畑謙介「赤いベールをぬいだ新戦略爆撃機Tu26の秘密」（「丸」一九七九年一月号・W・パーキング「ベトナム戦録・グアム発B52で体験した北爆行の恐怖」潮書房）＊「丸」特集「名機四式重のすべて」野原茂「ヒトラーの空軍〝秘密特攻兵器〟アラカルト」（一九八一年一月号・潮書房）＊青木謙知「世界初〝戦略ジェット・ボマーB47〟戦歴なき功績」（「丸」一九九一年十一月号・潮書房）＊岡部いさく「ダグラス製艦攻ファミリー戦後物語」（「丸」一九九四年十二月号・潮書房）＊「丸」特集「大空のロマン・巨人機時代」（一九九六年十月・潮書房）＊神部明「ステルス爆撃機B2のマルチな能力」（「丸」一九九七年四月号・潮書房）＊「丸」特集「ステルス兵器」（一九九八年八月号・潮書房）＊「丸」別冊付録「現代のベスト軍用機図鑑」（一九九九年二月号・潮書房）＊青木謙知「ユーゴ空爆NATO空軍ミッション報告」（「丸」一九九九年八月号・潮書房）＊佐貫亦男「ひるまぬ都市・ハンブルグ」（「航空情報」一九七三年十一月号臨時増刊・酣燈社）＊立花正照「図説・ボーイングB52」（「航空情報」一九七六年十一月号・酣燈社）＊小田切春雄「鹵獲ボーイングB17E型の解剖」（「航空朝日」一九四三年五月号・朝日新聞社）＊「航空ジャーナル」特集「分析・ソ連の軍事力」（一九八三年六月号・航空ジャーナル社）＊九一会編「航空魚雷ノート」（一九八五年七月・九一会）＊「imidas '98」（一九九八年一月・集英社）＊「Air Progress」（一九五四年版・Street & Smith Pubrication）＊「AERO SPACE HISTORIAN」（一九七三年九月号・THE AIRFORCE HISTORICAL FOUNDATION）

重量			性能		実用上昇限度(m)	航続距離(km)	武装	
自重(kg)	搭載量(kg)	総重量(kg)	最大速度(km/h/H)	上昇時間(m/分秒)			機銃(mm)×数	爆弾(kg)
14912	10536	25448	200	–	–	–	20×1、7.7×8	2000〜5000
2408	1242	3650	210/3000	3000/6′00″	9300	1000	13×4、20×6	1000〜4000
4050	2000	6000	480/3500	5000/9′00″	9500	1980〜2400	7.7×4	300〜400
6741	2759	9500	231/4200	5000/9′53″	–	2020	7.7×4、20×1	800
20100	8050	28150	227/4100	2000/5′17″	7450	2300	20×2、7.7×4	実際には輸送機として使用される
7265	3235	10500	295/5900	3000/4′15″	9400	2900	20×1、13×1	800×1又は250〜500×2
8649	5116	13765	537/6090	6000/14′30″	9740	2800〜3800	12.7×4、20×1	800〜1000
–	–	2085	200	–	–	–	–	–
–	–	2070	298	–	–	757	7.7×2	223
2359	1837	4196	224/1448	1524/10′	3261	1655	7.7×2	魚雷1又は爆弾680
2890	2150	5040	367/6000	366/1′	10000	1785	7.7×2	900
–	–	13400	410/3800	284/1′	5800	3540	7.7×8	1980
4435	1685	6120	428	468/1′	6710	2300	7.7×5	603
2964	1926	4890	338	1525/4′6″	7170	1690	7.7×2	450
5340	3160	8500	409/4210	299/1′	5800	3030	7.7×6	1800
–	–	26250	427/5340	229/1′	6960	2950	7.7×6	5900
19580	12170	31750	434/4420	–	5190	3240	7.7×8	6350
5900	3390	9290	669/8540	4575/7′30″	12200	2200	–	1800
16700	14100	30800	462/3470	6100/41′36″	7470	2675	7.7×8	6340
–	–	90720	1040	–	18300	–	–	核弾頭、又は454kg×21ミサイル×1
16400	13050	29450	462/7625	6100/37′	10850	5800	12.7×13	4900
16550	12950*	29500*	467/7650	6100/25′	8540	5960	12.7×10	4000
8840	6960*	15800*	438/3970	–	7380	2175	12.7×12 127ロケット弾×8	1360
10900	64000*	17300*	455/4575	4575/24′30″	6620	4590	12.7×12	1360

世界の爆撃機要目表

機名	国名	主翼型式	乗員	発動機				寸法		
				名称	型式	離昇出力(IP)	数	全幅(m)	全長(m)	翼面積(m^2)
九二式重爆	日	中単	8～10	ユンカース1型	水V12	800	4	44.00	23.20	294.00
九九式艦爆一一型	〃	低単	2	金星44	空複星14	1000	1	14.365	10.195	34.90
九九式双軽爆	〃	中単	4	ハ－25	〃 14	1000	2	17.47	12.6	40.00
一式陸攻一一型	〃	〃	7	火星11	〃 14	1530	2	24.89	19.97	78.125
陸攻「深山」	〃	〃	7～10	護11	〃 14	1850	4	42.75	31.02	201.80
陸爆「銀河」一一型	〃	〃	3	誉12	〃 18	1825	2	20.05	15.00	55.00
四式重爆「飛龍」	〃	〃	6～8	ハ－104	〃 18	1900	2	22.50	18.70	65.85
D・H・4	英	複葉	2	リバティー	－	400	1	12.90	9.27	40.5
ハート	〃	〃	2	ケストレル1B	－	525	1	11.4	8.9	－
ソードフィッシュ	〃	〃	2	ペガサス3M3又は30	空星18	690 750	1	13.87	11.07	56.39
ウエルズレー2	〃	中単	2	ペガサス20	〃 14	925	1	22.73	11.97	58.5
ウエリントン3	〃	〃	6	ハーキュリーズ11	〃 14	15000	2	26.25	18.55	78.0
ブレニム4	〃	〃	3	マーキュリー15	〃 9	920	2	17.17	12.97	43.55
バトル1	〃	低単	3	マーリン1、2、3、5	液V12	1030	1	16.46	15.87	39.2
ハンプデン1	〃	中単	4	ペガサス18	空星 9	1000	2	21.08	17.32	63.9
ハリファックス1	〃	〃	7	マーリン10	液V12	1280	4	30.1	21.35	116.0
スターリングB3	〃	〃	7～8	ハーキュリーズ16	空星14	1650	4	30.2	26.6	135.6
モスキートB16	〃	〃	2	マーリン72、76又は73、77	液V12	1680 1710	2	16.5	12.66	40.4
ランカスターB1	〃	〃	7	マーリン20、22又は24	〃 12	1460 1640	4	31.1	21.18	120.4
バルカン	〃	〃	5	オリンパス301	ジェット	9070kg	4	33.8	30.4	－
B-17G	米	〃	9	R-1820-97	空星 9	1350	4	31.6	22.6	132.0
B-24J	〃	肩単	8～10	R-1830-65	〃 14	1200	4	33.5	20.5	97.4
B-25J	〃	中単	6	R-2600-29	〃 14	1700	2	20.6	16.1	56.6
B-26C-5	〃	〃	6	R-2800-43	〃 18	2000	2	21.6	17.75	61.1

重　量			性　能		実用上昇限度(m)	航続距離(km)	武　装	
自重(kg)	搭載量(kg)	総重量(kg)	最大速度(km/h/H)	上昇時間(m/分秒)			機銃（mm）×数	爆弾（kg）
32400	31600	64000	576/7625	6100/38′	9725	9650	12.7×12、20×1	9000
2965	1890	4855	406/4210	518／1′	7420	2520	12.7×2、7.7×2	544
4720	2755	7575	473/5090	555／1′	8940	3100	20×2、12.7×1	450
4920	3370	8290	430/4570	357／1′	7200	−	12.7×3	900または魚雷×1
42800	−	166500	669	−	12240	10000	20×16	32400
35583	−	103500	9780	−	12400	6408	20×2	11250
77733	−	221350	1040	−	16765	16850	20×1	22500
87000	−	216000	1530	−	15200	12000	−	−
50000	−	180000	1040	−	15200	12300	−	−
2691	1611	4302	381/4087	2000/4′18″	8000	784	7.9×3	500
9781	4108	13889	467/5300	5400/23′00″	8200	2714	7.9×3 13×2又は7.9×4	3000
7720	4280	12000	435/5200	5200/20′00″	8400	2800	13×2、7.9×2	2500
15972	13790	29762	507/5800	−	7000	5568	20×1、13×2 7.9×3	7200
5150	4190	9350	738/6000	6000/17′30″	10000	1621	20×2	1500
−	−	5880	403/1500	−	6500	600	20×2、7.62×2 12.7×1	400〜600
74430	−	193000	940	−	14900	12000	−	11000
35270	−	54500	558	−	11200	5100	12.7×10	8000
37000	−	75800	1050	−	12300	4800	23×7	ASM×2
54000	−	−	2000	−	14000	−	23×1	ASM×1〜6
2366	710	3076	151	−	4750	−	7.7×2	400
3000	2500	5500	160	−	5000	−	7.7×2	800
4700	4335	9035	480/4000	−	10000	2500	7.5×1、20×1	1200
7530	3870	11400	470/5000	−	10000	2000	20×1、7.5×3	2000
7425	3960	11385	460/5000	6000/15′30″	9200	2000	12.7×3、7.7×2	−
7538	3682	11210	434/4000	4000/10′25″	7000	2000	12.7×3、7.7×1	魚雷×2

339　世界の爆撃機要目表

機名	国名	主翼型式	乗員	発動機				寸法		
				名称	型式	離昇出力(HP)	数	全幅(m)	全長(m)	翼面積(m^2)
B-29A	米	中単	10	R-3350-21	空星18	2200	4	43.1	30.2	151.0
SBD-5	〃	低単	2	R-1820-60	〃 9	1200	1	12.7	10.1	30.2
SB2C-3	〃	中単	2	R-2600-20	〃 14	1900	1	15.2	11.2	39.2
TBM-3	〃	〃	3	R-2600-20	〃 14	1900	1	16.5	12.2	45.5
B36H	〃	〃	15	P&WR-4360-53／GEJ47-GE-19	−	3800kg 2250kg	8	69	48.6	−
B47E	〃	〃	3	GEJ47-GE-25	ジェット	2700kg	6	35.4	33.5	−
B52H	〃	〃	6	P&WTF33-P-3	〃	7711kg	8	56.42	48.07	−
B1	〃	可変	2	GEF101−GE-102	〃	13900kg	4	41.64	44.84	−
B2	〃	全翼	2	GEF118−GE-100	〃	8630kg	4	52.43	21.03	−
Ju87B-1	独	低単	2	ユモ211Da	液倒V12	1200	1	13.80	10.82	31.90
Ju88A-4	〃	中単	4	ユモ211B-1	〃 12	1210	2	20.08	14.36	54.50
He111H-6	〃	低単	5	ユモ211F	〃 12	1340	2	22.60	16.60	87.60
He177A-1	〃	中単	5	DB606A/B	〃 24	2700	2	31.44	21.90	102.00
Ar234B-2	〃	肩単	1	ユモ004B	ジェット	891kg	2	14.44	12.66	27.70
イリューシンIℓ2	ソ	低単	2	ミクリンAM38F	液V12	1700	1	14.6	11.65	38.5
ミヤシシチョフM4	〃	中単	8	VD-7	−	11000	4	53.14	51.70	−
ツポレフTu4	〃	〃	11	ASh‐73Tk	−	2400×4	4	43.05	30.18	−
ツポレフTu16	〃	〃	6	RD-3M-500	ジェット	9520kg	2	32.99	34.80	−
ツポレフTu22M	〃	〃	4	NK-25	〃	25000kg	2	23.30	42.46	−
ファルマンF50	仏	複葉	4	サルムソン9Z	水星9	230	2	22.35	10.92	101.60
ファルマンF60	〃	〃	5	サルムソン9AZ	水V12	230	2	28.04	14.37	−
アミオ351	〃	中単	4	G.R.14N38/39	空星14	950	2	22.83	14.5	67.0
LeO451	〃	〃	4	G.R.14N48/49	〃 14	1060	2	22.52	17.17	68
フィアットBR20bis	伊	〃	4	A82RC42S	〃 18	1250	2	21.86	17.47	75.1
サヴォイア·マルケッティSM79-2	〃	低単	5	P11RC40	〃 14	1000	3	21.2	16.2	61.0

単行本　平成十二年八月　光人社刊

NF文庫

爆撃機入門

二〇二〇年二月二十二日　第一刷発行

著　者　碇　義朗

発行者　皆川豪志

発行所　株式会社　潮書房光人新社

〒100-8077　東京都千代田区大手町一-七-二

電話／〇三-六二八一-九八九一㈹

印刷・製本　凸版印刷株式会社

定価はカバーに表示してあります

乱丁・落丁のものはお取りかえ致します。本文は中性紙を使用

ISBN978-4-7698-3153-2　C0195

http://www.kojinsha.co.jp

NF文庫

刊行のことば

第二次世界大戦の戦火が熄《や》んで五〇年――その間、小社は夥しい数の戦争の記録を渉猟し、発掘し、常に公正なる立場を貫いて書誌とし、大方の絶讃を博して今日に及ぶが、その源は、散華された世代への熱き思い入れであり、同時に、その記録を誌して平和の礎とし、後世に伝えんとするにある。

小社の出版物は、戦記、伝記、文学、エッセイ、写真集、その他、すでに一、〇〇〇点を越え、加えて戦後五〇年になんなんとするを契機として、「光人社NF（ノンフィクション）文庫」を創刊して、読者諸賢の熱烈要望におこたえする次第である。人生のバイブルとして、心弱きときの活性の糧《かて》として、散華の世代からの感動の肉声に、あなたもぜひ、耳を傾けて下さい。